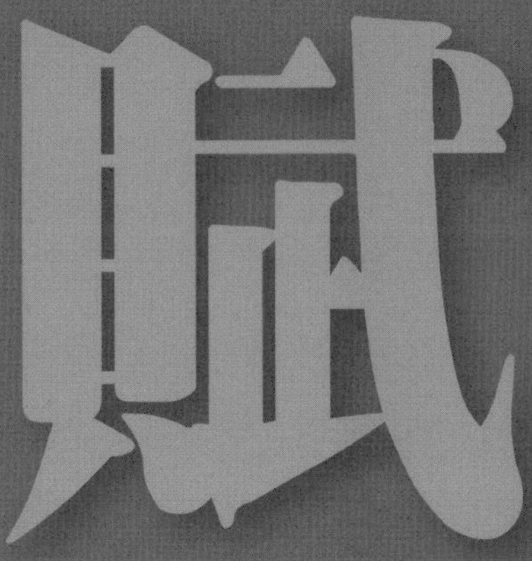

賦能

Enablement & Engagement

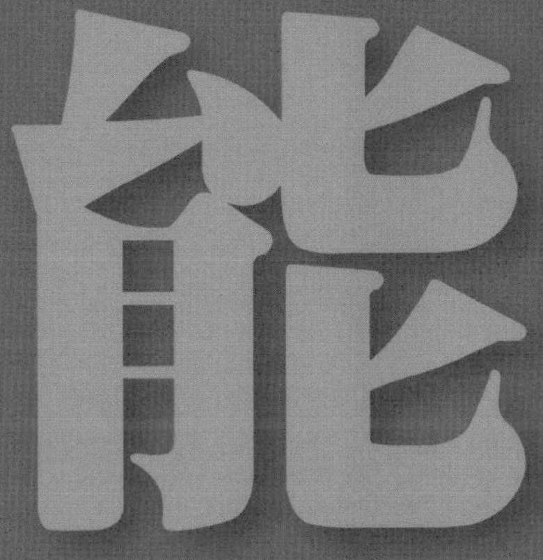

當責式管理權威 張文隆 一著

Wayne W.L. Chang

獻給

想要建立現代敬業（Engagement）團隊與組織的各階領導人，
他們知道敬業不是單向地責成員工；以及
想要全幅提升能力，成就自己與團隊或組織的現代敬業人，
他們知道敬業要再加上賦能（Enablement）才能有大成。

推薦序

可以有效應用和運作的管理理論

許士軍

台灣董事學會理事長

在過去幾年中，以「當責」(accountability) 觀念詮釋「管理」，獲得兩岸業界歡迎的張文隆先生，如今又提出「敬業」(engagement) 這一觀念，做為凝聚組織力量，達成卓越績效的核心力量。像這樣能夠以一個理念闡述「管理」——「群策群力，以竟事功」——的功力，確實令人敬佩。

敬業和賦能之旅

以「敬業」為核心做為群體合作的元素，本書引領讀者進行一種「敬業與賦能之旅」，發展出一套「現代敬業學」

和「敬業管理」的體系，可謂「一家之說」。不過到底什麼是「敬業」觀念，它和「當責」觀念類似，在東西方文化中是分歧和模糊的，如何能將這種觀念應用於管理這一社會和文化功能上，作者必須在紛紜的論述中梳理出自己的一套看法。個人非常榮幸有機會和文隆兄進行第一手的探討，聆聽他的深入探究和融貫的智慧，如今再拜讀這本巨著，更獲得進一步的理解文隆兄以他獨特的觀點詮釋管理的精神以及在實務上的涵義和應用。

基本上，本書將一個組織的績效和成功之道建構在兩組核心觀念上：一是「責」和「權」；一是「敬業」和「賦能」。就這兩組觀念而言，他們既可以自員工個人立場，也可以自公司立場，予以探討。但整體而言，本書所強調者，不論何者，必須「發自個人內心，由組織賦予」，但最根本者，必須「由領導者導引」。任何組織如果缺乏這種內涵，可能只是一種「徒具形式而無靈魂與精神」的圖表而已。

敬業的四大能力

首先，員工的敬業必須具備四大能力：talents, knowledge, skills和attributes。所謂talents，乃指員工自己適合的天份；知識，在於不斷學習和活用；skills則有硬軟兩種，必須兼具並用在最適當的地方；最後所指的「屬性」，有如任何頂級運動高手所必須具備的，乃是可以培育和改變的心理素質。但是，重點在於公司負有重大的責任去提供一種環境有助於這四大能力之培育。

建立在契約精神上的誠信

再者，敬業做為管理的核心，必須將其應用於人與人以及人與組織的彼此間的關係上。在這方面，本書指出，西方社會的文明與經濟的進步，乃建立在「契約精神」的誠信上——即使是上帝，也必須和其信徒間做出某些「約定」。有關這一方面，記得五十年前個人在美修讀MBA學位時，在Business Law這門課上，主要就是以「contract」為中心，做為在市場經濟中人們關係上最重要的規範——代表一種人們在自由意志上的「約定」。在這種規範下——而非外加的許多條條框框——人們可以儘量發揮「創意」和「創新」。

不過在這「約定」或「契約」上，書中強調，「敬業管理」的起始點不在員工一方，而在上層的領導端。具體言之，敬業固然代表一種個人的修為，有如中國傳統「修齊治平」的道理，但是組織和領導必須營造一個吸引員工「敬業觀」的環境，使其不僅「好好做事」而是「自動自發」、「全心全力」做好「對的事」。設如員工做不到敬業，乃代表領導的失敗。不過要做好領導端的工作，不是在員工加入組織之後，而是在甄選員工之前先要認識員工這方面的個性和價值觀，這就是作者所說的「先找對人」的重要。

敬業度不同於滿意度

在本書所建構的「敬業管理」系統中，「敬業度」是可以衡量的。譬如書中引用一項統計，全球員工平均敬業度是13%，美國是30%，韓國是11%，日本是7%，而中國只有6%。書中特別指出，員工「敬業度」不同於「滿意度」。譬如在一項調查中，發現有20%員工「滿意度」高，但「敬業度」低；相反地，也有14%員工「滿意度」低但「敬業度」高；兩方面都高者則有40%。自敬業管理觀點，這種比較，是相當有啟發和警惕意義的。對於如何能提振員工的敬業度，本書之可貴處，在於提出一個有系統的方法，形容為「三個基礎，五支樑柱」，值得讀者細細參閱。

敬業固然包括「理智」和「能力」兩方面，但更為關鍵者，在於對組織的「聯結」和「忠誠」，也就是對於組織的一種熱情。這種熱情，有相當大成分來自對公司願景價值和策略的認同上。

願景價值和領導

論及願景之重要，在二十一世紀的今天，已獲得人們的共識。但是本書中，作者特別指出，如John C. Maxwell所說，「人們在認同願景之前，必得先認同領導人」，這也合乎前此所說的敬業的一個源頭來自領導人的道理。書中以大量篇幅討論領導和領導人，譬如引用耶穌會所要求的四大領導特質：self-awareness, ingenuity, care和heroism，成為耶穌會能夠幾百年屹立不搖，發揮世界影響力的源泉。其中尤其以所謂heroism，如古希臘哲人所稱，代表一種為正義而奮鬥的勇氣和魄力，誠乃是所有其他美德的保障。這一條件，無論在中外古今許多偉人的事蹟中充份彰顯，在今天台灣更能發人深省。

可以有效應用和運作的管理理論

最後想在這裏說的，就是這些年來，文隆兄有關「敬業」和「當責」多項著作所孜孜不倦者，都可說是對於「管理」這一關乎人類賴以生存的組織功能的本質上的探討，就這論點，管理遠遠超越技術層次，也不局限於「科學」範疇；其有效運作，代表「知識」「美學」和「倫理」的一種適時，適地和適事的整合。在這方面，文隆兄的貢獻，就在尋找某種有關這種「整合」的機制，就像牛頓企圖以「萬有引力」，達爾文以「適者生存」，華生以「DNA結構」說明自然和生命世界的奧秘。同樣地，亞當・斯密以「市場這只看不見的手」，科斯以「交易成本」，說明人類經濟活動和組織形成的道理，文隆兄提出「當責」觀念也好，「敬業」觀念也好，都企圖藉此說明如何能讓「管理」有效運作的核心觀念。所不同者，他所採取的，不是一種positive觀點，而是normative觀點；前者屬於客觀和自然運作的道理，後者給予人們努力的方向和切入點，這也說明了這些年來何以他深受兩岸業界歡迎的原因——因為他所提出的想法是可以有效應用和運作的。

不但有責有權，更要有心有能

——員工與企業共同締造出完美的工作成果

何飛鵬

城邦出版集團首席執行長

近幾年，張文隆先生陸續出版了對工作者的《當責》或是管理者《賦權》，其中提出的分析見解皆引人深省。而現在，張老師更完成出版了當責式管理的第三部——《賦能》，承襲融合了《當責》《賦權》的理論，三部合一更是完整呈現了管理之道的「責」、「權」、「能」！

「賦人以能」，縱觀今日職場，絕大多數的企業或管理者都希望並也都在朝這方向努力執行，然而，許多主管或企業主朋友都表示，給了員工再多的「權」、「能」，到頭來只是「為他人作嫁」，既然留不住人，賦能的意義何在？

單單只有賦能是絕對不足夠的，如同本書的前半部所言，企業給予員工能力，是協助了他「身」的部分做到提升，但心的部分呢？若然身心不能合一，當然管理者給員工再多的能力與權力都是枉然！

所以，在企業賦能之前，管理者必須要先顧及到工作者的「心」，這就要談到了「敬業」！自古以來，中國人所謂的敬業是承襲傳統的犧牲奉獻，無論好壞員工皆要對僱主誓死效忠，對任務成敗皆要一肩扛。

然企業與員工之間的關係並非單行道，在現代國際化的衝擊下，讓我們理解到企業與員工是屬共享的雙向道，企業給予員工好的環境與福利，員工以優秀的工作成果回報企業，如此循環，才能讓企業永續成長、經營並留住人才。我曾在《賦權》一書之序中提及，若是企業如軍隊一樣多好，套在此處更易理解，若是軍隊沒有給予士兵們盡心盡力奉獻的環境，又何來優秀的士兵衝鋒陷陣？因此，如何讓員工能擁有正確的敬業觀實是企業管理者的最大責任！

一旦員工能有良好的敬業態度，就能進一步實施「賦能」。管理者除了一般面試及書面上所能看到的能力技巧之外，更需進一步了解員工，並讓員工能「適才而任」，並且「補其所不足」，使璞石變瑰玉，方能大成，更甚者，配合「當責」與「賦權」的管理做法相互加持，使有「心」有

「能」者更可有「責」有「權」，如此一來，組織期望的高績效成果將指日可待。

從《當責》《賦權》至《賦能》，這實務領導的管理概念已是完整無缺，身為一位企業領導者，我亦感無比受用，盼以此序拋磚引玉，讓更多企業主、管理者與工作者皆能一起受惠。

目次 CONTENTS

不要目迷五色，在敬業門外人云亦云。請君登堂入室，一窺現代敬業深深庭院裡的奧妙。提振敬業有如爬大山，要過亂石、依山徑、建營地、訂模式，然後在高峰上立殿堂；最難的是，在看似最容易的高原建立基礎營地。

第2篇　如何賦予員工更大能力？

本篇正式進入本書的主題，即賦予現代敬業人全幅的能力（Enabling Engaged Employees）。當公司有了發展的大圖小圖，員工產生了瞄準連線（line of sight），接著就是賦能。能力本身有四大關鍵領域，卻是迷蹤處處；能力發展先後也有別，終是不宜偏廢。如果調理不當，天生我才也無用，是徒呼負負或書空咄咄了；本篇中，還有一段有關詩仙李白的評論故事。

能力（ability）有四大領域，你在職業發展與生涯中，必須適時走進走出，不亢不卑，不離不棄；有不斷新學習，有勉力堅持，也有拋棄。本章詳論四大能力領域，助你撥雲霧見青天，甚至慧眼獨具，讓敬業之心與賦能之力，更具實踐實力。

緒論

走出迷思，領導員工敬業；賦能員工，再創成果高峰！

Engagement＋Enablement→Effectiveness Excellence!

2013年11月，國際著名的調查研究與顧問公司蓋洛普（Gallup）公布了他們在2011至2012年間，對全球企業與組織的「員工敬業度」所做的全面大調查結果，有一個數據是關於各主要國家與全世界的總平均值的：「全球員工敬業度的平均值為13%，中國員工敬業度只有6%。」亦即，依據蓋洛普公司對員工敬業度的定義及評量方式，在中國的企業或組織內工作的員工們，只有6%的員工是敬業的。

數據一公布，立刻在華人世界引起一陣震憾與錯愕。中國輿論界出現了各種聲音，如：

✹「誰給中國員工扣上了『不敬業』的帽子？」

✹「意識型態不同，這是美帝在醜化社會主義中國？」

✹「中國人一直保留著勤勉勤勞的傳統美德，怎麼可能不如老外敬業？」

✹「是中國員工不敬業，還是中國雇主不敬業？」

✹「中國員工不是『不敬業』，是『難敬業』！」

✹「我覺得我身邊的同事都挺敬業的，比如說，他們都很有責任心。」

✹「到底是污蔑，還是事實？中國經濟近幾年來在全球裡，可是發展最快最好的。」

還好，做這個調查研究的，可是全球赫赫有名的蓋洛普，他們可能還是全世界對員工敬業這個議題有最全面而長期研究的顧問公司，號稱已有40餘年了——員工敬業度在全球興起並獲得更多注目也只是這近一、二十年的事。美國蓋洛普也是全球知名的民意測驗與商業調查公司，在這些專業領域的口碑與公信是很被肯定的。

只有6%的中國員工是敬業的？令人震驚，但或許是真的？那麼，根據為何？

蓋洛普公司在做全球員工敬業度大調查時用的是一種稱

為Q[12]（針對12個關鍵問題而提問）的指標體系，12個問題涵蓋生產效率、客戶服務、產品品質、員工流動、安全工作與獲利能力等，都與績效成果有密切關係。蓋洛普早已有計劃地在全球訪談過一百萬員工與經理人，耗資百餘萬美元。全球110餘國共約一千萬餘員工與經理們，在過去十餘年裡，早已做過無數調研，也有著歷歷實證。

所以，蓋洛普是有備而來，其實也是例行作業，沒什麼針對性，他們在同年稍早的7月也公布了美國全國暨五十州的敬業度數據與分析。

在震憾過後，我們應該是靜下來思考，員工敬業度這麼低，到底是怎麼一回事？東西管理文化到底有何差異？這6%在管理上有意義嗎？如果有意義，那麼又如何提升？

- 這次調查中，中國敬業的員工只有6%；其實，在2009年公佈的數據裡，則更低，僅僅是2%，那時仍處金融海嘯中，因此沒甚麼震憾？四年後公布的新數值已經有提升了。
- 如再進一步分析，6%員工是敬業的，68%是不敬業的，還有26%是很不敬業的；那些很不敬業的員工幾乎是處於「怠工」狀態。這個敬業、不敬業、很不敬業員工的比例分佈與全球平均值分佈的13%、63%、24%還很接近的。

- 悶著頭工作，對工作執著無比的日本員工呢？敬業度也只有7%。火辣工作，義無反顧的韓國人呢？有11%員工是敬業的。
- 他們自己美國人呢？全球排名第三，敬業員工有30%，不敬業的有52%，很不敬業的是18%。在這次調研中，員工敬業度最高的是巴拿馬的37%與哥斯大黎加的33%。
- 美國國內這些不敬業的員工，直接引起生產力下降而造成美國經濟體一年的損失約3,200億美元，英國政府的損失估計則約是每年600億英鎊。

全球國家的企業員工敬業度大調查，不是只有蓋洛普在做，還有其他幾家大型國際顧問公司也在做，他們的數據或有些不同，但趨勢、大勢、相對數值卻相當一致，歐美國家總是偏高的，亞洲國家就是偏低，中國總是最低。華人企業的員工苦幹實幹，勤儉勤勞，負責盡責，任勞任怨，號稱敬業無比的，到底又出了什麼問題？要改變嗎？能提升嗎？或是不動如山，我行我素？反正洋人與華人在管理上就是不同。

各國企業在提升績效目標上卻是一致的，在做法上也已日趨一致。觀念上或許有較大差異，或者只是定義說法不同？

「敬業」與「員工敬業度」的東西方討論是典型的雞同鴨講，在數值比較上也只是蘋果桔子式的比較。

首先，華人的敬業觀與洋人的敬業觀是不同的。舉個例，在華人企業職場上，你常常會聽到這樣的指責：「你怎麼這麼不敬業？！」那麼，他可能在怪你：

- 上班老是遲到，開會不守時，溜班，早退。
- 不願或不夠負責，做事虎頭蛇尾，交不了差，還無所謂。
- 不講究職業倫理，沒禮貌，不尊重或不服從上司。
- 事沒做成，理由一大堆。
- 幹一行怨一行，老在換工作。
- 專業不精，技能不足，還不肯認真學習。
- 官僚八股，不肯變通，不願進一步服務。
- 違反傳統價值觀，如不忠誠，不勤儉，不聽話……。
- 不肯犧牲小我，完成大我。
- 行為上的傲慢，不穩重，言語不當，衣著不適。
- 不肯留下來加班。
- 熱心不足，責任感不足，不夠主動積極。
- 不尊重自己的職業，拿人一份薪，沒盡一份力。

✹小如：公車司機沒面帶笑容，沒細心提醒，還粗行粗語。

✹又如：收垃圾的不認為他的職業是神聖的。

如此這般，不敬業的指控每日不斷，每人都在指控他人。台灣職場上，曾經每年頒發「十大敬業楷模」獎，表彰的正是犧牲、奉獻、負責，以及對工作的投入與執著。中國對敬業的看法更傳統，更古典，更深入歷史孔子等的「執事敬」，「事思敬」，還要求全身投入的專注精神與勤奮、刻苦、執著、精益求精的品質，更強調敬業是一切事業和工作的根本態度。

如此看來，敬業在中國的應用史已有幾千年，如今豈容洋鬼子指指點點，說三道四？敬業在歐美盛行也只是最近一二十年的事，他們有系統的研究也只是最近三、四十年而已。何況，敬業是一種價值觀，一種態度，又何來量度？那來的2%、6%與30%的？華人喜歡的，總是主觀式判斷與自由心證？又，30%是不是代表太高了？也沒成長空間了？

看來，認知差異甚至誤解還不小。或許，我們此時應該有英語原意的介入與協助，會更有助於進一步澄清與日後的溝通、應用與提升。

華人心目中的敬業，應該是兩個英文字相加後的綜合效應：Professionalism（專業）＋Dedication（奉獻），也許再加上Responsibility（責任），特別重視專業。我稱這是華人傳統敬業觀，華人認為各行各業都是專業，努力去做就會有專業，專業很專門無貴賤，例如打鐵有成也是專業。洋人心目中的專業則比較專，專到會有專門學會在管，如律師、醫師、工程師、會計師等，不是每個行業都是專業，因案被專門學會開除會籍時，會成為人生最大憾事的。

日本管理大師，也是世界級大師的大前研一對「專業」提出了一個很專業的定義，他認為專業是：

能控制感情，以理性行動；

擁有比以往更高超的專業知識、技能與價值觀；

秉持顧客第一的信念；

好奇心與向上心永不匱乏；再加上嚴格的紀律。

如果這樣才可稱為專業，這個「專業」的定義是很專業，也給古老中國與古板美國一個新的思考與努力方向。

至於在奉獻上，華洋也有不同觀點，華人偏向的是，無私無條件地單方面的奉獻，中國幾千年歷史闡明了許多可歌可泣的事實與價值，後人就是要學習然後實踐。兩百多年歷史的老美，在奉獻時卻總是有條件的，雙向的，例如，要自己能認同的，對方是值得的，雙方是互有條件的——當然在條件達成後，在奉獻時就全力以赴，也不乏可歌可泣的故事。洋人在奉獻時，比較不談條件或對價關係的，大概只對上帝了。

所以，華人在談「敬業」時，心中眼中所想所看的，其實是偏向professionalism與dedication。嚴格講，其實還不具有管理上的意義的。

洋人講的「敬業」直接指的就是engagement，字典上的意義是：雙方訂婚，雙方連結，乃至雙方交戰。有一種管理學上的功用，在現代管理上已越來越重要，可能在十年後比現在更為重要。前面引發爭議的蓋洛普公司對「敬業」提出的定義是：

員工對工作的熱情參與，並能許下承諾，以正向的態度與方法為他們的組織達成貢獻。

西方的敬業不只是敬業觀，而是一種敬業學，一種管理手法，是要有計量並能改進的。歐美企業人說：No measurement, no management，意思是說，沒有計量就無從管理。所以，全球許多國際顧問公司都在測評並管理「員工敬業度」，在他們各自不同的定義與標準下，蓋洛普評量中國員工敬業度就跑出了6%。有數字就可以管理了，例如，什麼時候提升到全球平均值的13%？或升到全球最高值的37%？或者與自己比，進步10%後會是一個怎樣進步的工作環境與工作貢獻度？或者，談整個國家太大，那麼在一個中小企業裡，是一個怎樣的進步空間與績效上的好處？

在這個調查研究裡，我們看到的是，華人的「敬業」與美人的「敬業」是不同調的，用英文來看，很清楚地，professionalism ＋ dedication ≠ engagement。但，顯然的，還是有一個很大的交集區。敬業管理既已成全球企業管理大勢所趨，也許值得我們在這個交集區裡多一份努力。

努力之一是，專有名詞的認同與統一。Engagement在台灣的譯詞很多，例如，較多的是譯為「投入」或「全心投入」，較少的是「契合」或「契合度」；還有更多人正在努力創造中，也有的已直接用「敬業」了。不過用的是「敬業」，想時還是又回到「傳統敬業」上。幾家著名大型國際顧問公司在華人世界展開顧問業務的，幾乎都已一致把engagement譯為「敬業」，並以全球幾乎一致的「employee engagement」理念與工具在推動敬業管理，我稱這種敬業是為「現代敬業學」，或敬業管理，如下圖所述：

本書以下各篇各章節的努力，是要把華人老觀念的「傳統敬業觀」提升到世界級標準的「現代敬業學」，那麼，這麼重要的「員工敬業度」才能做有效管理，才有明確定位、明確計量、明確改進，也才能與世界同步溝通，共享平台，不會在內部管理或國際管理上雞同鴨講，蘋與桔比，比得滿頭霧水，講也不清不楚，火氣也上來了。

如果我們有可能在第一點用詞與觀念上達成共識，就有可能一起把傳統敬業觀提升到現代敬業管理，並繼續引向更高些的敬業，如全幅度敬業（full engagement）與可持續敬業（sustainable engagement），那麼，我們在企業績效的改進上，員工的貢獻度與幸福度上都會有很大提升空間。

- 員工敬業不只是員工要敬重專業與事業，更要敬重組織與企業，所以員工不會在行業內或產業間跳來跳去——在現代敬業的定義裡，這是很嚴重的不敬業，想要跳槽跳船的員工越多，員工敬業度就會越低。
- 相對的，這個企業值得員工敬重嗎？華人企業領導人不能再迴避這個問題。在傳統敬業裡，員工在傳統道德觀強力壟罩下，似乎都天經地義的要對企業死忠效忠，不應有二心——現代敬業學可是講究交易條件的，而且決定權還在員工手裡，其實是員工心裡，深深的心裡。
- 提升敬業度不只是優化工作與員工的相配性，也要提升工作環境；現代敬業是雙向的，雇員與雇主是互動的，是相輔相成的，不要再回到單方要求或道德訴求的老路上。
- 員工「不敬業」，真的可能是員工「難敬業」。歐美企業的現代敬業學更是直言：員工不敬業是領導人的領導力失敗！讓領導人怵目驚心。

- 員工很敬業了，如果組織支持度不足，還會造成許多沮喪的員工，他們愛工作、愛公司，但力有未逮，支援不足，只能徒呼負負。這時領導人要做的，正是所謂的「賦能」（enablement），正是本書第二篇與第三篇所鎖定論述的。
- 員工已不敬業，卻仍得到組織許多的支援與能力培訓，員工還會是離心離德，他們羽翼一豐，會另飛高枝，增加了員工離職率，再進一步降低員工敬業度。
- 員工在「敬業」後如再加「賦能」，或敬業與賦能同時並行，一定會造就一個有效果（effectiveness）的組織，組織裡的員工總是能完成任務，交出成果。這裡隱藏著這個簡單公式：

Engagement + Enablement = Effectiveness

- 美國另一家著名敬業顧問公司BlessingWhite對現代敬業也提出了一個簡明有力的公式：

Engagement = Satisfaction（滿意）+ Contribution（貢獻）

其內精義是，敬業不是只求員工滿意而已，員工還必須要有貢獻；現代敬業管理就是要滿意與貢獻兩者達於最大化。

因此，從傳統敬業觀到現代敬業學，從現代敬業學到賦權與賦能，到效果的最大化，就成了本書一以貫之的主題。許多的潛在問題，本書都想提出方案，與讀者朋友們共謀解決。

在本書第一篇中，我們綜論敬業，與如何提振員工敬業度。

在第二篇中，我們要細談「能力」(ability)，與如何賦予員工更大能力——亦即「賦能」(enablement) 這個主題。

在第三篇中，我們要結合敬業、賦能、當責與賦權，談談如何建立一個更有效果的組織。

整體來說，「賦能」是本書的主題，是主要工具；「效果」是我們的最後目的，而原來頗具爭議性的「敬業」，也只是個基礎平台，雖然它又分為傳統的與現代的，它們有交集也各有其新增元素。

然後，請你繼續翻頁，你會看到一個群山圖，開始要隨書翻山越嶺了。

中國清代大臣也是大將的曾國藩說：「坐這山，望那山，一事無成。」他指的人是不敬業的——傳統的不敬業；現在，我們要走入現代敬業學，有了企業裡各階領導人的主動與互動介入，這趟敬業與賦能之旅，一定會有大成。

全書有兩座大山要爬，一屬敬業，一屬賦能；爬完這山，再爬那山，個人與組織的效果一定是斐然有成。

王安石是中國北宋時代著名的政治家，他曾兩次官拜宰相；他也是改革家，是列寧口中的中國十一世紀改革家；他也是文學家，是唐宋八大家之一，他工於詩詞，有一首詩是我在成長過程中一直很喜歡的，與你分享：

「看似尋常最奇崛，成如容易卻艱辛。」

現在，讓我們開始這趟敬業與賦能之旅吧。

第 1 篇

如何提振員工敬業度？

在華人企業的傳統觀念裡，各階層領導人常常總是急切地苛責員工：「你怎麼這麼不敬業?!」不敬業，問題在員工；在現代敬業管理裡，卻認定：員工不敬業，是領導力的失敗。現代領導人需要重新定義敬業觀，還要反求諸己：我自己敬業嗎？我建立了敬業環境嗎？我邀請員工敬業嗎？敬業，終究會是員工自己的抉擇，不會是傳統道德與傳統管理下的莫可奈何或屈打成招。

如何提振員工敬業度？

交出成果
E
A
E
E
E E
A E
願景價值觀與策略
高階團隊的領導力
領導人的自覺
目標不清
胡雪巖學
無策略
群龍無心
朕即天下
康熙大傳
低互信
口號治理
無自知不知人
孔孟學
甄環復出
三國
水滸學
盲劍客

Employee engagement first.

It goes without saying that no company, small or large, can win over the long run without energized employees who believe in the mission and understand how to achieve it.

—— Jack and Suzy Welch.

員工敬業是第一要務。

無庸置疑地，無論大公司或小公司，如果不能「激能」他們那些已信任公司使命，也知道如何達成公司使命的員工們，都將無法贏得長期的勝利。

——傑克與蘇西．韋爾許

第 1 章

敬業是什麼？不是什麼？

華人與洋人在敬業觀上南轅北轍，討論時總是雞同鴨講。在國際傳播與跨國管理上已日益需要釐清與一致。本章討論各國各種不同的敬業定義並找出敬業的本質與真髓。然後，在全球員工敬業度的不斷下降中，探討現代敬業管理的趨勢。

Enablement & Engagement

1.1 華人的敬業觀

在華人世界裡，尤其在中國，在許許多多的公私營組織或企業裡，在牆上、柱上、網站上，到處都可看到「敬業」的訴求。敬業還被提升到社會，國家層級成為一種價值觀，在歷史傳統上佔有地位——敬業是中國人當然的一種工作倫理與職業道德，也是一種共有價值觀和人生哲學。於是，自古以來，社會總是強烈要求人們要勤奮敬業、犧牲奉獻，不管外在環境如何，個人都應敬業樂群、苦幹實幹。敬業成了人民對勞動、工作、職業、事業、專業的一種敬畏態度與盡責精神。

在這種大前提下，敬業像一種權利也是義務般地要求人們在各行各業裡，尊重並認同自己的工作，熱愛自己的工作，珍惜自己的工作，對工作要全心投入、全力以赴。敬業的最高典範大約就是「鞠躬盡瘁，死而後已」了。

不只要全力以赴，還要全心投入。敬業的深層意義是要求心靈與精神面的投入，要能刻苦、執著、專注、樂以忘憂，乃至廢寢忘食，鞠躬盡瘁時總是「心」「力」交瘁的，讓人凜然生畏。

這種敬業價值觀理念與實踐，還可上溯中國長遠的歷史洪流中，長遠的歷史訴說著各時代各民族，勤奮工作、吃苦耐勞、精益求精、任勞任怨、無怨無悔的工作態度與特質。中華民族曾被描繪成一個艱苦奮鬥、公爾忘私的民族，從以前到現在，一脈相傳；現在，撫今追昔，當然要把傳統發揚光大了。

孔子勉弟子，要「居處恭，執事敬，與人忠」。這「執事敬」據說就是敬業，也就是說要尊敬所從事的事業、職業與專業。所以，「執事敬」的敬事應是敬業的前身了。

對於「敬」，朱熹也有註解，他說：「專心致志以事其業」又說「主一無適，便是敬。」意即，專注一件事，不被其他事分心，便是敬。所以敬業是要專於業。韓愈在《進學解》中說「業精於勤，荒於嬉；行成於思，毀於隨」也說明了敬業要能精業，於是勤業而精業，精業也成了敬業的一部分了。

在專業、精業與敬業的大道理下，中華民族這個苦難的民族有沒有「樂業」的空間？有。梁啟超在他的一篇文章《敬業與樂業》中闡述個中原委，他說「敬業」是出於《禮記》的「敬業樂群」，「樂業」則出自《老子》的「安其居樂其業」，梁啟超說敬業之後自然會樂業，因為：

第一，每一職業，總有許多層累、曲折，如能深入其中，看它變化進展的狀態，最為親切有味。

第二，每一職業的成就，離不了奮鬥，一步一步往前奮鬥，快樂的分量會加增。

第三，職業有特性，總要和同業比拼，如賽球般，因競勝而得快感。

第四，專心致力於一職業時，許多游思、妄想也隨之杜絕了，省卻無數煩悶。

看完四點，希望你有感動。

孔子又說：「知之者，不如好之者；好之者，不如樂之者。」他把知識的追求化為志趣，再化為人生樂事了。所以，孔子在自述生平時說：「其為人也，發憤忘食，樂以忘憂，不知老之將至云爾。」這點，我是很有感動。

由有業而專業、精業、敬業而樂業，看來是一個自立自強，自得其樂，至少是自圓其說的過程了。敬業在其中，確是一種哲人哲學或偉人價值觀了。在這個個人基礎之上，再頂著國家至上民族至上的「敬業」大訴求，中國人好像都沒了退路——也沒有出路，中國人面對古往今來，多少謀生、生活、生命、人生的事只能自主自發，事事返求諸己，以德行自勝了。

上海中歐國際工商學院的肖知興教授說，中國盛產犧牲型價值觀。強者、統制者為達到自我利益的最大化，常常對他人提出單方面的道德要求和自我犧牲呼籲；在大多數情況下，還劫持了儒家道德觀，要求「瞎子打燈籠，照別人不照自己」。

如何把傳統的犧牲型價值觀改造成共享型價值觀，在中國社會是一種大進步。中國的華為公司與聯想公司，在國際化與西化的大衝擊下，已有很大成就，他們談公司利益也不諱言員工利益，很重視平等、尊重、信任、分享等共享型價值觀的精髓。

中國在改革開放後，私營企業興起，確實已對這種訴諸民族、國家、社會與聖人的敬業道德要求，產生了很大的反響。越來越多的私營企業裡，領導人與員工之間，不再是單向的社會道德或聖人價值觀訴求。敬業，越來越是個雙向道——有來有往、互為交易的雙向道。員工敬業與領導人敬業，也開始有了有來有往的因果關係。過去以來，因為一直沈迷在單向思維裡，公私營機構的人們早已陽奉陰違，早已造成了真正員工敬業度的很大淪喪；以當今全世界主要國家與區域來比較，中國的員工敬業度在最近幾年來幾乎都是敬陪末座，而且落後很多。

其實，在全世界幾個重要區域裡，敬業度相對值比較高的歐、美、澳等幾州中的國家，敬業度的絕對值也大多在滑落中。

在敬業度自身的國度裡，從理念到定義，到實踐，到評量，到改善，到底又有了些什麼變化了？

在中文世界裡，廣義來說，敬業的「敬」指的應是：尊敬、敬重、尊重、互敬（這個互敬，最被遺忘或忽略），還有敬畏（也常被忽略）。「業」指的應是職業、事業、專業、企業、行業、業主的含意。敬業的員工，是對職業、事業、專業、企業、業主有所尊敬，所以每日工作戰戰兢兢；對專業很尊敬、敬畏，所以每日思索提升技能，精益求精；對企業行業也尊敬，所以總是以企業與行業為榮；對老闆的業主也很尊敬，所以總是希望對公司有績效有貢獻。更高的角度上，甚至也覺得對社會、國家乃至人類要有貢獻的；但，最重要的「業」還是指所處的企業。

這裡講的尊敬，是超越敬重或尊重的，因為尊敬是發自內心，真心誠意的。尊重或敬重常只是客觀遵循，禮貌從事，不踩人的底線或紅線就是了。在提升真正員工敬業度上，員工常已是超越了敬重與尊重而達到尊敬了。有尊敬的敬業必須包含一顆誠心與真心。

有心的敬業，還必須包含「互敬」，這可能是華人企業或組織在敬業管理上最不足的地方。「員工敬業度」評量的是最後的果，是顯現在員工身上的，但領導人敬業度才是敬業成敗的因。要員工敬業，領導人必須先敬業，也就是說，領導人與員工要能互敬，我們不能再一味地、單方向地要求員工敬業，卻一再忽視領導人是否也敬業，不要求領導人要創造一個敬業可滋長的工作環境。在相對上，領導人高高在上也高瞻遠矚，是更容易敬業的，但事實上，領導人敬業與敬業環境的建立，仍有很大的提升空間。

領導人對他們的職業、事業、專業，與最重要的企業本身有足夠的敬重、尊重、尊敬與敬畏嗎？

- 他們在思考企業的現在與未來，機會與挑戰嗎？讓員工知道嗎？
- 他們正派經營企業，讓員工能以公司為榮為傲嗎？
- 他們想培育部屬提供協助，讓部屬知道未來會有成就，有希望嗎？更成功嗎？
- 他們讓員工知道，戮力交出成果後，是會有公平合理的報酬嗎？
- 他們關心員工福祉嗎？福祉不只是薪資與獎金而已，什麼又是現代版的員工福祉？

這些都是現代版敬業管理中所必須評量的各種項目。現代領導人越來越需要站出來，堅定創造一個讓員工能尊敬，或至少尊重的敬業環境了。領導人除了敬自己的業之外，仍應對兢兢業業的員工有互敬，因此他們才會思考建立一個讓人敬業的工作環境。

現代敬業學還有一個很不同的地方就是，員工敬業是指員工尊敬、尊重、敬重，或認同於自己現在所處的企業，他們不會輕易更換所處的企業。敬業，不是指只忠於自己的專業或行業，於是在產業內外各企業之間，換來換去，跳來跳去。現代敬業很重視的是，對一家企業的滿意度、忠誠度及貢獻度。

很挑戰或掙扎的是，現在及可見的未來，人浮於事，人力充沛，員工招之即來，何需創造一個吸引人的敬業環境？實況也有的是，人力可能充沛，人才肯定不足，還一才難求，要在一個全球性「人才爭奪戰」的戰場上得勝，我們需要一個人才可以發揮與發展的環境。進一步說，人才加入後，我們更需要他們全心全力的投入，而且只管精英級人才也不行，我們要的是全組織的成功運作，我們要的是全員投入。所以，我們遲早需要營造一個敬業環境，畢竟，員工們在「做事」與「好好做事」之間是有很大差距的，在「好好做事」與「全心全力做好事」之間還有更大差距。

很挑戰或掙扎的還有，企業裁員、減薪、縮編、關廠關門，屢見不鮮，有些還是惡意的，員工怎麼忠誠啊？

在華人世界裡，「你怎麼這麼不敬業！」的責難場景，仍會司空見慣，仍是老生常談。「我們這些員工真是敬業！」或許將是空谷足音，難以企盼。

你相信嗎？一個經理如果不敬業，會引發一大串跟隨者的不敬業，縱有少數仍敬業的，也只是勉強秉持固有傳統或守住個人價值觀罷了，也為時不久的。

千年道統，百年迷惑，加上近一二十年來洋人們科學化的發展，讓我們平心靜氣，應該看一看，想一想，下述各種似是而非，似非而是，是非難辨的敬業迷思：

- 我出資、出腦、出力，你在這大傘下輕鬆做事，怎麼還不敬業？
- 敬業是傳統美德，千百年不墜，怎麼會在你們這一代，如此墮落？
- 敬業已列入我們組織的核心價值觀中，你怎麼如此視若無睹？

- 職業無貴賤，職位也不論高低，你多敬業點好嗎？
- 我怎麼敬業啊，我大小老闆都在造業啊！
- 把份內事做好，就算是敬業了，我比下仍是有餘的。
- 上樑不正下樑歪，不敬業是我們的歷史共業，我只是這個企業的過客而已。
- 我對工作滿意，對公司忠實，我夠敬業了吧。
- 我總是循規蹈矩，一切悉依上級指示辦理，不佔公司任何便宜，我夠敬業了。
- 敬業是敬誰的業？大老闆的業，小老闆的業或我自己的業，或老祖宗留下來看不見，卻聽得見的業？
- 我對「壞」老闆也要兢兢業業地敬業嗎？不敬業才是少造業了。
- 我無法忠實於現在這家企業，但我忠實並奉獻在IC這個專業與產業上，也算很敬業吧。

問題不斷延伸，剪不斷，理還亂，反正華人在管理上總是不求甚解，大而化之，就讓敬業的觀念與作為，在很孔孟的天空裡，繼續發酵飄盪；在最需要也最基層的土壤上，繼續塵起塵落，或在天空與土壤之間讓它繼續真空？或者，我們要開始在這片空間裡加入一些要素？

華人的敬業觀總是偏向尊重行業與職業本身，單方向強力灌輸古聖先賢與國家社會的道德觀與大我主義觀，總是舖天蓋地而來，例如：

- 不管在什麼行業，總在宣傳著行行出狀元，職業無貴賤。
- 不管在什麼企業，總是提及業業自有自家規矩，個人自應全力以赴。
- 不管在什麼行業，一切還是要犧牲小我，完成大我，甚至國家至上民族至上。
- 加上前述的古聖先賢大道理，讓人覺得喘不過氣來。

我們一定要先能真正認清自己，才能改善並提升自己。

有沒有聽過士、農、工、商？自古以來，職業就是分等級職別的。以前，商人的等級最低，據說在中國漢朝時，朝廷規定商人不許穿絲織品衣服，不許在朝為官。晉朝時，規定商人必須穿一黑一白的兩色鞋，帽子上還要寫上自己賣的商品名；至唐朝與明朝時，仍不許穿絲織好衣（農人可以），也不許穿紅色紫色衣。商人卑下，以致至今仍流傳著無奸不商，無商不奸的惡名，至今還有許多人信以為真——我在當企業文化建設的顧問時，曾很認真地告知客戶，有許多優良美商，他們真的以誠信立足，認真實踐，不誠員工還會被開除，許多華人仍是不信。當然，古來華商也有至誠至信者，鳳毛麟角罷了。

你如果在「商」業裡，你會敬業嗎？或在一家不誠實的企業裡，你會敬業嗎？

其實，「商」在中國習稱的「三教九流」裡，職業還算較高的，九流裡又分上九流、中九流與下九流，商是上九流裡的第九位，上九流依次是：帝王、聖賢、隱士、童仙、文人、武士、農、工、商；其後還有中九流，此中，醫生終於排入第二，最後則有下九流，其中排第一的是師爺。又有分成十流的，一流當然也是皇帝，第九流則是書生，這也是讀書人常被罵為「臭老九」的原因了。

中國文化中，歧視勞動的工作態度，也常構成敬業度不振的要素，我們常聽聞：中華民族是一個勤勞的民族。王祥伍先生與黃健江博士在他們2014年北京出版的新書《企業文化的邏輯》中卻有了批判，他們認為，這種勤勞並不是發自內心的，不是發自內心的熱愛，而是如：

- 為生計所迫，不得不爾辛勤工作。
- 為了未來不需再工作，故現在很努力。

- 為了兒女以後不需勞苦工作，為人父母的現在就得努力工作了。

影響力很大的中國文人，自身也不從事勞動，很難真切體認到勞動樂趣與豐收的喜悅；而貴如孔孟，學說中對勞動也有許多歧視言論。現代中國改變很多，但許多傳統思維，根深蒂固，一不小心就掉進去了，這些工作態度及其背後的邏輯思想，如不坦然面對，釐清改善，對員工敬業度的提升是仍有困難的。

現代華人社會已開始體驗職業平等，真的行行出狀元了，有了許多實證與改變，在敬業管理上，企業領導人更應該站出來，不要再依靠古聖先賢的道德勸說，把原不是管理用的敬業觀改進為管理學上的「敬業管理」，把企業經營的宗旨與策略，說明清楚，深切瞭解員工與客戶心裡需求，建立可被尊敬的工作環境，真正激起員工工作熱情，把優秀員工從心說服，從心留住。我在杭州一家客戶的領導人說得好，他說，管好員工要靠制度，管好優秀人才，要靠企業文化。所以，你還須建立敬業的企業文化。

敬業管理的目標也不是在培育人才讓他們在各行各業裡成狀元，敬業管理不是要人才在行業裡流竄，而是要留在自

己的企業裡好好發展，相得益彰。

比較上來說，西方文化似乎對敬業管理在先天上有幫助，具有優勢的。洋人的敬業本來就是偏向敬企業與業主的，所以，他們的領導人常會率先站出來大聲疾呼，為我們的企業，為我們的業主全力以赴——這時不是為國家為民族，為國家民族最多也是未來的事，一開始就提出實在太突兀。當然，能不能說服員工、激起熱情，那是後面的推動與執行力的問題了。

西方的基督教文化——尤其是在德國宗教改革家馬丁路德改革後的新教文化，對敬業大環境有極大的影響，例如他們：

- 認同「天職說」，亦即天賦我職，我的職業是上天賦予我的，眾職平等，都屬神聖，我要做好這份職業，上帝已列為KPI，會因此決定日後可否上天堂。影響所及，許多人心無旁騖對自己職業全力以赴，甚至好幾代都如此，創造了許多好農夫、好工匠、好軍人、好廚師、好釀酒師，在各個角落創造出承襲百年的優秀「隱形冠軍」。

- 職業真的無貴賤，人人安於各種職業，沒有歧視，最後讓社會分工化得以完成，分工後加上合作，讓整個社會與經濟更有效果與效率。聽過這樣的真實故事嗎？一位家庭主婦，匆匆忙忙趕上垃圾車，狠力也很準地把一包垃圾丟上車，收垃圾的工人不忍地說：小心，別亂丟我的寶貝。他愛他的工作。
- 人人要「入世修行」，不像老教徒遠離世俗，清心寡慾地唱詩唸經，上帝要依每個人在世俗工作上取得的成就與修為，判定能否進天堂，所以，人們由避世修行，鄙視勞動，轉而熱愛勞動，熱愛工作，也直接造成全球新教國家經濟都比較發達了。
- 基督教不論老教派，新教派，聖經也不論新約或舊約，都崇尚「契約精神」，新約舊約原是上帝與信徒的約定——貴為上帝，還要與信徒做約定？於是，大至總統就職，小至日常生活交易，無處不見契約與約定，而且講究誠信，堅守契約，也造就了西方社會文明與經濟進步。在企業管理的理論與實踐上，不只有備忘錄、契約、條約，還有「心理合約」，都深深扣人心弦，上帝也在看著呢。

- 這是宗教，西方的上帝無所不在地看著，就如台灣人也相信的「舉頭三尺有神明」，這種壓力或助力比中華文化中的古聖先賢道德勸說，要大很多。少了這種宗教信仰，連基本的誠信都在搖擺晃盪著。

在比較後，在敬業管理上，我們可否融合東西方？我們是中學為體，西學為用，或西學為體，中學為用？我們是很難在全盤西化，或食古不化的兩個極端上了。

在敬業管理上，我們最可行的應該是西學為體，中學為用。畢竟，管理還是有它清楚的邏輯架構的，調整應用只是些修正因子。下節我們來看看洋人的敬業學

1.2 洋人的敬業學

> 提升員工敬業，亦即找到方法去激勵每位員工投資更大的心靈能量在工作上，才是各公司提升生產力的單一最強大的槓桿手法。
>
> ——職場專家 *Tamara Erickson* 在美國國會的證詞

歐美企業人談的敬業是指Engagement。就英文字面上的意義來說Engagement有好幾層的意義，例如：

第一個想到的可能是齒輪的相互咬合。齒輪被稱為現代機械工業之母，大大小小各種不同形式的齒輪相互咬合、連動後，帶動了各式各樣機器設備的轉動，轉動了現代工業的文明，看看下面各式各樣轉動中的齒輪，它們常常也代表了許多敬業活動的圖騰。

如果，這些齒輪也表示著人心，那麼心心相連後正是我們一直在追求的一種連結（Connected）的組織。在這種組織裡，心連心（感情上）如果還太難，那麼先

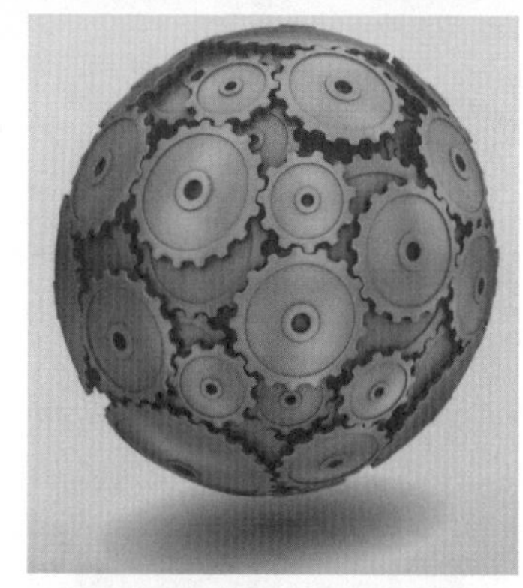

手連手，肩並肩（行動上），也是好的；腦連腦（知識上）呢？應是在心連心之前也可行吧。

用齒輪作代表很有動感，齒齒相連，有始有終，還可遙望終點處總合的「功」，整體的「果」。也可以看到老闆齒輪也在不停地轉動著，如果老闆齒輪不動了，遠處小小員工齒輪也要漸漸停息了。在我們舉辦的許多「當責式管理」研討會上，我常比喻「負責」的員工就如那些堅守崗位的大小螺絲釘，功勞是很大，但，企業形勢須臾瞬變，我們更需要大小員工具備「當責」，更像個樞軸（pivot），它不是緊緊鎖定鎖孔的，而是可以活動轉動的中心，更像現代化乃至未來更成功的員工，他們是大小「當家」們。由螺絲釘而樞軸而齒輪，越來越有動感，工作上的責任感與貢獻度也越來越大。

Engagement，讓我們想到的第二層意義可能是「訂婚」。當你上網買有關敬業的書時，小心別買到有關訂婚的書。訂婚是男女雙方情投意合，想共赴未來互許終身；但茲事體大，不宜造次，於是想互相保留一個短期的再觀察空間，通過了訂婚這關就是結婚了。

想想看，訂婚前，要有人先提親嗎？通常總是男方先主動提，他要講出心的感動與期盼，要瞭解對方的心意，願意許下承諾，一起邁向未來——很重要的是未來，男方把未來

說清楚了嗎？雙方要訂的不只是現在，更要有未來，未來甚至比現在有更大的說服力或感染力。注意到了嗎？連沒有未來的殉情，也是在追求他們不可知但仍有期待的異世界未來。

如果沒有心靈契合，沒想到共譜未來，只重身體、只求現在而強勢訂婚乃至成婚的，應稱是大頭目搶親要「押寨夫人」了。想迎娶的男方——比較像企業裡的雇主或領導人，是想訂婚並成婚嗎？有沒有為女方/雇員/員工想想現在，描繪未來？志同道合嗎？或只以現況吸引？只是想屈打成招，快找個押寨夫人？

所以，Engagement這個字，從「齒輪咬合」說，到「訂婚」說。由機械式的手手相連，到化學反應式的心心相印了。

字典裡的engagement也有雙方交戰或介入戰爭之意，或許也有含意是，不打不相識，要進入相知相惜互許承諾，

「交戰」也是個免不了的過程，如果沒有公平公正公開的辯論或對抗過，何來刻骨銘心的承諾或生死不渝的盟約。又或許，原本就沒有這許多深意，也就別望文生義，穿鑿附會了。

在台灣，Engagement也被譯成「投入」或「契合」。

「投入」指的應是員工投入工作或投入公司，真正的投入是讓員工投入工作更是投入公司，是對公司有忠誠的；當然，領導人們更應率先投入。

投入應是有程度之別的，程度比較低些的可能是「介入」（involvement），或是「加入」（participation），兩者都在希望贏得員工最後的承諾（commitment）了。把engagement譯為「投入」，應要指已經贏得員工的承諾了；美國人有個笑話說，involvement（介入）與commitment（承諾）兩者有何區別？就像美式的火腿蛋早餐：對於蛋來說，母雞是involvement；但，對火腿來說，豬可是commitment了。這隻豬已是承諾到最高點，不惜以身相殉了。

一個人有多「投入」？這時，不會只是「投入/產出」分析中的那種投入——這時的投入只是input，有input就會有output（產出），中間則有流程與程序，從投入到產出，有時是很自然了，自然得像瓜熟自然蒂落。但，由output變成outcome（成果或結果）可是要精心設計，還需含有人心意志的刻意運作了。

當人們身心靈相許，並付諸行動，還訂下心靈契約，那就是engagement了。嚴格說，它不只如齒輪般齒齒相合，手手相連，還更是齒輪有心，心心相印。齒輪啟動後，開始要發「功」工作了，就投入程度來說，Engagement這個層次上的「投入」層次最高。

中文譯為「契合」就有兩造雙方的涵義了，不是老闆或員工一方投入而是兩方有契合了，這正是敬業管理的本質。不論契合，投入，或敬業，用以翻譯engagement都有其不足處，也不可能有盡善盡美的譯詞，所以我們不應再苛求，譯詞上，約定俗成，也就成了；還是真正的內涵與實際的行動更重要了。

在應用上，華洋兩方相同的是，都定位在「員工敬業度」上。華人談員工敬業度時，絕少談及領導人敬業度——好像是，領導人怎麼會不敬業呢？或，只要員工敬業就可以了！洋人在各種管理實務上與文獻的主流裡，也都是「員工敬業度」，較少談及領導人敬業度。但，不同的是，華人講員工敬業度是真的停在員工上，希望員工能自主自發，然後在大氣中吸取千年文化精華，或在老闆諄諄教誨，日日敦促中得到啟發，乃至於在企業文化價值觀的口號裡得到一些啟示。可惜，自主自發的少，自生自滅的多，我行我素的更多。員工敬業度也沒人計量過，充其量只是主觀感覺上的或有或無，似高還低。

洋人談員工敬業度時，是科學化的，有計量的，敬業度70%的組織就是比30%的優秀許多，也有具體方法可以從30%提升到70%的。致力於敬業度提升的美國思科公司（Cisco）甚至指出，他們員工敬業度的調查分數每提高10%，公司總銷售就會提升5%。員工敬業度在管理上是經由實際需求與慢慢演化而提升上來的，很有脈絡可尋，例如：由最早的員工滿意度，升至員工忠誠度，而升至員工敬業度。雖然談的是「員工」敬業度，但起始點可不在員工，而是在上層的老闆。老闆們透過自己的高度敬業，加上制度與環境的建立，讓敬業或如瀑布般逐層而下，或如輻射般隨時隨地射向公司各層級人員；最後的收成才是表現在全員的敬業度評量上。歐美企業人士與管理學者們常常直接挑戰的是：員工敬業度太低是組織領導人的領導力失敗。這是很大的指控，與東方領導人常控訴員工不自愛、不自尊、不自重、不自敬、不自強，故不敬業，有很大的差別。

當然，在敬業管理上，西方也有另一非主流派升起，為首的是大名鼎鼎的高管教練葛史密斯（Marshall Goldsmith）。他說，他有一次去美國國家人力資源學院做了一場演講，同會中，有三家大型企業的人資長也在發表有關員工敬業度的報告，他們都在申論公司為了提升員工敬業度所做的各種努力，包括如獎酬、培訓與賦權等等。葛史密斯認為，這些努力都很好，但方向都錯了，這些大企業人資長們都沒有談到如何讓員工自己更加敬業，他認為，教導員工自己啟動敬業才是重點。

葛史密斯舉了實例說，在同一家航空公司裡，有空服員非常熱誠、積極，也會有另一些空服員卻非常負面、憤慨。為什麼在同一家航空公司裡，同一架飛機上，同一個時段工作，卻有不同的表現？這個差別不在外在環境，而是內在心態，也就是員工自己，是員工自己本身就是不敬業。

或許，美國有許多優秀企業，他們制度完美，環境完美，如果還有員工不敬業，員工端應負更大的責任，員工自身應該被進一步要求，但，如果有公司裡，領導人並未準備好，管理制度不完整，例如許多許多華人企業，就不應因為此航空公司特例又回到主管無責，匹夫有責，回到責成員工的「員工先行論」老路上了。

許多成功企業的經驗顯示，推行員工敬業如果要成功，領導人還是要先行的。領導人要能真正站出來對員工領之、導之。例如，要能說明清楚，讓員工相信，這個企業對員工而言，是在前進的，會成長的，是公正公平公開地善待員工的；而領導人本身是有能力的，可信任的，關心員工的福祉的，在乎客戶的，也對社會負有當責的。這樣的企業才首先值得員工「尊敬」，員工才會敬業的，這也是員工敬業的真義。

更具體來說，領導人在推動敬業時，常會有兩種效應產生，一種稱為瀑布效應，另一種為輻射效應，如下頁圖1-1所示。

在瀑布效應中，領導人與其高管團隊的敬業方案及活動宛如瀑布般，由頂層順流而下，經過各層中階經理，終至第一線經理人，最後終於到達每一位基層員工。

每一層經理各司其職，中階經理扮演著承先啟後的重任，每一位直接經理則直接影響著他們所屬的部屬，影響最大，是最是重要的。第一線經理人直接面對廣大基層員工，正是敬業成敗的最大關鍵，這些第一線經理們如果不敬業，他們的直屬部屬中不敬業的，就會佔有絕大多數。直接經理就是管理階層中，每位員工的直接主管，這位直接經理也就

圖 1-1　敬業管理的瀑布效應與輻射效應

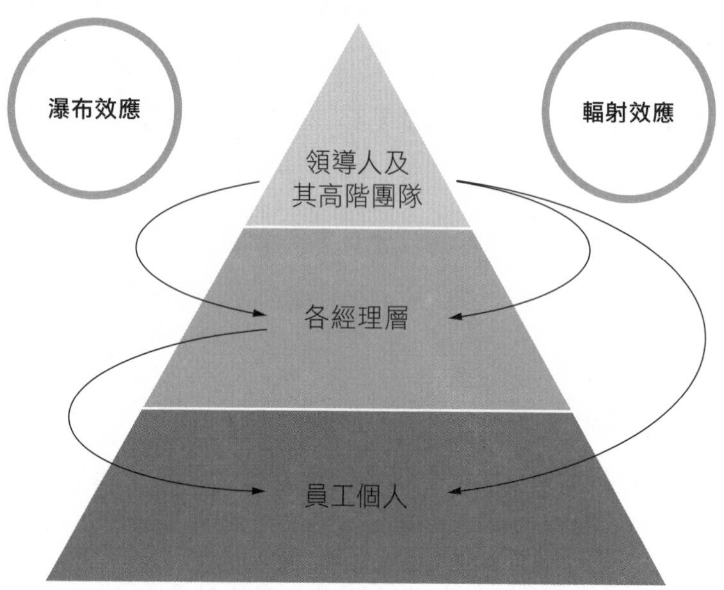

是一般員工口中所稱呼的「老闆」。這位「老闆」對屬下的影響，一般來說還要大於企業的最高領導人，也大於高階團隊裡的高管們。老闆的老闆的老闆，望之莫及也鞭長莫及，是有點天高皇帝遠，影響力已式微了。

不少企業實例是，許多員工本人對企業最高領導人的這位大老闆是不信任的，不願效忠的；但，卻仍然願意信服他的「直接經理」——就是那位直接管他的小老闆。很多企業員工不願為企業效命，不願為大老闆效命，但卻願意為他的小小直接老闆效命的。

在輻射效應中，領導人及其高階團隊成員在各種活動中隨時隨地直接如輻射般射向各階各層的員工，在每一個正式與非正式接觸點上，在每一個甚至只有三、五分鐘的相會裡，他們都可能以真誠的身教或言教感動員工，引領敬業；也可能對公司外的供應商、客戶、投資者乃至社會大眾躬身敬業。於是，大老闆們的敬業精神如太陽輻射般，無所不照，影響遠大。

著名的麥肯錫顧問公司把他們的專案經理稱為「敬業經理」(Engagement Manages) 簡稱EM。EM的老闆則稱為ED (Engagement Director)。顯然，麥肯錫視專案為敬業，大約是希望專案經理們能把自己、公司與客戶三者心、手、腦都相連在一起，確定有相連的目標，相連的做法，甚至相連的理念，志同道合地溝通、實踐各種複雜無比，變化多端的大小專案了。或者，他們簽訂專案，慎若訂婚。也很顯然地，雙方有很大的互敬，從相敬如兵（例如，早期的交戰）到後來的相敬如賓，賓主盡歡。如此，EM這個職銜還真有道理了。

底下，我們要更有系統的探討敬業。

1.3 敬業的意義，內涵與架構

你在乎顧客嗎？當然。顧客是生意與利潤的來源，也是創新靈感的泉源。管理大師彼得・杜拉克還說過，企業的目的就是在創造顧客，所以顧客還是企業經營的目標與目的。就是因為你關心顧客，所以你會做顧客滿意度調查，正式的，或非正式的，定時的，或不定時的。有時是實地會談，有時明查暗訪，這些調查想知道的，無非就是顧客滿意嗎？或進一步的，顧客喜悅嗎？甚至是忠誠嗎？

你在乎員工嗎？當然。常言道，員工是公司最寶貴的資產。許多專家說，其實不能把人才當資產，更不是資源，把人才當資源或資產用，常會造成物化誤用。例如，有公司把人才當人材在燒，還無止境、不完全地燒，以利快速取得更大的能量。你在乎，你關心員工，所以也正式、非正式的做員工滿意度調查嗎？我以前服務過的公司每隔一兩年都會做一次全球性員工大調查，含有數大項目與近百條小項。總公司總想探求各地民瘼，了解並解決問題，他們相信員工有了滿意的工作環境可以提升生產力，及隨後的客戶滿意度。我記得，低於平均值的各大小項目，還要被責成改善，提報改善措施，剋期完成。

其實，這個世代裡，人浮於事，人力總是被低估，人才還是被忽視。在許多公司裡，員工滿意度也沒有獲得應有的重視。員工仍然只是生財「工具」之一，或機器等「資產」的一部份，或是經費與軟硬體等「資源」的一部份，應該好好運用但仍並未被提升到「人」的層次。已被提昇到「人」位階的，也只被當成長不大的小孩，或總要盡忠盡孝的忠臣孝子，還沒提升到一個獨立的「成人」或完整的「全人」（whole person）的定位上。

> 今天，一個低階員工可以在幾秒鐘內獲得的資訊，是20年前只有高階經理才能獲取的，同樣地，電腦技術越來越強大，足以讓各地員工立即相互溝通，不需經過正式的管道。
>
> —— Dr. David West，英國大學教授

> 我們手上有50年很硬的證據，證明要「拋棄」這個事實是超難的：一切都是關乎「人」。
>
> ——彼得．杜拉克

三四十年前，我們的員工已被定位成「知識工作者」，什麼時候真的會長大成人，成為成人或全人，成為準領導

人，成為真正的工作夥伴——由相識、相知而訂婚、結婚，榮辱休戚與共，共赴前程，還無怨無悔的真正夥伴？

敬業的多重意義

員工敬業度與員工滿意度有什麼不同嗎？有。員工滿意度是指員工因為工作本身、工作經驗與工作環境，在經過評估後能達成的一種愉悅或正向的情緒狀態，是組織對員工的所作所為，讓員工感到在組織裡工作是件很好的事。因此，員工滿意度表現出來的是員工需求被達成，心滿意足的程度。

滿意的員工比較容易被激勵而做出更好的績效，也更容易為工作做出承諾，但，他們在心態上也比較傾向於維持現狀，不願改變，甚至害怕因改變而失去現狀。故，組織所需要的一些變革，常常引起員工的不滿；而且滿意的員工也並不意味著會為未來目標盡心盡力。或許，正因為如此，許多職場研究顯示，員工滿意度與員工績效上的關連性只是中等而已，並沒有想像中那麼大。或許，這也解釋了為什麼越來越多的企業領導人開始捨棄員工滿意度，不做員工滿意度調查而逐漸更重視員工敬業度。提高員工敬業度位階，成為公司策略的一部份或公司競爭優勢的一個重要源頭。

員工敬業度是員工滿意度的升級版，它追求的不只是讓員工快樂或滿意，還要員工有成就、有貢獻，要完成個人與公司的目標。

就雇主的角度來看，敬業不止於員工快樂滿意，員工不能只是很快樂很滿意地參加各種活動，在企業大傘下享受各種福利，在團隊裡像花蝴蝶一樣穿梭，在有利規章下無憂無慮也無腦地工作，他們是快樂，但有生產力嗎？他們的工作在公司成果或客戶效益上有一條或粗或細但很清晰的連線嗎？

美國Health Stream研究中心曾經在美國對20萬的美國企業員工做過調查與研究，發現只有40%的員工是既滿意又敬業的。如果，我們以「滿意」與「敬業」兩個因子為座標，可以看到四個象限的全貌，亦即：

1、高滿意度與低敬業度：

這象限裡的員工是：

- 對於薪酬與職位是滿意的，但不相信公司的願景與目標。
- 還沒有想要換公司。
- 樂於得過且過，可能會耗盡公司資源。
- 約佔總員工的20%。

2、低滿意度與低敬業度：

這象限裡的員工是：

- 公開批評公司的不是。
- 對公司的品牌是一個明顯的威脅。
- 員工想換公司的欲望很高。
- 需對管理系統與流程做全面的檢討。
- 約佔總員工的26%。

3、低滿意度與高敬業度：

這象限裡的員工是：

- 員工奉獻很大，但對工作環境很不快樂。
- 想換工作。
- 約佔總員工的14%。

4、高滿意度與高敬業度：

這象限裡的員工是：

- 員工是公司的「大使」——對外代表公司，為公司說話。
- 信任公司的願景與目標。
- 對個人的成就與公司的成功都有承諾。
- 很低的流動率。
- 約佔總員工的40%。

在美國員工裡，約40%是高滿意度與高敬業度的，這數值在全球比較中是偏高的，但在另一項調查中又發現，約有65%的員工目前正在尋找更好的公司。兩個數據兩相比較還是很相合的。

台灣在2013年底的一項調查中則顯示，約有85%的員工在過完春節後想離職，數據就高出很多了，但可能與傳統春節換工作潮有關。雖然只是「想」，不見得真「做」了，還做成了；畢竟職場上是人浮於事的，「好」的工作還真難找的。但沒做成的，心還是會浮動好一陣子，對個人與公司都是不利的。

敬業不止於滿意，滿意只是個好起點，他們心滿意足也盡心盡力，但也很可能為了另一家公司所提出的5%加薪而離去，他們騎驢找馬，伺機而動，尋找另一個可能讓他更滿意的地方。

敬業的員工真的關心工作，他們從某些角度上會發現自己尊敬這個專業、事業、職業、企業，所以工作時不只是「必須去做」，還更是「想要去做」；不只是理性推演後的「應該去做」，還有心有靈犀般的「就是想做」。所以敬業的員工不只有腦力的IQ，也有心力的EQ，他們是有情感上的投入或承諾的。為了那份承諾，他們在工作上總是不計較「多走一哩路」，也常赫然發現那多出的一哩路裡，也意外地好走，因為那裡人行稀疏，沒交通擁塞。

敬業裡的承諾通常是直指目標或成果，有短期的，有中期的，也有長期的。承諾不是空頭的，不會莫明其妙地消失在空氣中，或迴盪在大氣裡，是肯定要落實著地的。

所以，在敬業的環境裡，雇主不只提供一個滿意的環境，還提供一個有實力、有希望的遠景與近景，大圖與小圖，讓員工可以連結。也提供有力有利的軟體與硬體，資源與資產，讓員工放手放腳放心地一起動起來。於是，在敬業的環境裡，員工的腦加上了心，結合了手與腳，看清楚了遠與近，願意用自主的「多走一哩路」在工作上，他們很滿意也有壓力，不必然無憂無慮，他們兢兢業業，他們是敬業的員工。

為什麼現代企業做的是「員工」敬業度？為什麼總是針對「員工」？為什麼總是要求「員工」要敬業？其實，員工端不是敬業工作的起點，而是終點，是量度敬業度最大宗處。經營企業時，我們總是要在終點處印證經營成果的。敬業管理的起點應該回到領導人身上，包括各階的領導人。

在今日管理中，員工敬業是個單一最嚴肅的議題。如果你無法在價格上競爭，你必須在創意與品質上競爭；如果沒有了員工敬業，兩者皆不可能。

——Dr. David West 英國大學教授

1.3.1 敬業的定義

在西方管理文獻裡，常見的有關敬業的定義不下五十種。我們先來看看幾個比較有代表性的。

英國Katie Truss教授的看法是：

敬業是關於創造機會給員工，讓員工可以和他們的同事們，經理們，以及更廣大的整個組織，產生連結；也是關於創造出一個工作環境，讓員工被激勵而願意去連結他們的工作——員工真正關心他們的工作，要完成一份卓越的工作。

所以敬業是關於：創造機會，建立環境，讓員工可以連結，可以成事。

英國的「職業研究所」在討論員工敬業的驅動因素時，說：

敬業是員工的一種正向態度，是導向組織價值觀的；一個敬業的員工是能夠了解組織的營運環境，並與同事們在工作上改進績效，以達成組織的利益的；組織必須要努力建立並滋養敬業環境，敬業是雇主與雇員之間的一種雙向式關係。

所以，敬業是一種價值觀，一種態度，要達成效益，是雇主與雇員間的雙向互動。

美國的John Storey教授說：

敬業是一套正向的態度與行為，它驅動高績效的工作，這些工作是與組織的使命是調合一致的。

美國Valtera顧問公司執行長William H. Macey具有30餘年為顧客設計與執行敬業調查研究的顧問經驗，他說，他在近年來已經很少見過有那些管理上的軟性議題，會像員工敬業度這樣，在企業領導人間引發這麼強力的共振了，其中可能的原因如下：

- 人力資本已逐漸聚焦，成為競爭優勢之源。
- 技術易被模仿，優勢快速降低或消失。

- 企業裁員日多，「以少做多」(do more with less）已成為工作定律，員工壓力與日俱增。
- 員工敬業已成為提升員工生產力的利器。
- 員工與組織間，早已相互缺乏長期承諾。
- 如何讓員工願意「多走一哩路」已成管理上的大難題。
- 敬業不是零和遊戲，是組織與員工的共利。組織可提高有效性，員工可同時提升福祉。

他基於與3M，Eli Lilly等等許多公司的工作經驗，提出了下述對敬業的工作定義：

> **敬業者對他們的工作具有目的感，也具有聚焦的能量；表現出來的是，讓別人可以看到他們做事的積極主動性、調適能力、精力，與堅持在組織的目標上。**

Macey用敬業者的工作法來定義敬業。

創立McCoy顧問公司及「員工敬業學院」，專注於推動員工敬業各種方案的T. J. McCoy，自1978年以來已有三十餘年投身在敬業的領域裡，是全美敬業思想領袖之一。他以實證的系統架構、文化、模式、流程的方式協助客戶提升員工敬業度，他對敬業的定義是這樣的：

敬業是指建立一種工作環境，讓員工在那個環境裡工作時，會很熱情地貢獻出智能上，情感上與身體上的資源，以達成組織或團隊的目標。

所以，準此而論，一個組織所具有的宗旨及其文化會大大地影響員工敬業度。敬業的目的是讓員工能好好地發展企業成果、客戶經驗與員工經驗，並達到最大化。

兩位著名顧問L. Branham與M. Hirschfeld則定義敬業是：

員工所具有的一種已提升的情感上與智能上的連結力，要連結上他們的工作、組織、經理人或工作夥伴；影響所及，他願意額外地「多走一哩路」，以完成工作。

這樣的敬業感因何而來？雇主與雇員兩方都有。創造與維持員工敬業的責任，一部份來自員工，另一部份來自經理人。很明顯地，員工敬業是一條雙向路，不是單行道。

調研顯示，經理人總是會比第一線工作人員更為敬業的。如果第一線員工不敬業，有一大部份原因是經理與領導們管理不當造成的，另一部份則是要求員工自我敬業了，我們需要一些管理模式讓員工再敬業或更敬業。

敬業，需要員工有智能上與情感上的連結或投入，在歐美管理世界裡已有廣大認同。智能上的投入就如頭腦、理智、邏輯上的投入，是與IQ有關的；情感上的投入就如心臟、感情、感動的投入，是與EQ有關的。所以也與華人講的盡心盡力有關，盡心是由內心感動、承受、許諾；盡力是竭盡了腦力，還加了體力，是全力以赴了。我們平常講盡心盡力已習以為常，不再深思，沒了感動，忘了善用智力體力，還可能只是脫口而出，敷衍了事，虛以委蛇，成了失敗藉口的前置詞。

領導力專家L. J. Colan博士在這個方向上有了進一步的研究，他說，如果要成為一個更敬業的領導人，一定要更加認識你的員工，把員工當「人」看待，更要當「成人」看待。那麼，這些「成人」們有哪些需求被滿足後，才會成為敬業的員工呢？Colan認為有6項需求，也分別屬於智能上的與情感上的，如：

屬於智能上的需求是：

- 有所成就。
- 能自主自治。
- 有專業上的精練。

這三種需求實現後會讓員工在績效上有所表現。

屬於情感上的需求是：

- 目的感。
- 歸屬感。
- 被賞識感。

這三種需求實現後員工會燃起他們的熱情，在敬業領導人的領導下會創造出更多敬業的員工。

這六項需求，在本書中隨後也會一直展現出各種具體作法。有兩家商業公司則是這樣定義敬業的。英國RBS皇家銀行認為，敬業是讓員工願意：

1. 說出來：持續也一致地向同事、潛在員工與客戶說出組織的好。
2. 留下來：有強烈的欲望留下來，成為公司的一份子。
3. 努力做下去：願意「多走一哩路」，貢獻在公司的成功上。

荷蘭殼牌石油公司定義敬業是：

讓員工以在殼牌公司工作為榮，認同公司的價值觀與目標，並因此受到激勵，做出承諾以能量與創意協助公司持續地成功。

在歐美管理世界裡，員工敬業這個議題興起後，隨即轉趨強盛已是1990年代後期了。也是受到當時企業不斷裁員縮編的影響，員工們覺得組織不再重視他們，組織對員工揮之即去，員工也不願對組織目標全力以赴。許多企業裡，總有半數以上員工，不是主動在找尋工作，就是待價而沽，員工敬業度成了大大小小公司的重大管理議題，有關提高績效的討論都把員工敬業放在中心點上。對於知識工作者而言，敬業更被重視——這時的敬業，泛指的是員工們在執行他們的工作時所願意再附加上的知識上與感情上的附加物。

不只是對大大小小企業，連英國政府都把員工敬業列為他們在政府運作上具有優先性的重大議題。

英國兩位著名的學者兼顧問L. Holbeche與G. Matthews，曾為英國政府著書立論，他們認為員工敬業的特徵就是，員工有一種承諾感、熱情與能量，可以轉換成高度的堅持，去面對最困難的工作任務，想超越期待值，並能積極主動啟動專案行動。這種特徵發揮到最高點，就是心理學家米哈里·契克森米哈（Mihaly Csikszentmihalyi）所描述的「神迷」（flow）——當人們愉悅地沈浸在工作中時，所展現的一種聚焦與快樂的心理狀態，此時人們甚至不會注意到時間流逝。在這種「神迷」狀態中，人們很自然自由地釋放能量與意願，願意多走出額外的一哩路。管理學家也相信，此時，人們：

- 更有生產力。
- 更加服務導向。
- 更少浪費。
- 更多創新。
- 更積極行動，做了更多來幫助組織達成目標。

這兩位英國學者，也列舉了許多有關的敬業定義，例如：

- 一套足以讓工作績效提升的正向態度與行為，而且該工作是已經與組織的任務協調一致的。
- 員工對組織所展現的一種連結與承諾，會導向更高生產力的工作行為上。
- 員工對組織的某事或某人做出承諾，在這個承諾下，他們願意多些努力，不在意工時長些。

所以，員工敬業時，最直接外顯的就是「心態」，是一系列正向態度、情緒與行為，為的是要高效完成那些與組織使命協調一致的任務。組織領導人要思考的是，如何轉化員工與組織之間的關係，贏取員工承諾，讓組織裡確實有人要在工作上奉獻出他們的頭腦、雙手與熱心。

英國職業研究學院在一次大調研後指出，敬業的員工看起來就像下述幾項描述的：

- 總是在尋找改善績效的機會，也常找到這樣的機會。
- 對於工作與組織本身，總是抱持著正面看法。
- 信任組織，並認同組織。
- 主動積極地工作，總想把工作做得更好。
- 尊重別人，也幫助同事做得更有成效。
- 可以被信靠的，總是超過原訂的要求。
- 會看到更大的遠景大圖。
- 在自己的領域裡努力發展，要與最進步的保持同步。

美國Performancepoint顧問公司總經理B. Federman對敬業下的定義是：

員工對組織所許下的承諾度，該承諾度強力影響著員工對績效的達成力與任職的長久度。

他認為，一個很高的員工敬業度具有三個中心重點，亦即：

- 更清楚的連結：員工個人因連結的數量與強度的增加而增強了承諾度，也因工作與環境間的互惠互利而增強承諾度。
- 更強的信任感：員工更注意並聚焦在別人需求上，因此會在內外顧客間建立更高的互信關係。
- 更是足智多謀：員工能看到更多的機會，驅動自己與團隊向前行，員工感到有擁有感。

韜睿惠悅顧問公司的兩位執行董事J. Gebauer與D. Lowman也著書立說，認為員工敬業是員工與公司之間一種很深很廣的連結，也因為這些連結而產生一種很強的意願，願意往外往上多走一哩路，以幫助公司成功。這些連結會在下述三個層次上產生：

- 理性的（即，腦）：員工了解他們的角色與責任，是敬業方程式中的「思考」部份。

- 情感的（即，心）：員工在工作上帶入熱情與能量，是敬業方程式中的「感覺」部份。
- 激勵的（即，手）：員工在他們的角色上所表現的績效，是敬業方程式裡的「行動」部份。

> **「在現代公司裡，人們工作上有70至80%的事是藉助智力來完成的，生產的關鍵工具是一種很小的，灰色的，重約1.3公斤的小東西，那就是人類的腦。」**
>
> ——*Ridderstrale and Nordstrom*

所以，在這個清楚定義下，一個敬業的員工表現出來的是，他能瞭解到應該要做什麼以幫助公司成功，他能感到與組織及其領導人是有連結的。最後，他願意把他的知識與情感加在行動之上，以改善他自己的績效，乃至組織的績效。

這三層次的連結缺一不可，缺了一個就不能成為真正的敬業。例如，有員工知道該為公司做什麼，但他沒有情感上的連結，那麼，來日他也有可能很快樂地到競爭公司那裡工作了。

例如，有員工很熱情於公司產品與品牌，但不知道自己如何幫助公司達成目標，那麼，他的時間分配，可能是很糟糕也無效的。

例如，有員工，他只是很有意願，甚至下了承諾要留在一家公司裡，他只是對公司「忠誠」，他還更需要有行動、績效與貢獻。

例如，有員工忠於職業與專業，因此工作非常努力也熱情無比，但他並不忠於雇主與公司，他會經常在各公司之間跳槽跳船，他只「奉獻」給專業。

例如，有員工只是每日快樂地工作，但他沒有校準工作目標，很可能沒有真正的生產力，他愛他的工作也愛他的公司，但對公司沒有多大的貢獻。

就各種有關敬業的文獻來看，敬業的定義越來越多，它們分別是就員工或領導者的角度來看，或就敬業所造成的效應來看，或就達成敬業的各種驅動因子來看，不一而足，我們現在應該有了一個梗概。最後，我想用英國敬業大師D. MacLeod平鋪直述也平易近人的觀點做個總結，MacLeod學驗俱豐，曾為英國政府撰寫了著名的《MacLeod報告》，倡導全英國國民藉敬業而提升各行各業的績效。他說，敬業最簡單的定義就是這個：

> 員工願意以超額的時間、腦力與精力投入他們的工作中，超越了原有的預期，達成了組織的成功，形成貢獻。

敬業的員工總是在期盼也承諾做出最佳成果，他們工作時充滿能量與熱情，總是願意多走一哩路以提升或影響品質、成本與客戶服務。他們總是帶來新鮮主意，也把自己的敬業精神注入團隊中，他們很少去尋找其他公司的工作機會，他們相信他們組織的宗旨，並據以展現實際行動與態度。

這大概是最強敬業度的員工吧，好險的是，最強與最弱之間不是只有一個總開關，而是像一連串的光譜，中間存在著各種不同的程度。組織領導人要能成為敬業領導人，在這連續光譜系列中不斷地拉升員工敬業的程度。

1.3.2 敬業的內涵與構造

> **如果你要了解你的組織的總體績效，那麼下面三種計量幾乎就可以告訴你所有事了：員工敬業度，客戶滿意度，與現金流量。**
>
> —— Jack Welch, BusinessWeek, May, 2006.

現在，我們由下述七個實案：五家國際知名顧問公司與二家大小有別的企業的做法來進一步分析與認識敬業的具體內涵與構造：

一、韜睿惠悅公司

他們做全球人力調研時，理出了十項最重要的員工敬業驅動因子。在此進一步了解員工為何敬業，以及公司如何更好地扮演該有的角色，這十項驅動因子在世界各地對員工敬業度也各有不同的衝擊度，以全球平均值而論，衝擊度由高而低大約如下述：

1. 高階主管對員工福祉的真誠關心。
2. 員工有機會提升自己的技能與能力。
3. 組織在社會責任上卓有聲望。
4. 員工在自己的部門裡，有機會在決策中提供意見。
5. 組織有能力，快速解決顧客所關心的問題。
6. 員工願意設定更高的個人標準。
7. 有好的事業前程與發展機會。
8. 員工有興趣接受工作的挑戰。
9. 員工與他的直接主管有良好關係。
10. 組織鼓勵創新性思考。

這十項驅動因子的相對衝擊性，仍是依國家、年資、職級、年紀等而有些差異的。但，我們總是可以由這些因子了解員工敬業度與提升之道。

二、蓋洛普公司

他們有計劃地訪談了一百萬餘員工與經理人，再經由他們的社會學科學家們悉心整理後，也有了12項敬業的工作環境要素，這12要素，像是雇員與雇主之間那種未明寫的心理契約中的核心元素，傾訴員工們心中吶喊的是：如果公司為我做成這些事，我一定要做成公司對我的各種要求。

這12項敬業要素，珍貴無比，羅列如次：

1. 我知道，你們對我在工作上的期待是什麼。
2. 我要把工作做對，我擁有我所需要的材料與工具設備。
3. 在工作上，在每一天裡，我都有機會去做我最擅長的事。
4. 在過去的7天裡，我曾經因為我做得很好而得到肯定或勉勵。
5. 我的直接老闆或工作夥伴，還能關心我，關心我是個「人」。
6. 在我工作中，有人在激勵我繼續上進。
7. 在工作中，我的意見似乎可以受到重視。
8. 我們公司的宗旨與使命，讓我覺得我的工作是很重要的。
9. 我的同事或工作夥伴們，都有承諾要做出高品質的工作。
10. 在工作中，我有一個很要好的朋友。

11. 在過去6個月裡，有工作夥伴曾經跟我討論工作進度。
12. 在去年的工作中，我確有機會學習並且有了成長。

蓋洛普公司在測評員工敬業度時，就是依據員工在這12項敬業要素上的反應。這12項敬業要素已被證實是與績效成果緊密相連的。進而言之，這12項要素還代表著員工走向完全敬業的4個不同階段。

第一階段是第1與2項，代表著員工的基本需求。

第二階段是第3至6項，員工思考著他們自己的貢獻，以及別人如何看待與評價他們的努力。

第三階段是第7至10項，員工的觀點更廣些，他們開始評估與團隊及組織的連結。

第四階段是最進階的，包含第11與12項，員工想要改進、學習、成長、創新，並應用他們的新主意。

蓋洛普把這些耗資百萬嘔心瀝血得出的12項敬業要素化成四十餘種語言，在一百一十多個國家裡，在過去十餘年中，印證過約一千萬名員工與經理們，檢驗出員工敬業度所促成的企業健康度。現在，蓋洛普公司也用這12項要素來測評一家公司的員工敬業度。

三、合益（Hay Group）顧問公司

合益認為，敬業的工作環境要有下列兩大關鍵因素：

第一是，讓員工對組織的未來有信心，方法包括：

- 讓員工清楚組織的大方向，而且這個方向可行，也值得信任，足以激勵員工們與組織大方向做出連線也做出貢獻。
- 確定員工對領導人的策略具有信心，讓員工確定工作有保障、有未來。
- 實證讓員工看到，組織總是聚焦在客戶上，也交出高品質的產品與服務。
- 讓員工知道要提升自己技能，迎向自己現在與未來的工作生涯，組織裡是充滿機會的。

第二是，確定員工在為公司成功上所做的貢獻會得到適當的報酬，方法如：

- 建立適當有效的薪資獎酬系統。
- 要有非金錢性的獎賞與肯定方法。「薪酬是一種權利，肯定是一種禮物。」

這樣的敬業環境，很顯然的，組織領導人及其團隊要做更大的努力了。

四、BlessingWhite顧問公司

這家公司成立後即專注於員工敬業與領導力培養，四十餘年來專注力有了成果，GE、豐田、德國銀行、嬌生等等著名公司都找他們幫忙提升員工敬業度。

他們以一個最簡單的公式來定義這個頗複雜的敬業度，亦即：

$$EE = MS + MC$$

其中，

EE是員工敬業度（Employee Engagement），在此尤指最高敬業度。

MS是Maximum Satisfaction，亦即，達成員工的最大滿意度。

MC是Maximum Contribution，亦即，達成了組織的最大貢獻度。

簡言之，員工敬業度就是要讓員工達成最大的工作滿意度，員工同時也要對焦連線，要對組織達成最大的貢獻度。

所以，在這個敬業國度裡，你必須了解雙方重要的驅動

因子，兩方都要一兼二顧，例如：

員工事業規劃、工作匹配度、肯定與獎勵計劃、對顧客的承諾、組織優先性的明確化、與組織大圖的連線、資源的重新分配、回饋與培育計劃、直接經理的管理方式、高階主管們的策略、組織變革管理及組織外部來的影響力。

組織的使命、策略、目標是有助於達成員工敬業度的，因為可藉此清楚定義員工工作的優先性與期望值，而且讓員工工作上有歸屬感、擁有感、意義感及貢獻感。

五、休威特顧問公司

這家公司認為敬業是，員工對一個組織表達出在理智上與情感上都有承諾的一種狀態，也是雇主所能抓住員工感情與理智的一種程度。所以，敬業的驅動因子是三項不同的需求：基本需求、社交需求、尊重需求。

敬業員工表現出來的日常行為，可以用三個以S開頭的英文字來表示，亦即：

1. Say（說出來），員工總是很一致地述說著組織的各項正面事。
2. Stay（留下來），員工有準備要在組織裡留下來。
3. Strive（奮鬥下去），員工在他們每日角色上，總是努力奮鬥，想要超越期望值。

休威特公司調查結果是，在一些典型的最佳雇主組織裡，有80%以上員工是敬業的。

> **公司最關鍵的資源是穿著鞋子的，他們每天約下午五點鐘走出公司大門。**
>
> —— Ridderstrale and Nordstrom.

小公司與大老闆有沒有什麼實用方法拉升員工敬業度？下面是兩個實例：

六、克魯茲公司

克魯茲（Kruse）是美國賓州一家小公司，老闆叫凱文．克魯茲，他很自豪在全賓州的「最佳雇主」大調查中勝出。他說，做法很簡單，他只用七個問題經常詢問員工，改善敬業環境，並提升員工敬業度。這七個問題是：

1. 我在公司裡工作，很滿意嗎？
2. 我很少考慮去另一家公司找工作嗎？
3. 我會推薦我的朋友們，本公司是個極佳工作場所嗎？
4. 在公司裡，經常有雙向式的溝通嗎？

5. 公司提供我足夠的機會去學習與成長嗎？

6. 我在工作時，常被欣賞與肯定嗎？

7. 我很有信心，我們的公司有個光明前景嗎？

前面三問題，有點像在調查客戶滿意度，隨後四問題，就直指員工敬業的一些關鍵因子了。

綜合前述實例中的問卷設計或關鍵因子分析，我們可以大略看到一個敬業的工作環境的要件，這樣的敬業環境是有賴敬業領導人率先建立起來的。有了敬業的領導人與經理人，才能塑造出有效的敬業環境，也才能育成更多的敬業員工。在一個企業裡，如果員工不敬業，華人企業常會怪罪員工是不道德、沒修養、不自愛、不自重。但洋人企業裡，總是會歸責到領導力不足，是領導人的失敗。

敬業如訂婚，千頭萬緒，但總有個比較強勢或優勢的一方先提親，勇敢說明希望共譜姻緣，共譜未來。在訂婚上，這一方總是男方；在敬業管理上，這個強勢或優勢的一方，總是企業主或領導人。最後決定要不要的，卻總是那些「弱勢」的一方。

七、金寶湯公司（Campbell Soup）

2011年5月，我在美國ASTD（美國培訓學會）佛羅里達州奧蘭多市的年會裡，聆聽金寶湯公司CEO康南（D. R. Conant）與他的顧問諾嘉（M. Norgaard）一搭一唱的精彩主題演講。康南提到他如何救活這家產品行銷120餘國，已活了140年，卻曾是奄奄一息的食品老大店。

2000年是金寶湯最糟的一年，市值下降超過50%，員工敬業度是財星500大公司中，有記錄以來最低的。2001年，康南就職，成為金寶湯公司史上第11位CEO。在當天演講中，康南提到上任第一天，他從機場坐計程車前往金寶湯總部。到達後，司機要康南下車，康南不肯下車，因為那棟建築外觀老朽不堪，怎麼可能是他即將上班的財星500大的大公司總部？康南笑說，他當時是真的不想下車，不想幹了，惹得眾聽眾大笑。

康南上任後，「康南風格」不久即成形。他說：「如果你要在市場（marketplace）贏，你就必須先在工場（workplace）贏；我念茲在茲，專心一致的就是要把員工敬業擺在最前端與最中心。」在隨後的每月、每季、每年裡，康南都要確定員工敬業是全金寶湯最重要的專案之一。與他同台演出的顧問諾嘉，也曾與微軟、寶潔與強生藥品等公司的領導人一起工作過。他說，他看到的領導人都有雄心壯志，也對他們所從業的工作具有極高的敬業度。康南是個比較溫和派的領導人，他認為把事情做對，同時也做對的事就是了。他對於績效標準，其硬如鐵；對於員工，其心溫柔。她強調康南的話：「你必須要讓員工對他們所投下的努力感到真有價值，才能真正地讓員工敬業。」

康南領導下的金寶湯公司敬業度提升狀況			
	很敬業	vs.	很不敬業
2003	2	:	1
2008	12	:	1

最高階的350位高管敬業度提升狀況			
2001	1	:	1
2008	35	:	1

不是每位經理人都能知而行之，康南隨後在他的350位經理中，先後以敬業為主因開除了約300人，大部份的缺額都由內部的敬業員工補足。到了2009年，金寶湯公司內，敬業員工對不敬業員工的比例達到了令人驚奇的23:1，金寶湯也為投資者交出了超過4倍高的成果。康南「把員工敬業放在最前端與最中心」的作為也成為典範。

1.4敬業度的過去，現在與未來

2012年時，韜睿惠悅顧問公司在香港完成的員工敬業度調查中指出，香港只有19%的員工是敬業的，有46%的員工是很不敬業的。剩下的35%員工大約是看鐘工作，做多少算多少，或依法行政的一般員工。另外，也只有37%的員工表示，他們相信管理階層的人，也對管理者的能力充滿信心。

在這個世界裡，你可以看到許許多多大大小小的顧問公司每年都忙著為別人，為自己，為各種不同的目的在評量員工敬業度。這些數據都分別用不同方法評量而得，但在同一個評量方法裡，仍是有其相對比較上的意義，以著名的蓋洛普公司為例，他們用他們的Q^{12}的12個問題，建立調查方式，號稱已在189個國家，用69種語言，測試過2500萬的員工。蓋洛普在2013年完成的美國員工敬業度報告是這樣的：敬業的30%，不敬業的52%，很不敬業的18%。

敬業的人，熱情投入工作，他們感覺到與公司有深深連結，休戚與共。不敬業的是，迷迷糊糊無心工作的看鐘族，沒有能量，沒有熱情。很不敬業的人則已是公開表示對工作的不滿意，還可能暗中詆毀同事的成就。蓋洛普追溯美國員工過去12年來的敬業度，從比較圖上來看，變化似乎不太大，例如：

- 敬業的員工：26%到30%，有5年是最高的30%。
- 不敬業的員工：52%至59%。
- 很不敬業的員工：15%至20%，在2007與2008的金融風暴年間，達到了最高的20%。

據蓋洛普估計，這些很不敬業的員工，造成美國生產力的下降，讓美國全國每年的損失每年高達4500億至5500億美元。很不敬業員工之所以形成的最大原因在那裡？蓋洛普董事長兼CEO克利夫頓（J. Clifton）說，是因為這些員工的經理們。他稱這些經理們是「地獄來的經理們」，他也因此要告訴企業人一件「也許商學院永遠也不教你的事」：你在工作上的單一最大決定就是，你要提名哪個人當經理！

看來，在一個組織制度較完全的美國企業裡，經理們對他們底下員工的敬業度是有很大的影響力，好的經理們具有優秀能力，會支持部屬、輔導部屬、賦權部屬、激勵部屬，讓部屬更加敬業。

以全世界的角度來看呢？我們以這家已在員工敬業這個領域耕耘近40年的BlessingWhite顧問公司在2011年完成的

調查報告做為參考，他們以員工的滿意度與貢獻度這兩項因子合起來定義員工敬業度，也因該兩項因子的不同程度而把員工敬業程度分成了五大類。如果我們把最高的列為很敬業，最低的列為很不敬業，其他的為中間族，那麼，世界各大區域的大樣如下：

	北美	歐洲	澳紐	印度	東南亞	中國
很敬業	33%	30%	36%	37%	26%	17%
不敬業	49%	51%	47%	51%	58%	54%
很不敬業	18%	19%	17%	12%	16%	29%

上表中，讓人驚奇的是，中國地區員工敬業度是明顯偏低，只有17%的員工是很敬業的，這個數值還是從2008年調查所得的超低值10%中顯著反彈回來的，那年很不敬業的中國員工高達33%，比現在的29%還高。

在區域分類中，BlessingWhite把香港歸入中國，卻把台灣與日本、南韓劃入「東南亞」。如果把中國地區做進一步分析，很多數據很有意義，例如：

- 以世代做分析；

50後的：很敬業的佔31%；很不敬業的17%。

60後的：很敬業的16%；很不敬業的25%。

70後與80後的：很敬業的15%；很不敬業的33%。

不分世界各地區，50後的，仍然比別的世代更加敬業，他們仍在職場奮鬥，顯得很特出。

- 以官位的角度來看：

在「很敬業」的項下做比較，一般行政人員最低，只有10%的人，專業人員是19%，他們的經理竟然只有16%，比屬下還低，顯示出很大問題，不夠敬業的經理們如何帶領部屬更敬業？還有，也與全球趨勢相反的是，很敬業的高管也只是略高於總平均值的17%。

- 以工作性質來看呢？中國與世界趨勢也不太一致，例如：以「很敬業」的員工比例做比較時：

—HR／培訓人員最低，低到只有13%，看來他們不太被人愛，也不太愛自己，或覺得貢獻不大。

—業務人員是第二低，只有16%，與銷售王國的美國完全不同，看來，那些「賣東西的」要好好轉型。

—研發人員開始高一些了，他們有19%，已經高於員工總平均值的17%，做研究的，信心又多些了。

—工程人員中，很敬業的已達20%，很不敬業的是最低的25%，工程師仍是保有傳統上的神氣吧。

—最高的是運營/運籌人員，高達23%，他們大概都感到工作的滿意與得意，貢獻也清楚又很大了。

- 以產業別而論呢？醫藥與生物科技業者最高，達24%。通訊與媒體業者也一樣是24%，比較低的是營建業，最低的是消費品業者，只有可憐的9%是很敬業的。
- 與員工總數也關係很大，一萬名員工以上的大型企業，很敬業的佔有24%。少於一千名的小企業員工中，很敬業的只有15%，大概是大企業大而穩，不易倒也好長期工作吧。

在中國地區，敬業的驅動因子有那些？與世界其他地區也有不同嗎？

在提升工作的滿意度上，據研究，三個最前面的因子是：「職業生涯的發展機會與培訓」(佔32%)，「更多的機會去做最擅長的事」(20%)，及「更有挑戰性的工作」(12%)。前兩項也是美國職場人最重視的兩項。

在提升績效與貢獻度上，幾個最重要的因子分別是：「對我工作好壞，有正規的、明確的反饋」(佔25%)，「對組織要我做什麼事與為什麼做，能瞭解得更清楚」(19%)「有更充分的資源」(16%)。在北美地區呢？「有更充分的資源」是28%員工認為可以提升工作貢獻度第一重要的因子，歐州與紐澳也高居第一，分別佔25%與22%，其他地區也列在前茅。在這個號稱「資源不足」的企業世界裡，許多老闆們都希望屬下們能「以少做多」，小心別省過頭，不只傷害績效，也傷害了員工敬業度，還傷害了老闆的英明。

我們曾討論過，經理們——尤指直接主管——的行為是會對員工們的敬業度造成很大影響的。在中國，經理們的哪些行為會造成比較大的影響？

調研資料顯示，經理們做得還很少但會造成大大好影響的是：在部門或團隊裡建立一種歸屬感。另一項也做得少但影響也大的是：對我的績效提供正規、明確的反饋，這兩項人際技巧大約是華人都比較痛苦而不願執行的。

經理們其他比較常做也影響屬下敬業度很大的，又如：對部屬成就的肯定與獎勵，願意有效地授權而不作「微管理」；鼓勵部屬運用他們自己的天賦；把部屬當成一個「個人」來看待，而「個人」是有個別的興趣與需求的；還有，也問問部屬們的意見，好的意見也請不吝採用。

看來，員工們是想爭取成為「成人」，不希望老闆們老是想把他們當成長不大的小孩，老是像父子般地在交辦事項；同時也想爭取成為「個人」，有個性也相互尊重的個人。還有，也想多認識他們的老闆們也是「人」——人間的人，不是來自地獄或天龍國的人。

高管們展現的行為也對敬業度有高度影響。影響很大，但高管們做得不多的有兩項，如：把組織的工作連結到一個更大的宗旨或願景上。又如，為了提高績效而創立一個更合適的工作環境。其他做得較多些，影響也還大的是，誠實地溝通，對組織的核心價值觀或經營原則有一致性的行動。上述短短四大項，是員工對高管的行為要求，與世界的趨勢是相同的。在中國，員工們對高管行為的評價比對經理行為的評價還低。

在當今管理世界裡，大約沒有人想要主導定義「員工敬業度」這個名詞，但大部份人都會同意的是，敬業的員工會是這樣的：

- 許下承諾，要幫助這個組織成功。
- 對他們自己的工作有熱情，充分投入，也有滿足。
- 想要留在這個組織裡發展。
- 願意以正向的態度，討論公司的事。
- 願意多加一盎斯，或多走一哩路。

簡言之，敬業度是員工與組織之間一種連線的程度，組織一定要設法連結員工，而員工則具有選擇權，選擇要給予雇主多少程度的連結度與敬業度。當員工敬業度提升後，企業管理界無數的研究與實務都指出，它會強而有力地提升這些成功要素：

- 員工績效與效率。
- 生產力。
- 工作上的安全度。
- 每日到職率與員工留職率。
- 客戶服務與滿意度。
- 客戶忠誠度與保留率。
- 品質良率。
- 獲利率。
- 業績成長。
- 整體股票利潤。

第 2 章

如何提振員工敬業度

不要目迷五色，在敬業門外人云亦云。請君登堂入室，一窺現代敬業深深庭院裡的奧妙。提振敬業有如爬大山，要過亂石、依山徑、建營地、訂模式，然後在高峰上立殿堂；最難的是，在看似最容易的高原建立基礎營地。

Enablement & Engagement

「我知道，如果我可以讓我公司的員工希望這家公司成功，像我一樣迫切。那麼，我們就沒有什麼問題無法一起解決。」

——詹姆斯．林肯，林肯電器創立人

提振員工敬業度最直接的方法當然就是，找出各自的敬業驅動因子，然後，針對這些五個或十個驅動因子，對症下藥，庶幾藥到見效，然後繼續服用，最後病除，全身就越來越強壯了。

本章提出一個有系統的方法，幫助企業提升敬業度。在第1小節中，提出企業要克服的許多擋路石頭，然後登上一座有三條交錯山脈的敬業基礎大山。在山頂平原上，我們要進一步審視敬業的三種模式。然後，我們繼續努力前行，在另一座高山上建立了一座五樑殿堂，讓敬業度的長治久安，更有了長期希望。再強調的是，敬業不是目的，它是要幫助企業與個人都交出成果的。這一趟旅程正如篇首圖所示。

敬業不是結果，敬業只是個過程，是要幫助企業結成正果。對許多企業來說，這只是個起點，是在一團管理迷霧中看到的一個新起點。

敬業也是一種價值觀，一個人的，一個團隊的，乃至一個企業的。當成為一個企業的核心價值觀時，企業是在鼓勵每位員工在前述的敬業基礎大山上，更加堅定其心，實踐敬業的信念、態度、行為與有計劃、有紀律的行動。敬業的價值觀，最終是幫助企業更快、更強地建立敬業的企業文化。

> Culture is the single most important driver of employee engagement.
>
> 員工敬業的單一最重要驅動因子是：文化。
>
> —— Dr. David West 英國大學教授

2.1 要有一座三脈薈萃的基礎大山

這座大山比較低些，山頂上有區平原，平原上仍有幾個模式要探討、要運作；這個模式也協助我們看到更高處可建敬業殿堂的高山。這座大山是較少華人企業爬上來的，他們常常繞過這座大山與高原，選擇了其他路徑，往更高的山。雖然不走這段山路與平台，還是有人攀上了後面的成果大山，可惜終是高處不勝寒，又因基礎與基地不夠雄厚，高峰上也就待不太久。在這低座大山與高原上，倒是常看到歐美許多優良企業，他們在高原上整軍經武、枕戈待旦，並不一定用那個模式，也不一定走那條敬業之路，但，一定是走向成果的高山。

要走到這第一座大山與高原，需要有很堅強的信心與耐心。首先，要穿越山底至山腰的一堆亂石區，亂石或大或小，或新或舊，有些很高，還像亂石穿雲，令人生懼的。這些亂石以各種不同型態出現，如互信淪喪、服從進場、亂箭射鳥、康熙再世、甄環復出、胡雪巖派、盲劍俠客、三國與水滸學派等等，不一而足。

穿過這些亂石堆後，有三條山脈，蜿蜒而上，我們可看到這三條山脈分別是：

✹願景，價值觀，與策略

企業願景像企業經營大海中的燈塔，也像星空裡的北極，是企業人不斷在瞄準與校對的長期目標，乃至夢想，一個希望成真、也很可能成真的夢想，凝聚著全體企業人的心。價值觀，像在大海航行中的羅盤，直指著正北方向，讓企業人不致迷失，也在艱苦長程而多元的旅途中，有了共有的行為準則，共同的溝通平台。策略，常是一個未來三、五年的發展藍圖，這個一至五年的藍圖，讓定位在十年、二十年的願景有了一個更清晰可行的路徑，更是員工們在執行年度目標、季度目標與專案目標時，不斷瞄準與校對的標準。

> 我看到的是，領導力不是從權力開始的，而是從一個令人嘆咏的願景或追求卓越的目標開始的。
>
> —— Fred W. Smith，聯邦快遞前CEO

✹高階團隊領導力

意思是，這趟登峰之旅不是領導人的千山獨行，他有一群志同道合（志是願景，道是價值觀）的高階團隊一體成員一路偕行。志不同，道不合，是很難走遠路的；要志同道合，也不是那麼難，實有賴真誠領導、真誠溝通也體認出真正的需要。在洋人企業裡，通常還更難些，死硬派的、硬原則的比較多。例如，中國聯想在購併IBM的PC部門後，艱苦融合兩方文化時，在過程中發現：洋人如桃子，外表軟，內心硬，其硬無比；華人像椰子，外表硬，內部則似水柔。但，華人似水柔時也怕沒原則性的一味和稀泥。

✹領導人自覺

領導人自覺是指，領導人總是要擁有一個自我覺悟並管理自己的警覺心。耶穌會近五百年來培養領袖，並維持組織時，歷經患難與重重險阻，終能成功。在三大山脈中，領導人自覺正是他們的第一要項。

實言之，這三條三方來會的山脈並不是專為敬業管理而設，但敬業管理中如果少了這三條山脈，敬業管理就無法做穩、做久，跳過這座基礎山與高原的許多登山好漢，終是還需回來補上這一段的。

到達第一座山頂後，等待我們的是幾個管理模式與平台，在這高原上，我們看到了一片施展空間，也看到了敬業路上的另一高山，我們要在那個高山上建立起一座真正的敬業殿堂，堂前有五大樑，氣勢雄壯。

在最後一節裡，我們有三個敬業實例與實績，他們分別靈活而具體地應用三山脈五大樑的精要建立了企業裡的敬業典範。許多企業在推動敬業管理時，忽略了基礎要素，很容易在實際實施中迷失了精髓要義，請參閱本篇首圖。

Engagement depends upon organizational values, culture and management style.

敬業依靠的是，組織的價值觀、文化與管理風格。

—— Dr. David West 英國大學教授

第一條大山脈：願景，價值觀與策略

在組織裡，我們常聽到員工間相互指責或嘆息：「小王怎麼這麼不敬業。」敬業的心是深埋心底，不敬業的行為卻當下立現。怎樣讓員工更敬業？華人的方法就是曉以大義，告知道德文化大道理，洋人呢？沒有千年文化但也歸結出幾十條大小因子，亂中有序，他們依序依理而行，很有成績。敬業管理最後常常又歸結到要從老闆開始，而且茲事體大，又令眾老闆們從心退卻了。

企業裡，敬業管理總是被忽略，或者原是很重視的，後來轉為無奈後的漠視。就像很多員工剛進入公司時都是戰戰兢兢，誠惶誠恐，一心一意要把事情做對做好。但時間久了，因為同事的關係，老闆的關係，或環境文化的關係，菜鳥變成老鳥，大約兩三年後就不再那麼敬業了。於是在企業裡，敬業總在弱化，大家終又我行我素了。

好消息是，以個人平均而論，員工敬業度大約在七、八年後又可能開始回升；在四五十歲的事業穩定期裡，敬業度則趨於穩定。管理的挑戰是，希望穩定在更高的敬業度上，也希望回升回穩快些。

根據調研結果，越往上層，敬業度通常是越高的。越高層的人，因為對公司的大小環境、大小目標與中長前景，都比較清楚，容易連結與對焦，故敬業度也偏高，同時，為自己、為團隊，也為公司而更敬業了，敬業層層下傳，越傳越弱。

企業要提升敬業度時，常是先辦幾場講習，又陸續辦了一些活動，希望喚起被深埋或冰封著的敬業觀，隨後是做個「員工敬業度」大小型調查，有些公司也因此提出了員工敬業提升專案，由相關單位或人事主管肩負大責。但，既是「專案」就是要有始有終，專案到期時，也就曲終人漸散了。經驗也一再顯示，如果做過敬業度調查後，沒有追蹤與迴饋，沒有「專案」在進行，或沒全面開始推動，那麼，結果是比不做「調查」還要糟糕許多。

於是，由大小「專案」(Projects或Programs) 改進後，進入流程 (Process)，進入公司管理流程後，就應該比較有希望了，因為流程有正式的流程管理，還會有持續改進的制度，更重要的是流程總管 (Process owner) 還總是公司大官，因為這種流程常是跨好幾個部門的，大官兼管會更有效些。進入流程，就像是進入公司的系統式架構裡了，更多了保障。

更好的是，要再向上提升，進入公司的策略裡，成為策略的一部份，壽命與重視度就自然提高更多了，管理學家常說：「策略要領導架構」(Structures follow strategy)。然後，更長期呢？就是進入企業文化裡了，企業文化難以養成，但養成後，企業在長期發展上就更有指望了，百年優秀企業裡，企業文化的條理脈絡總是依稀可循，條理分明，也綿綿不絕。

所以，敬業管理的一條依稀可見的提升之階似乎是，老闆開始重視了。於是，成為一個事件（event），成為一種流程，成為一項策略，成為一種企業文化。

或者，反其道而行，先從企業文化裡，找到堅實的立足點，例如，敬業成為一種堅實的核心價值觀，然後，以建立企業文化的方式，建立起企業裡的敬業文化。

如果以企業為實例，我們來看看、想想杜邦公司。

杜邦創立於西元1802年，至今已歷經兩百一十餘年，其間經歷過各種政治上、經濟上、社會上，乃至市場上、產品上或服務上的各種大小變局，甚至危局，但，終是屹立不搖。現在，還在求新求變，遙望下一個一百年。從過去到現在到未來，一直不變也一直在支撐杜邦的，是一個強大的企業文化。杜邦的企業文化裡，有三大要素：願景、使命及核心價值觀，三要素牢牢記在每位員工心裡。

杜邦的願景是，成為世界級最有動能的科學公司，要創造出可持續性的方案，貢獻給每一個地方的民眾更好的、更安全、更健康的生活。

這個願景看起來稀鬆平常，好像跟許多大公司的都一樣，但杜邦的現任CEO柯愛琳（E. Kullman）女士有這樣的說明：

- 我們要經常不斷地重覆這些話語，提醒自己，這個願景不僅僅是一個激勵用的目標，而是要化入每人每日行動實務的，是公司在全世界做生意的一種方式。
- 為了支持這個願景，杜邦在全球挑戰上，已聚焦在發展三種可持續性方案，一是協助有足夠的糧食以養活這個世界，二是降低對化石燃料的依靠，讓世界有更多能源，三是保護民眾與環境，免於被傷害。
- 因此，杜邦在2010年總共17億美金的研究發展費用中，約有85%是用在這三大方向上。這三大方向提供了公司未來發展上的重大商機。
- 杜邦念茲在茲的一直是要提升各地民眾的生活，在這個前提之下，要與各種有關機構或組織協同發展這三大方向上的可持續性解決方案。

我在身歷其境後的一些實際經驗分享是：

- 由杜邦願景也順勢發展出了公司的口號，二十世紀以前是：創造更好東西，帶動更美好生活；進入21世紀後則是：科學創造奇蹟。
- 最早是要用「化學」的方法，現在是用「科學」，很大部分的經營已進入了生物科學。
- 願景真的有很大影響，在這三大方向以外的事業部，賣的賣，併的併，還有些正要獨立分割出去。事業部賺錢不夠多的會被賣掉，但事業部很大也很賺錢的，不在這個願景之下的也會被處理的。

杜邦的使命是，要達成可持續性的成長。這種成長的定義是，要在所有的價值鏈活動裡，減少在環境上留下足跡。例如，杜邦會因此而訂下提升生產力同時降低能源使用的百分比、再生能源使用的百分比，協助客戶降低綠室效應排氣產品的銷售額成長率，併購有此相同理念與承諾的公司。

目前，公司似乎有個簡化趨勢，在對外更明確地說明上，這個「使命」似乎已在與「願景」合併而成為公司宗旨（或目的）的單一項，亦即英文的Purpose，一個公司為何存在的基本宗旨。

杜邦在過去一兩百年來總是不變，清清楚楚也高高在上的是他們的「核心價值觀」，早期杜邦人簡單好記有三項，是：

- S. H. E.（亦即安全、健康與環保三個英文字的字首）。
- 倫理道德（Ethics）。
- 尊重別人。

現代杜邦似乎有了些變化，但也只是在用法上把S. H. E. 拆成S. H. 與E. 成為兩項，而成了總計的四項。這三項或四項核心價值觀都有詳細說明而成為行為章程或規範，近來又進一步發展出四個稱為「公司行為」的是：

當責、速度/敏捷、透明、協作。

對於那三或四項「核心價值觀」，非杜邦人不知道的——甚至知道也不太相信的是，核心價值觀裡藏有殺機。凡有違反者，盡是殺無赦，不管是否明日之星，不論職位高低。我以前在美國地區工作與在亞太區工作，都親身經歷過違規同事被開除的實例，尤其是：

- 違反安全的，常是在工廠工作的。
- 違反誠信的，常是那些做業務的。

現在，開除違規者依舊，據報導去年中在亞太區裡有兩個國家仍偏多。在第三項的「尊重他人」項上，近來也加強了懲戒與開除的各種行為標準。以前，在公司內開各種大小的會議，第一項議題就是檢討有無「安全」的事件；現在，則已擴及所有三項了。

在「核心價值觀」的運作下，公司有了不同的作為，我的經驗如：

- 不是「錯誤的決策比貪污更可怕」，決策錯誤可重來，是教訓，頂多升官慢；但，貪污不分大小，一律開除。
- 市場缺貨時，產品銷售可以日進斗金，但工廠要停爐檢修時，一定停爐，因為安全真的第一。
- 廠長含著淚水開除違反安全規定的「優秀」員工。
- 事業部總經理開除接受經銷商恩惠的大將級部屬後，很擔心年度業績達不成了，火速應變。
- 從業務員開車到工人工廠操作的疏失上，都建立了意外事件發生的領先指標，以做為預警用。
- 員工都相信：「所有的意外都可防止」，因為每次意外都可在事後找出原因，既然有原因就能預防，或許只是成本考量。

- 不斷獎勵各種安全事積與安全記錄，比較之下，「外邦人」成了很沒安全觀念與行為的人了。

核心價值觀所造成的影響既深且大，絕對不是口號，不是教條，不是宣傳。對企業文化與價值觀的堅持，成了杜邦人的驕傲，連退休人員都仍感到與有榮焉。

Value（價值）vs. Values（價值觀）

Value與Values這兩個英文字，只差了一個字母，意義卻差很大。華人朋友常用錯，要小心了。Value沒有s時，是指「價值」，例如有人問，這個東西有多大價值？這套商業系統有何價值？這個商業活動是在追求最大價值？（指：除利潤外，仍有其他利益，合起來要最大化的）或只求最大利潤？這項工作有何附加價值（Value-added）？它的價值鏈（Value-chain）如何管理？（在價值鏈上分析的價值是可以定量化，是要一路加值上去的。）Value除了「價值」外、還有價格、代價、估價、定價，乃至尊重、珍惜等的「動詞」意義。

Values，在最後加了一個小s，意義已變，變成了「價值觀」。價值觀裡，有一般價值觀，有核心價值觀；我們常說，企業文化裡要有很清楚的價值觀，尤其是核心價值觀，每個人也應該有他們自己人生的核心價值觀。這種價值觀通常很難被拿去換取其他的價值系統。在公司裡，價值有可能是追求多元化，但價值觀總希望是全員共享，是一致的核心價值觀，不喜歡多元化，不同價值觀的人不被歡迎的。在企業文化經營中，違反核心價值觀時，有越來越多的公司主張開除。

企業文化的構成與建立，總有許多不同的看法與做法，但內容裡含有願景、使命、價值觀三者，殆無疑意。在各種實例裡，有些企業只是鍾情於願景與價值觀兩項，有些企業則認為徹底實踐價值觀後即可形成堅強的企業文化，有些認為只要把使命宣言闡述清楚就足夠了，也有些公司把願景/使命/價值觀的上下順序都做了調動。但，都沒問題，認真實踐，堅持到底最重要了。

英國的組織學大師D. Zenoff在他2013年新書《The Soul of the Organization》裡更進一步指出，在企業願景的最深處，常又蘊藏著企業領導人的最深盼望，那就是為這個地球、這個社會所發生的難題提出解決之道。這個願望的提出與執行，是企業人的最高情操，是卓越企業的企業文化中最核心的DNA。

以企業文化三要素建立企業文化後再往下實踐呢？就是企業策略了。在企業的短中長程策略之上，也有一些企業喜歡再加個簡明扼要卻深具說服力也簡明易記的三或五項綜合性中長期目標（Goals）。

策略，用來引導其下的系統架構，以及各種商業流程，乃至各種細部溝通與工作的內部結構。張忠謀董事長常說，企業經營最重要的三項要素就是：願景、價值觀與策略，在圖2-1中可以看到清楚的定位，也看清各個要素之間的關係。

最基層也最基本的是，這整個組織或企業所要服務的客戶及其所處的市場與社會體了，整體結構體大約如圖2-1所示。管理不像科技，有其嚴謹不可違的定理或定義，圖2-1所述道理，還是有些專家不怎麼同意，但在實務上用於解釋或解決當今許多管理問題，卻是簡單有力也綽有餘力。還有些專家又說，這個金字塔，應該畫成倒金字塔來看、來做，把客戶放在最高處才更有意義。

孫子兵法中談的「凡此五者，將莫不聞，知之者勝，不知者不勝」，此中所談的五者，即道、天、地、將、法。在圖2-1中，「道」應是最高處的企業文化；知「天」知「地」知彼知己，是再下一層的策略；「將」是領導管理，是在再

圖 2-1 經營管理的基本架構

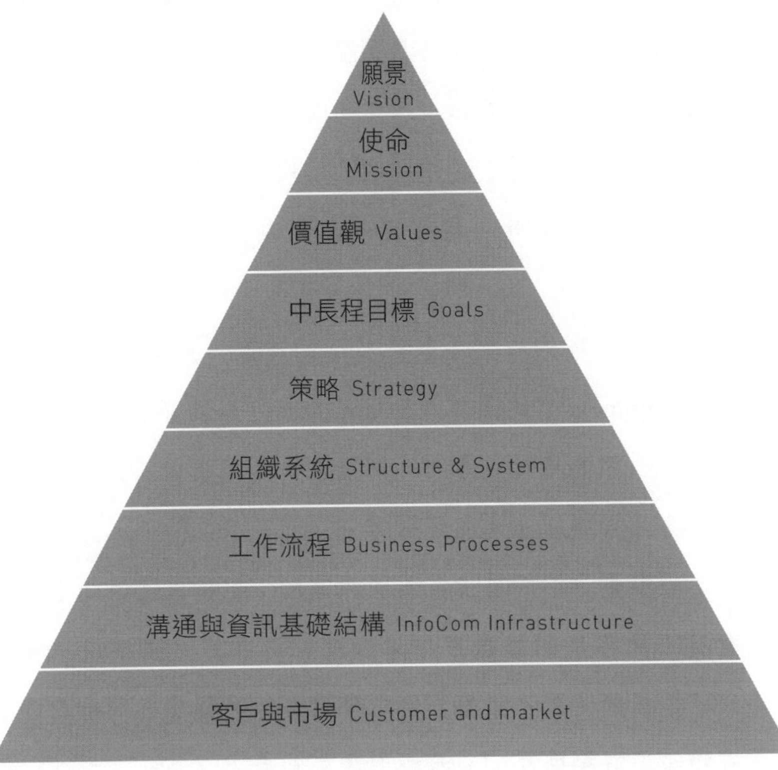

下一層的組織架構上了；至於「法」，則是各種典章制度法規了，應是近於流程的部份了。

美國GE前CEO傑克·威爾許曾感嘆地說，企業文化三元素是：「如此真實，卻被認為只是許多熱空氣」（So much

hot air about something so real.）。在華人企業裡，企業文化正是熱空氣，常膨脹到很虛，很不實際；有時卻是冷空氣，冷凍存在冰庫裡、在網站上、在雲端裡。

你如果是企業領導人或在高階團隊裡，你要經營這一大片「白色空間」嗎？這一片軟軟的軟體，關係到的不只是整個企業的企業文化，也關係著我們現在談的主題：敬業管理。

敬業管理的一大主題是員工的連結（connection）與對焦（alignment）及承諾（commitment），如下圖2-2所示，我們要我們的精英人才們，乃至廣大員工們在工作時、在情感上、或在邏輯上連結到那方？

重點是，不同員工在不同的連結、對焦與承諾點上，都會有不同程度的進度感、進步感、自主感、成就感、重要感、信任感、成長感與「與有榮焉」的光榮感——也期望還有隨後「有福同享」的薪酬與獎勵制度。

有了這些概念後，你會發現，在第一章第3節中，韜睿惠悅公司在他們全球人力大調研中，所提到的十大敬業度衝擊裡，這些連結對其中至少七至八項會產生直接的因果效應。同樣地，我們也會在蓋洛普公司的12項敬業要素中發現半數以上的密切關聯。

圖 2-2 員工的連結、對焦與承諾

長期的願景 Vision ?
長期的使命 Mission ?
長期的價值觀 Values ?
中長期的目標 Goals ?
短中長期的策略 Strategy ?
年度目標 Objectives ?
季度或專案目標 Objectives / Targets ?
個案里程碑 Milestones ?
個案大小查核點 Check point ?

連結 對焦 承諾

企業文化與策略目標越強，員工在心念與腦波上的自然或強制連結也越強，在情感、理智與行動上的有感連結也越

強。企業文化所建立的廣闊平台，事實上還可以在事業管理上，造成至少下列十一大好處：

- 形成堅強的領導。
- 驅動彈性而快速的行動。
- 抑止不適文化的滋長。
- 吸引並留住優秀人才。
- 協助跨部門協調。
- 保持公司決策的一致性。
- 高層用以引發並推動變革。
- 發揮有效的企業購併。
- 建立跨國經營的成功模式。
- 塑造難以模仿的競爭優勢。
- 維持長期經營的成功。

此外，堅實的企業文化也是企業在推動賦權（empowerment）與提升當責（accountability）上一個堅強的基礎。

所以，由經營大環境來看，一個企業如果要提升員工敬業度，領導人要先建立一個頑強難墜的企業文化與清晰易懂的策略與目標，已是一大基礎要素。

華人企業的企業文化大抵不強，甚至付諸闕如；員工無從連結或不敢連結，大都還是在猜測「皇上」的意思，有時皇意被猜中，皇上還有可能因此再改變心意。眾臣惶恐不已。

子民們也在擔心一朝天子一朝臣，縱使不是改朝換代，只是換了王侯將相，子民們也擔心是否也要換腦、換心、換手腳？其實，古代的皇民們還是不怎麼怕皇上的，因為天高皇帝遠，我是「日出而作，日入而息，帝力於我何有哉！」現代企業王國裡的子民，離皇上可是很近的，搞不好會隨時就近砍手、砍腳、砍腦袋的。於是大家還是努力猜，皇上真意何在？有時，還不能只看皇上通告，因為名目上的，當真不得，還常藏有反意，潛規則正在有力、有節奏地運作著。

世事多變，眾多子民們有時想，帝國有否不變的原則？又在那裡？杜邦還真有其百年不變且仍在認真執行的三大核心價值觀，歷經兩百一十幾年後，傳到了現在第十九代執行長，仍然認真在執行。果真如此，那麼杜邦的員工們，你要不要連結、對焦，甚至承諾？在千變萬化的企業環境裡，抓準老闆們的願景、價值觀、策略、目標，與做人做事的原則！

縱橫上下五千年，中國歷史上活過兩百年的朝代只有四個，周、唐、明、清。神勇無比，兇悍無敵，也雄才大略的秦始皇，建立大秦帝國後，只活了15年；曾是全球最大資訊產品商的王安，苦心孤詣，在封閉的企業文化裡也只經營了21年；紅頂商人胡雪巖從富可敵國的事業高峰，到敗死在杭州小巷裡，只歷經了短短十年。我有次在杭州訪胡雪巖故居時，看到朱鎔基一段訪後感題字，也悚然心驚，我們許多現代企業家為什麼還這般熱衷「紅頂商人學」？朱鎔基寫的是：

「胡雪巖故居，見雕樑磚刻，重樓疊嶂；極江南園林之妙，盡吳越文化之巧。富埒王侯，財傾半壁。古云：富不過三代。以紅頂商人之老謀深算，竟不過十載，驕奢淫靡，忘乎所以，有以致之，可不戒乎！」

或者，由一個小環境來看，一家企業要提升員工敬業度，也可以只在企業原有的企業文化內先建立一個比較特別的敬業文化平台，這個敬業平台是一路提升上來的，由忽略，漠視，徬徨無助中，開始了一個事件，提升為一種流程，提升成一個策略，提升為一種文化。這個文化裡，開始有了有敬業的因子。建立這種特別的敬業文化平台，至少有下述三種方式：

第一種是最直接也可能是很有效的，就是把「員工敬業」直接列入企業文化的「核心價值觀」中，然後刻意塑造推動，獎勵員工正向敬業行為並以績效評核標準乃至員工聘僱加薪升級等的方式，推動敬業文化，就如同推動其他價值觀一般。當然也是由領導人與最高團隊帶頭做起，讓員工在情感上、理智上、與行動上有信心連結並放心施展。

第二種是在原有企業文化的「核心價值觀」中，努力實踐與敬業的關連度很強的價值觀，如：顧客滿度、誠信正直、當責、尊重、團隊合作、信任、社會責任、安全、賦權、成長等，成為認真的文化內涵，最後直接影響的仍是正面的員工敬業度。

第三種，比較間接也單純些，但還是提昇員工敬業的主流，亦即，不管你的企業願景、使命、價值觀是什麼，企業領導人與高階團隊，念茲在茲，言行如一，說了什麼就要做什麼（walk the talk），活出信任的文化，由自信而信人而被信而互信，由自尊而尊人而被尊而互尊。由於領導人的敬業，激發了員工的敬業，敬業文化成為新文化中重要的一支，這個互信互尊的平台是敬業文化的最基礎平台了。

讓已經「訂婚」完的員工，安靜下來，以理智（腦與IQ的運作），以感情（心與EQ的運作），以行動（手足能量與PQ的運作）表明願意與公司的未來願景、策略、目標，做出連結、聚焦、承諾，願意進一步與公司「結婚」，這也許就是企業中「敬業」類比人生中的意義了。財大氣粗的男方，還在單向責怪弱勢女方：「女大當嫁，妳憑什麼還不嫁？」婚後也不怕妳悔婚，悔婚就悔婚，天涯何處無芳草！如此這般經營婚姻生活，不會成功的。

第二條大山脈：高階團隊

高階團隊（Top Team）是怎樣形成的？簡言之，是圍繞在企業CEO周圍的一隊高管們，很自然地形成的，他們向最高領導人的執行長直接報告。新任執行長常常就直接承襲那些已「在其位，謀其政」名正言順的高管們成為高階團隊的一員了。有時，執行長會也會再加上幾位並非直接部屬但具有關鍵性工作的領導者加入團隊。執行長在運作高階團隊一段時期後，也可能因應情勢把一些仍然在位的高管，因不適合而技巧地請離高階團隊。

這個高階團隊有何特點與功效？舉幾個實例，如：

- 他們不是執行長的特別助理，不是去代管部門的，而是公司級的關鍵人物，要交出自己部門成果的。

- 他們是企業文化與策略的最大支持者，他們有不同專業，但有相同文化，否則會成為最大破壞力。
- 他們的小裂隙在往下傳播時，會變成大鴻溝；小糾紛也可能引發大風波，風波隨後還會回火。
- 他們如果意見分歧，各自為政，或模凝兩可，難以一同，對企業整體經營常有致命的危險。
- 每位成員都有自己事業單位的責任，也有全公司策略經營上的整體責任；有些成員因在專業上有特別成就，因而對於事業經營的現在與未來有不當的堅持，這些成員可能是形成「部門牆」（silos）的起始點。
- 他們是執行長向下與向外產生輻射或瀑布效應的第一批人，所產生的效應也最為重要。
- 在企業的實際運作裡，仍有許多成員貌合神離、同床異夢；以Silo自重，封地為王，擁兵自重；他們價值觀迥異，盛行辦公室政治。這些現象藏有危機。
- 他們有可能只是一群分享資訊的「團體」，而非執行長想要的一個有共同目標，有承諾，有當責的真正「團隊」。

在敬業管理上，在許多個案研究裡，高階團隊的成員總是敬業度最高的一群人，主因是，他們是最瞭解組織文化與經營策略的人，是最有機會發揮能力的人，是最有成就感與享用最多公司福祉的人。因此他們也要有額外的責任，要：

- 一起實踐敬業，並以身作則。
- 在他們各自領域裡，定調敬業的運營方式。
- 幫助形塑整體組織的敬業文化。

他們要達成的正是一種集體責任，要與最高領導人形成：

- 一種如家族式的價值系統。
- 一種聯合陣線。
- 一種心理合約。

這樣的團隊宛如合成一體，也對外發出一致的聲音。有管理學者認為，因為一個領導人無法同時擁有各種應有的專長與特質，所以他邀請了其他人合組了一個「互補有無，完美無缺」的領導團隊，這個團隊指的正是這個高階團隊。

企業經營是有許多「多元化」的聲音與需求，但在頂層的經營上，一如企業文化的經營，非常要求一致化的，不管企業多大、多長久、多麼國際化，這裡要求的是，志（願景）同，道（價值觀）合。如果志不同道不合，真的要不相為謀，真的是要被請求離開的。在這個層次上，企業家不講兼容並蓄——如社會學者，不講有教無類——如教育家，不講博愛世人——如神學家，也不講存異求同——如談判家。所以，你可以經常看到跨國公司常常會在公司內發出呼聲如，「One DuPont」、「One IBM」、「One GE」…等。

高階團隊，除志同道合外，在其他議題上也趨於形成One Voice、One Message，在形成之前卻是一定提倡「異音」的，這種異音常屬建設性對抗，是有必要的。當開會時，一群人只是微笑點頭、沒意見、行禮如儀時，你就知道其中問題必然很大了。

惡意的「擋路者」與善意的「挑戰者」之間的最大差別，是在充分表達、討論與表決後，在政策定下來後，「挑戰者」會加入，是disagree and commit（雖不同意，但做出承諾），而「擋路者」仍表憤世嫉俗，或固執己意了。

領導人必須在高階團隊裡，產生連結、聚焦與承諾，這些高管成員們回到他們各自的領地後，才能全力施為，貫徹公司本意至基礎各階層。因此，高階團隊裡，至少有4大重要訴求：

- 成為真正的「團隊」，不只是「團體」。

- 要有強力的目的與目標。
- 是「對的」成員。
- 有堅定的行為準則。

成為真正的「團隊」，不只是「團體」

這種高階團隊所投射出來的集體身影是遠遠大於他們個人的身影，也大於一個個別領導人的身影的，擴大身影就是擴大影響力與效力。高階團隊也像揚聲器，不管什麼聲音，通過他們後都放大了；如果設計良好，可以像環繞音響中的莫札特，完美達成靈敏性與綜效性。好的高階團隊可以達成的效果，遠遠超過傳統式經營中執行長分別協調與管控下所能達成的效果。

在現代大部份的組織中，你可以看到4種不同的高階團隊，例如：

——以交換資訊為主要目的的資訊團隊。
——是執行長在做成重要決策之前，當諮詢用的諮詢團隊。
——用於協調各型專案與運營的協調團隊。
——對組織的重大議題做出決策的決策團隊。

對執行長而言，後述的兩種高階團隊，需要花下更多的時間與精力去設計、運作並持續。真正團隊是有真正的工作要完成的，成員們相互認識了解，有承諾，有當責，有共同的大目標，是整體企業的，要成就大事的。

然而，每位高管成員都有兩股拉力：一是成就自己的事業部，二是貢獻在整體企業的領導上。所以，我們常可聽到高管們的抱怨：「浪費我的時間在這些無止盡的會議裡，什麼事也沒完成。老闆，你就讓我專心去做我真正的工作吧。」又如：「老闆，告訴我，你要我做那一項工作？是我事業部的，或是公司總部的？」老闆的標準答案總是：「我希望你兩項都要做，而且，那正是你的工作。」事實也是如此，身為高管如果只做其一，也只是做了半套的工作。

那麼，剩下來的是執行長的義務了，要確定高階團隊的運作，是值得我們企業裏這些最有價值的高管們的時間、精力與才華了。華人企業尤其需要高階團隊更有效的運作，而且也不止於分享資訊與諮詢作業上。執行長加上高階團隊正是推動敬業管理最重要的根本力量，沒有這方力量當依靠，所有的敬業活動都終將飄散在企業大氣中，更糟的是傳為空談笑談，或成為揶揄的對象。

這個根本力量也是推動其他組織變革的力量，是「一」的力量，一個合體後的完美領導人、一個企業、一個資訊，一個聲音，如果這一個聲音沒有雜音，聲音還會繼續放更大聲。

我們需要一個真正的高階團隊，這個團隊或許因敬業而成立、運作、強化，而持續，它也將更有經驗地應用在其他重要的組織目標上。

要有強力的目的與目標

柯林斯（J. Collins）在他的名著《從A到A+》（*Good to Great*）中倡言，要先找人，再做事（First who... then what.）。亦即，在設計好策略之前先建立一個優秀團隊。他又說：「最好是，先找到對的人上車，不對的人下車，把對的人派在對的位置上；然後，再來想出，車要開去那裡。」仔細想來，會不會讓芸芸眾企業界人士聳然心驚？在企業實務上，大家會覺得次序上有問題吧？你總是應該把企業的環境弄清楚了，目標與策略想清楚了，你才會開始去尋找一起坐車開車的合適人仕吧？也許，真正極少數的卓越公司確是如此反其道而行，他們的目標與策略才正是需要卓越人仕、「對的人」來想清楚、做規劃的。

什麼是「對的人」？廣義來說，是在企業願景與價值觀等理念上相同的人，亦即在企業文化層級上志同道合的人。如果理念上與企業的「核心價值觀」相悖或不符、不重視的人，不管績效有多優越，在現代卓越企業裡都會被批判，甚至開除的，企業到處都有著例，他們是「不對的人」。

再往下一層思考，與「策略」不符的人，也是公司「不對的人」嗎？至少在未來三、五年內，企業在全力展開既定策略時，你是不對的，或不太對的，只是沒有企業文化中願景與價值觀不對時那般嚴重。策略也有一段不斷調適與提升的過程，時過境遷，有可能又成了「對的人」。

再往下一層到特別的能耐、能力、知識與經驗上，就與對或不對沒那麼關鍵了。只要有駕照，管你那個考場考過的，只要是好駕駛，就能開上道路，到達目的地。所以這一層應該不是「對的人」的嚴格標準，況且，現代企業卓越領導人也常說：「hire for characteristics，train for skills」，意即，技術是可經訓練而得，但人格特質才是僱用的標準。人格特質在企業文化這道關口上，記得要守住、挺住了。

所以，所謂「對的人」主要應取決於一個企業的願景、使命，與核心價值觀的企業文化因素上——剛好這關又是華人企業不重視，甚至漠視的一環。所以華人企業一向對於是否為「對的人」沒什麼特別感覺乃至震憾，例如一家標榜以誠信正直經營的企業裡，有一位精英人才搞定了一個大型重要專案，但在過程中被查出貪污枉法，公司在「惜才」

與「念功」下還是慰留。在國外好公司裡，這可是一定開除的，是百分百「不對的人」。不對的人，官位越高，害處越大；公司壽命越長，壞影響也就越大。對與不對的標準在「策略」層級上，是多些灰色地帶。好的人才進來後，可能更容易討論出更好的策略，這也正是柯林斯在倡導的。相反的，許多好公司也因策略而定調了人才需求。

柯林斯倡導的「不對的人下車」，也是許多企業無法做到的地方。

高階團隊迎向的會是什麼樣的目的，目標與方向？

由執行長的角度來看，應該是管理企業文化中共有的願景，使命與核心價值觀，並執行已訂定的策略，讓公司整體與個別部門都成為贏的隊伍。

由員工向上仰望並企盼於高階團隊的，應是短中長期目標上的一致性、確定性及其運營成功的能力。員工想的是：「我後面幾年，需要另外再找工作嗎？」「這些高管們，值得我們信任與拼命嗎？」「這個團隊拼的，除了賺錢外也會帶來個人與社會的幸福快樂嗎？」看似一般管理，老生常談，實是敬業管理中的連結與承諾與目的了。

有了願景，就必須有策略去完成它，在策略之下的戰術、戰鬥、戰技，乃至心戰的各個層次問題，應該是高階團隊成員們走出會議後很明確、很篤定要做的事了。他們把願景與策略帶入企業生活中，引發各種行動，讓生活與行動更有意義。

高階領導人們，在敬業管理中，很有能力幫忙完成的幾個重要的敬業驅動因子是：

- 高階領導人正在採取步驟，以確定我們的組織可以長期保持成功。
- 高階領導人的行動，是以我們客戶及員工的最大利益為依歸的。
- 高階領導人可以對外界很有效地代表我們的企業。

這三個因素，有很多現代企業都還沒做好，如有高階團隊在有效運作，員工一定更放心，更願意敬其業了。

在企業大策略之下，高階團隊的工作目標也可以是一些較短期的，如：

- 定義或調適組織的策略。
- 獲取並運用資金。
- 建立組織的中長期能力，如改良運營模式或建立領導人接班管路。

✹ 管理具有重大使命的啟案，如新產品開發。

✹ 監視組織的績效。

✹ 整合重量級的購併案等。

是「對的」成員

上節中，我們談到「對的人」指的是，在一個企業裡能共享願景，共享價值觀的志同道合的人。在許多優秀企業裡，企業的核心價值觀是公司的「天條」，是企業人在企業內外為人處世上的那條「界線」，或者是紅線或底線。不知是先影響，或後影響，或互影響，而影響所及，企業人在企業外，在個人人生裡也相對展現了相同的價值觀，也成就了更成功的人生——言行一致，知行合一的人生。

在核心價值觀的大帽子下，在高階團隊裡，為了執行中短期的目的與目標，執行長也常依需要而在高階團隊裡設定了團隊價值觀，務其團隊運作更加成功。例如，高階團隊要成功運作，很多現代領導人會選取具有很強下述團隊價值觀的人：

✹ 概念化思維（conceptual thinking）。

✹ 同理心（empathy）。

✹ 誠信正直（integrity）。

其他特質又如：樂觀主義的、能量充沛的、尊重別人的、開誠佈公的、支持創新的、高瞻遠矚的。當然這些特質是要與公司核心價值觀一致的。這些特質也常是員工對一家敬業公司高階團隊有所期待的，在許多敬業公司裡，執行長也常為高階團隊特別訂定幾個最重要的團隊價值觀。

除了特質或價值觀外，選取高階團隊的眼光當然也投向所需求的技能與經驗上，核心成員必須要有能力把領域專業帶到會議桌上來。

高階團隊的成員不是一成不變的直接部屬，例如，有個成功團隊是不含財務長（CFO）的，因為那位財務長有很固化而狹隘的財務專業觀點，很難溝通，很難做成共同決策。於是，他只在團隊外提供專業協助，不是高階團隊一員。

對於經營條件改變後，不再合適的成員，是有必要讓他們離開高階團隊的。英國有一項研究是，調查一群CEO們在他們專業生涯裡最感到後悔的事，這些CEO們幾乎共有共識是：在必須做時，沒有及時做出人事上的改變。這些不適人員應該公平地處理，快速地處理，在很受尊重下很有尊嚴地處理，不必然引發團隊地震，也不必要在紅毯上濺血，也不必要在長長的時間後引發自己的後悔。

還記得第一章中所述，金寶湯的康南在推動敬業變革時，不只改變了他的高階團隊，最後還把全公司最高階的350個經理換掉了約300人。

有堅定的行為準則

高階團隊的成員必須以身作則，以行為改進帶領團隊實踐公司的價值觀與願景。行為改進一定是依價值觀而密切衍生的，共同的價值觀會產生新的行為準則，這些行為準則，在造就有效的成功後，會更加堅定，也同時又回頭更堅定價值觀。

CEO一定要支持高階團隊成員的行為改進，其背後的行為準則也常成了敬業守則。

哈佛教授R. Wageman與J. R. Hackman及合益顧問公司兩位副總D. A. Nunes與J. A. Burruss在一項對全球120個高階團隊的成敗運作，做完調研後，發現有四個最通用的高階團隊行為準則，成功團隊一定要守住、要推行，它們是：

- 承諾：認真嚴肅對待其他成員，他們與你一樣，都是領導人的角色。
- 透明：如果事件的影響，超過了一個成員，那麼就該把它端上桌面。
- 參與：對於影響整個企業的各種議題，每一位團隊成員都要發聲。

- 誠信：在團隊內的所言、所行與團隊外的所言、所行都是一致的。

如果你的高階團隊成員確實恪遵這四項行為準則，那麼不只團隊運作更容易成功，也將成為旗下其他團隊的典範。

R. Wageman教授還特別舉出Applebee這家公司為實例做說明。這家公司CEO曾說，開始討論要建立行為準則的那次會議，是他一生中最痛苦的兩天。經過冗長而難熬的討論後，他們終於完成了團隊七項守則，每個人終於認清，唯有每一位成員都承諾要改變他自己的行為，這個團隊才會成功。會後一位成員說：「我們好像是被一噸重的磚塊打中。我們相互凝視對方的眼睛，說，『你知道嗎？我們本身才是問題，就讓我們從這裡開始吧！』」

這七項準則是經過一段痛苦的流程撞擊出來的，準則中也提到以前經常遇見的不適當甚至怪誕的行為，讓團隊脫軌。這些不適當行為中，有很基本的，如會議不準時，經常打斷別人的話等等。

參考Applebee這家公司高階團隊的七項真案實例，希望對你的團隊也有幫助。

1. 建立互信：誠信正直，忠實地對待別人，甚至當他們沒出席時，也能捍衛他們。信守承諾，不論承諾有多麼小，不私藏祕密，尊重別人。歡迎別人對你的領域有興趣與提問題，不要捍衛你的本位主義，要跨部門協調合作。給別人回饋，讓別人有發展的機會。
2. 有決策力：計算風險後敢冒險，有創新力。坦承錯誤，迅速改正再分享心得。勇敢些。在組織議題上要採取立場，不要模稜兩可。
3. 要有當責（Be accountable）：面對問題，擁有問題，解決問題。
4. 開成功的會議：會議要有事先好規劃，要有議程。準時開始，準時結束。讓所有參會者都能介入。一個時間內只有一個人說話。不要私下開小會。在會議結束前要綜合出下一步行動及其當責者。
5. 交出成果：成員應有承諾要交出成果，展現出「讓它實現的鐵般意志」。
6. 展現工作與生活的平衡：成員應自我展現並支持別人的工作/生活平衡。
7. 享受樂趣：生命是短暫的。

這七項行為很實務不高調，平易近人，用來規範一家公司的CEO及其高階團隊成員們的工作行為，這樣的行為標準再加上前述的團隊宗旨，目標與核心價值觀，形成的一定是一個有效的團隊。一般的管理需要它，敬業管理更需要它；公司為了推動敬業管理，也順勢建立更堅定的管理基礎，是一舉多得也代表著管理上各種活動的多聯性與互動性。我們不只是為敬業而敬業了。

再一個實例，也取自R. Wageman的報告。是聯合利華公司高階團隊的行為準則。他們認為這些關鍵性的成功守則，對外人來說，是稀鬆平常，平淡無味極了，軟巴巴的，也沒什麼大道理，看不出內藏什麼功力，但成形過程中，這些大領導人們可是展現過很大努力還曾勇敢地冒犯過CEO。這些條例守則，一旦執行後，當有人（含CEO）冒犯時，每位成員都敢要求你回到正途上。所以，底下這些平鋪直述，也請嚴肅以待，身體力行，不只要「慎獨」(孔子說的，意思是，獨處時，亦須慎思慎行。)，也要公開展現：

- 角色與責任（R&R）要清晰：這是我們的信仰。
- 透明：我們相信，要分享自己的觀點與知識，私藏的議程是不被容忍的。

- 積極地傾聽：在會議中，每一位成員都應該真心傾聽。認可他人的貢獻。在發展團隊的決策上，扮演一個正向的角色。
- 用共同語言：在簡報、說明與計量上，我們都使用共同語言。
- 參與：參加我們的會議並有充分準備，這是我們每個人的第一優先。
- 領導人要領導：領導人要決定怎樣做決定，是依百分之百的共識決，或依大多數人的決議，或在討論後由領導人做出決定。
- 決策就是決策：當決策一旦定案，每一位成員都要支持這個團隊決策，不要再繼續爭論，不允許消極地不同意。
- 要成為「大使」：從我們會議出來的，只有一種聲音，我們每一個人都是「大使」，要為整個團隊發聲。
- 我們是客戶：我們相互照料，一如照料我們的客戶，在我們的會議中，永遠保留一張「空椅」，象徵著客戶在會議室裡。
- 伸入內也伸出去：我們會互相要求幫助，也會互相伸手幫助。

這幾項普通常識化的一般性行為與行動，是高階團隊成員們被強力要求做到的，也是自助與互助的領導要件，推動成功後不只行為成為典範，成果也唾手可得。員工們想要看到的正是成功的高階團隊在執行成功的任務，交出團隊與個人的成果。

第三條大山脈：領導人自覺（Leaders Awareness）

自覺（selfawareness），幫助領導人發掘了真正自我（authentic self），不只發掘，還發揚光大，也建立更大的能力。

著名又低調的耶穌會，在過去四百七十餘年來，持續不斷，栽培出許多著名領袖，他們要求的四大領導特質正是：

- 自覺：了解自己的強項、短處、價值觀與世界觀。
- 巧智（Ingenuity）：在不斷變化的世界裡，充滿自信地創新與調適。
- 愛心：以正面及關懷的態度，與他人交往。
- 英雄豪氣（Heroism）：以豪情奔放的雄圖，激勵自己與他人。

這四大領導特質之首是自覺，自覺也是其他三項特質的基礎。例如，了解清楚哪些核心信念與價值觀是不容改變的，就會形成一股最重要的穩定力量，讓領導人不至於漫無目標地隨波逐流，勇敢地為使命做改變，知道什麼能變，什麼不能變，充滿自信地進行創新與調適。

自覺，也是一種自省的過程，在這個自省過程中，讓自己瞭解：「我是誰？我要去哪裡？阻礙或幫助我的是什麼？」——這是認清自己價值觀、願景與使命的一個過程。

四、五百年來，耶穌會以自覺為首的四大領導特質，為教會培養了無數領導人，足跡遍及全天下，成就非凡。同樣的，也為全世界各地的政界與企業界培育了許多領袖人才。在EQ、360度回饋、知識經濟等名詞仍未誕生的古老年代裡，他們就早已在實踐這些管理實務了。

彼得・杜拉克在三四十年前，提出了知識工作者與知識經濟時代，在這個時代裡，變化更迅速，有誰可以在這樣的環境中茁壯成長？只有能學習、創新、做出正確而迅速的判斷、為自身行動負起當責，並且願意冒著風險。這些特質最主要的是，來自對自我的了解，不多是職業訓練。正如一個沒學過法律的人，無法成為成功的律師，一個沒學過會計的人，也無法成為成功的會計師。那麼，一個沒有自知之明的人——例如不知道自己強項、短處、價值觀與世界觀的人，又怎麼可能有長遠成功的成就。

耶穌會的教士們，總是置身在充滿生活、生命、與人生挑戰的他鄉異域，幾百年來不斷成長茁壯，他們有一項不變的、成功的最重要技巧就是自覺。

一個有「真正自我」的領導人，每一天每一刻都能活出他們的價值觀，他們不會依現實需要而採取了另一種不對的價值觀，他們的所「言」所「行」是一致的。

GE的前CEO傑克．威爾許曾分享經驗說，有些高管在人事部門的線上作業時，似乎是應該要升官了，但總是沒升成。「錯在那裡？我們最後發現，這些高管總有一些『造假』，他們裝成了他們原來不是的人，例如，比真正的自我多了一些管控，多了一些樂觀，多了一些機伶。他們在自己的皮膚下，侷促不安，扮演著一個他們自己發明的角色。」

認識自己最主要的方式是，自己與自己對話，例如問自己幾個問題：

我是誰？我怎樣過來的？我要往何處去？我怎樣過去？我的強項與弱項在那裡？我熱愛什麼？我的價值觀是什麼？

不停地問，深入地問，苦苦追問，或問五個為什麼，訂下一個特定時間，找個安全安靜場所，把自己與自己的對話紀錄下來。

有時候，還可以藉助外力的，例如MBTI可以協助你認清你的天賦能力，亦即，你的個性類別，是你一生中不太會改變的特質。也要知道週遭的朋友們認識的你又是誰？那麼，360度回饋可能是個大幫助，測評結果會顯示你的真正行為表現——我有許多朋友或同事，做完測評後，都不敢置信，「我不是這樣的吧？他們不瞭解我。」其實很可能是，你不了解自己。

認識自己，有許多困難，例如：缺乏認識真實自己的勇氣，還是喜歡活在些許幻象裡；也缺乏認識自己的能力與工具，不做反思，不信工具；又如，外界對自己的認識已造成干擾，自己有時是不承認的，例如，在被批評時，例如在做360度時；有時又是很認同的，例如接受記者訪問、雜誌報導時——此時，通常報喜不報憂，也常夾著許多的不真實。

領導學大師班尼斯（W. Bennis）說，認識自己是，「把你是誰，與想要成為誰；與世界認為你是誰，與想要你成為誰；區分開來。」

比較有系統地來看，形成一個企業特色的是企業文化，那麼形成一個人特色的就是個人文化，個人文化與企業文化一樣都有三個基本元素：願景、使命與價值觀。願景是你想要成為什麼、你將是誰的重要思考，使命是你對現況與過去的審視，以及對未來的觀察與決定，如何逐步或大步過度過去，以完成「使命」——也是一種任務。價值觀，則是一個人此生所信守的，是個人的人生羅盤，也是個人賴以完成使命並達成願景的羅盤。

價值觀裡，有千百年未變的普世價值，有自己一生信守、終極必守的價值觀；也有中間過度，一時性的價值觀。例如，「誠信」是個普世價值，也是許多領導人一生信守的；「速度」，可能是許多人乃至公司只是在一時運作與營運上，揭示的價值觀，它以後會隨需求不同而有所改變的。

你，確立你人生的價值觀了嗎？這是認識自己，成就自己很重要的依據，例如下面多種價值觀中，你在相互比較秤重後最重是哪五個？有哪幾個是你不願意拿來交換的？哪幾個是你一生要信守的？那些是過渡期的：

> 真實，平衡，承諾，同情心，同理心，勇氣，創意，卓越，公平，家庭，自由，友情，寬容，幸福，和諧，健康，誠實，禮貌，誠信，仁慈，知識，忠誠，開明，堅持，尊重，安全，自制，服務，獨立，理性，愛心，負責。

認真地從這些價值觀中找出你最重要的4至6種價值觀，並再排出優先次序。這些價值觀，嚴肅以待後會形成信念，影響態度，建立行為，產生行動，就是我們在前文中所談的言與行的一致性了。如果你是領導人，不只動見觀瞻，也是自我成長的需求。

言行如一是真正自我的展現，是領導人自覺後的結果。

甚麼是謹言慎行？有好的一面是，他言語上用詞譴字小心翼翼，行為上如臨深淵如履薄冰，這是一時的需要，與自覺關連不大。壞的一面是，他可能是小心東窗事發，或想隱藏一些什麼，我曾經讀過一則印度聖雄甘地在英國國會演講的故事，甘地在兩個小時演講中，不看任何稿，從頭到尾如行雲流水，毫無間斷，不絕如縷。記者稱奇，問他為什麼能記這麼長，這麼牢？甘地回答說，他沒有記，一切都是真實的自已，他只是忠實地娓娓講出他信的道理，他不必記。看來，我們記太多了，苦心記，刻意記，為了修飾裝飾記，為了美言謊言記，卻沒記住人生最深刻最重要的道理與邏輯，沒有手中羅盤，也沒有人生目標與目的。甘地是個偉大的領導人，他的所思所想，所言所行竟然就是最自然、最簡單的「一致」，難怪，這麼多人願意跟隨他。

美國史丹福大學商學院的顧問委員會共75名成員，在推薦領導人需要培養的最重要能力時，幾乎都選擇這項目：自我認知。

耶穌會對自覺的「自我操練」，有長達三十天全神貫注的洗禮，才能為自覺奠定堅實的基礎。然後，會士們每人每天都要有兩次，摒除雜念進行省察（examen），或可在百忙中偷閒為之。在百忙的生活表象之外，偷時間往基礎、往內心發掘，發掘自己的核心價值觀，重新校準目的，聚焦實際而智慧的行動。

People buy into the leader before they buy into the vision.

「人們在認同願景之前，必得先認同領導人。」

—— John C. Maxwell

孔子的弟子，曾子說：「吾日三省吾身，與人謀而不忠乎？與朋友交而不信乎？傳不習乎？」一日三省自己的言行，確實是很認真。如果，自省的功夫不是立基在自己的願景使命價值觀上，那麼這種自省，還有可能產生偏差或迷糊的。依據曾子的每日三省，那麼，以現代用語來說，我想，曾子有三個核心價值觀：忠、信、習。三者也有了進一步闡釋，化為一般行為守則了。曾子看自己或別人看他，都應是一個「言忠，言信，言習」，並且「行忠，行信，行習」的人，曾子甚至願意大張忠、信、習之旗鼓，成為一個言行一致，旗幟鮮明的領導人，領導自己後才能領導別人。

荀子在《勸學篇》中說：「君子博學而日三省乎己，則知明而行無過矣。」，這個君子，博學多聞，而且有核心價值觀，他還一日三次自省價值觀的實踐，他的「知」是很「明」了，且「行」也無過了，其實不只無過，應是日日有功，更會為社會造了更多福。

老子在「知人」與「自知」之間，也有開悟。他說，「知人者智，自知者明」。企業領導人知人善任是智慧的真表現，全幅度的知人則是知道這個人的天賦、知識、技能與特質／價值觀等四大能力，不只知其所有，還知其所無，有缺處還要培訓補足。善任，是知道公司的文化與這個人的文化，這個職位資格與這個人資格等的相配，現在不行還要指向未來。這是知人。「自知」就更高階了，一般領導人是做不到的，他們必須克服許多障礙——從面壁苦修，到無壁清修，到一日三修，這種領導人以深刻核心願景使命價值觀為基礎，縱使在兵馬倥傯之際，在電光石火之間，也可以做出一致的行為與行動，他們的心明澈無邪，知所退讓與堅持。這是自知。

所以，領導人要知人，更要自知，自知是要排在知人之前的，這才算是「明智」的領導人，這種領導人在自我更新或改變人生時也是不離核心。

領導學大師班尼斯說：「追根究柢，成為領導者與成為你自己，是個同義詞。就是這麼簡單，也這麼困難。」似乎是，一切領導皆以自我領導為開端，如果跳過這開端，有幸而從中途切入，也算成功，卻要趕緊回頭補回開端。自我領導以自覺為開端，自覺的基礎是在願景使命，尤其是價值觀的確立，還有對天賦強項與弱處的了解，以及你的世界觀——畢竟，這已是一個比四五百年前耶穌會士時代更平、更密的世界了。

也許，對自覺最嚴酷、最古老的挑戰是，遠自希臘聖賢蘇格拉底，他在西元前四百多年時說：「未經省察的人生，不值得活下去。」（The unexamined life is not worth living.）震古鑠今。

> We make a living by what we get; we make a life by what we give.
>
> 我們以我們所得的，維持生計；我們以我們所給的，創造生命。
>
> ——邱吉爾

回到我們的敬業主題上，領導人自覺為什麼必須成為我們敬業基礎大山三條主脈之一，原因已昭然若揭。許多人在成為領導人後開始偏離正軌忘乎所以，更忘了真正的自我，或者偏離正軌也是因為沒有省察過自我。

此刻的社會大環境裡，企業領導人自肥、企業造假，層出不窮；有些企業經理人也荒誕無道，怎麼可能有員工敬業，無行無德的老闆還挾持員工或讓敬業的員工成為共犯，令人痛心，但犯罪歸結到犯罪。沒有人能使另一個人自覺，優秀領導人還是要在本質上自我認識與塑造，他們由優秀領導人晉升到卓越領導人，鼓足了意願與勇氣及誠意來做真我搜尋。

在進入更廣闊的組織內，尋找毛病弊端或寶貝資產之前，先用在自己身上；詰問自己的團隊之前，先詰問自己。畢竟，在國際上，目前只有約三分之一的員工，相信他們的高管在溝通時是公開而誠實的。所以，我先們先決條件是，誠實相對。

在敬業管理裡，領導人「真正自我」的這個面向上，必須展現出他對組織、對員工是有承諾的；他是在乎員工的福祉的，他知道員工們面對的挑戰。領導人要能誠實與自我溝通，誠實與員工溝通。

「整體而言，領導力的提升一如減肥。我們都知道，如果我們做出了正確的事，它就會發生。但，這需要承諾、犧牲與專注。因此，人類的本能反應總是在問：有沒有一種藥丸，我可以用吃的？」

—— Robin Stuart-Kotze

沒有這三條山脈：願景、價值觀與策略，高階團隊領導力，與領導人自覺（含領導人自我的願景、價值觀與策略）等攢集起來的敬業基礎大山，我們許多的敬業活動都會失根凋萎。這個基礎大山，除了能推動組織敬業，也能推動組織在各種議題管理上更為卓越。許多經驗証明，一個敬業的組織也自然會成為一個更易於變革與轉型的組織。

很多觀察家都相信，現代的管理是落伍、過時的，現代經理人珍視的重要管理工具，大部分都是1800年代出生的人發明的。今天，我們看到的仍是分歧，是管理者與員工兩方的分歧，例如英國大學教授David West說的：

管理者仍然執意走入老技倆，如：金錢、控制、指揮、短期的、非人性的，最佳實務的。但員工——至少是那些有腦、有教育的員工，卻是在找尋其他的，如：誠信、關係、創意、公開、責任、肯定等。當然，如果員工仍然被要求必須遵守老技倆，他們會照做，只是他們有能力時，他們就會跳船、跳槽。

2.2 認識敬業的三種模式

在一個企業裡，如果企業領導人與他的高階團隊志同道合，卓有領導力，他們的組織裡也有了清晰的願景、使命、價值觀、策略，那麼，宛如企業大船在航向未來時有了明顯的目的、目標、藍圖，那麼員工們在後面跟隨時會有各種起案、專案，及各種細部的行動方案，員工們知道如何連結這些組織目標與個人目標。

領導人進一步要做的，除了是找足員工，鳩工輿材，分工合作準備建船、管船、行船之外，也很重要的是燃起員工們對大海與航行的熱情，對遠景的企盼，或金銀島般的喜樂，或蠻荒大地的征服感。

真正的員工敬業裡包含著很強的員工連結度，員工在心理上與行動上對組織與團隊的大小目的與長短目標有了對焦、連結與承諾。連結度是比較偏向理性的、邏輯的，知道了「要做什麼事」（what to do）與「應該要做的事」（ought to do），甚至經過主管確認是「必須去做的事」(have to do，或need to do），知道這些事後，還有真正的執行，知與行之間是很有段距離的。單純地去做、做好，或做得很好，或盡心盡力做到最好之間的距離都很大。員工是否願意全力以赴，或更多走一哩路，是員工的心理意願、自主決定的問題了，經理人很難強迫要求。多做點事，是偏向心理的感動與情感的訴求。

員工自主決定是否由理性分析後的「需要去做」，進入情感牽動的「心想去做」。員工可能由逃避工作、敷衍工作，到依規章、依流程、依「法」工作，到依薪資感覺工作，到被吸引、被賞識、被激勵去工作，組織是對員工下過投資的。

所以，在許多提升敬業度的努力中，我們看到了許多由理性的「必須要做」到加入感性的「發願要做」。英國敬業專家David MacCleod，為此也提出了他以「敬業度」與「連結度」為兩個座標的分析研究，如下圖2-3所示

第一象限的員工，連結度與敬業度都偏低，像書架擺設一樣，靜靜的，沒有什麼動力，排列著，也不見得是整齊劃一。這象限裡的員工，也很像「懶散遊民」，席坐各地。

圖 2-3 敬業度與連結度關係圖

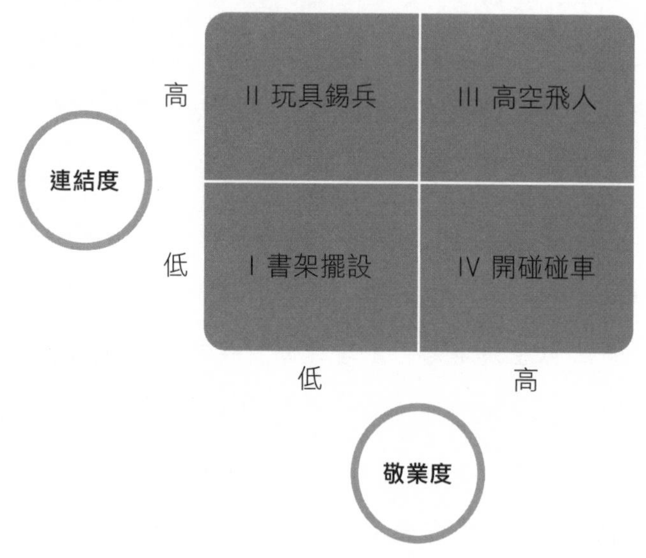

資料來源：D.Macleod, The Extra Mile

第二象限員工，連結度提高了，但仍缺乏動力，像一列列陣式整齊的玩具錫兵。在組織裡，也像「技術官僚」，他們很有秩序，也號稱有紀律；他們有流程，流程重於績效；有時像軍隊，服從第一，不管甚麼目的；有時像公家機構，分工分層，依法辦事，認真無比，但不在乎成果是什麼。

第三象限是真正的敬業，像在馬戲團中的高空飛人。在高空表演中，他們非常清楚要飛向何方，在何點相接，也知道接下去要做什麼，兩人心裡有著十足默契，都想一起完美展現美技，甚至挑戰極限。他們知道馬戲團的目的與目標，也知道自己心底的企盼與能力，他們腦力與心力與對方的結合在一起。

第四象限裡的員工，像是在遊樂園裡開碰碰車的，動能十足，可惜四處碰撞，沒有方向感，也沒有目的。在真正的企業裡，雖然沒有像開碰碰車那般嚴重，但更多的是，開到一站後不知下一站在那裡？大家總是先到站後再說，且戰且走，摸石頭過河，亂槍打飛鳥等等自以為沒策略就是最好策略地誰怕誰。好多的組織是在這個象限裡，領導人期待著「山窮水盡疑無路，柳暗花明又一村」的驚喜，害怕的是，好動的員工在路盡頭之前卻先走上了另一條別家企業的桃花路。

未來不可測，訂目標成了無中生有的困難事。前瞻力不足、領導力不足的，也就不想訂目標，不想訂策略了，更不想訂願景——那是更長遠的目標。固然有些領導人雖不明言明訂，但心中自有一把尺，還是亂中有序，暗裡自明的。問題是，廣大員工沒有讀心術，是會亂了方寸的。員工看到的是，暗暗漫漫長路，更遠處，茫茫大海，這是這象限員工的困境。

連結的連線，也不一定是粗黑直線，曲線也行，有時是實線轉虛線又回實線。領導人做完自覺的功課，建立了堅實的高階團隊，落實了企業的目的與目標，真誠地大聲地說出來——連修訂時、更新時，也大聲地說出來、寫下來。員工會在各點上開始產生「瞄準連線」(line of sight) 與連結的，這些連結是員工敬業的一個重要依靠。這個「瞄準連線」(line of sight) 更進一步的運作如下圖2-4所示：

圖 2-4　建立瞄準連線(line of sight)

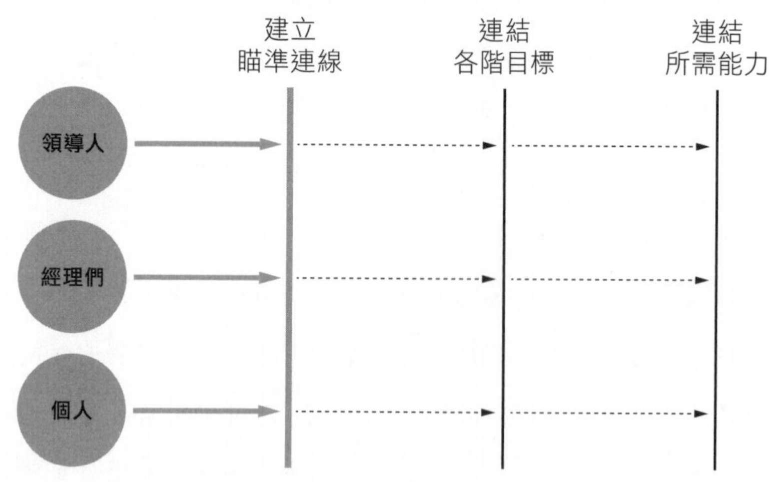

建立瞄準連線是：

- 領導人先要能建立企業化與策略，形成企業的大圖，在一定的高度上，讓員工們都可看到，都想建立，與自己有關的連線。
- 經理們能一致地闡釋策略目的與目標，連結各部門、各團隊、各人的目標；是執行策略，也用以評量團隊與個人的貢獻。
- 個人可以在執行面的高度上，了解組織與團隊的策略，連結到自己的目標與策略上；這是員工敬業管理上很關鍵的一步。
- 在瞄準連線之後，就是連接各階的長短程目標，以及發展各階所需的各種軟硬技能了。關於所需技能，我們在第二篇中有詳述。

模式二是美國合益顧問公司的M. Royal與T. Agnew兩位提出的，是另一個方向與看法，如下頁圖2-5所示。

上圖中橫座標是敬業度，泛指員工對組織的成功所願投下的腦力、精力、體力與行動，縱座標是賦能（enablement）是組織所提供或賦予的支持程度，例如在硬技能，軟技能上的訓練，以及工具設備的提供，與工作環境的改善與優化等。

圖 2-5　敬業度與賦能度關係圖

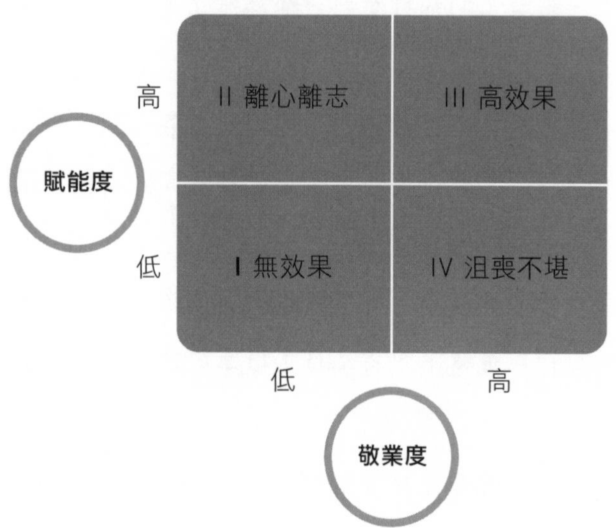

資料來源：美國合益顧問公司

Royal與Agnew兩位顧問師特別強調的是，第四象限裡「沮喪不堪」的員工，這裡的員工是很敬業的，願意為組織奉獻心力的，可惜組織支持度不夠或自己能力不足，力有未逮，或環境不適，因此沮喪不已。在現代企業裡，這象限的員工佔了很大比例。

第二象限的員工是不太敬業的，甚至已心不在此，但他們卻意外得到組織很多資源與支援，他們工作起來饒有能力。但，志不在此，盡力就是了，也順勢培養自己實力。他們與組織的長中短程目標連結不多、不大，因此有可能隨時會離公司而去。第一象限則是無心無力無效果的員工，第三象限是公司與員工兩方都夢寐以求的最佳狀況，員工有心有力也有效果。

所以，綜合這四個象限的員工，分別是：

第一象限：員工敬業與組織賦能兩者俱不足，員工無心無力，做事也無效果。

第二象限：員工敬業不足，組織卻予高度賦能，他們無心有能，做事有效，但擁有感或歸屬感不足，甚至覺得懷才不遇，有志難伸，也感沮喪，羽翼豐後想找尋更合適的職業機會。

第三象限：員工很敬業，組織及時賦能，員工有心有力，做事高效果，個人與公司兩全其美。

第四象限：員工很敬業，組織卻缺少賦能，是沮喪不堪的一群，空有一片忠心甚至滿腔熱忱，書空咄咄。做事捉襟見肘，資源與訓練不足，常徒呼負負。公司可能在期望員工共體時艱，但總是溝通不良。

我們在追求的是第三象限的員工，是個人很敬業，組織有賦能的員工，這是最強的商業經營成果，是個人與組織兩蒙其利，相輔相成的成果。個人與組織本來就應該在許多領域裡有交集的，交集區越來越大越多，也達成平衡如下圖

2-6所示，在這個太過與不足的過程中，員工總是處於相對弱勢，組織是有必要加強輔導的。

圖 2-6　員工與組織交集區的離合

如果把圖2-6簡化成為兩個相互有交集的圖形，如下所示，你會發現，大道至簡，這個簡化圖裡隱藏著許多大道理，例如：

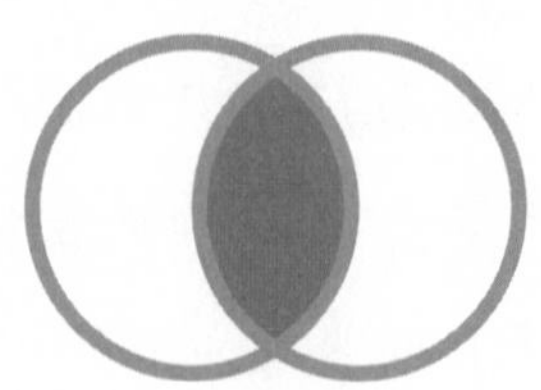

✹在經營管理上，你是領導人？或經理人？

美國有許多著名的領導學者總是在不斷強調，領導人與經理人是不同的，總和這些看法我們也可由這些相對性做更多更深的思考，如：

領導人偏重：		經理人偏重：
人	⟷	事
賦權	⟷	管控
效能	⟷	效率
原理原則	⟷	技巧技藝
做對的事	⟷	把事做對
營收上線	⟷	利潤下線
宗旨目的	⟷	方法手段
原理	⟷	實務
在系統上	⟷	在系統裡
問：梯子靠對牆嗎？	⟷	要：爬梯子更快些！

在許多實務上，我們發現領導與管理這兩圓是有交集的，而且交集區越來還越大。一個真正的領導人會領導員工築夢、逐夢，迎向未來的願景與使命，同時也會管理員工，適時捲起袖子，走入現場，也把應收帳款收齊，有庫存降低，達成年度目標，這兩種功能如果不能做齊，有些企業還會從制度上設計，把這兩類型的人互補地合體工作。

✹在管事上，你只管組織目標嗎？

老式領導人總認為員工要以組織為本，以廠為家，犧牲小我，完成大我的組織，但關心也細心的現代領導人發現，員工仍然有其固有個人目標，這些個人目標如果與組織目標有了交集，有了連結，可以相輔相成，員工會更感到適才適所，兩全其美的機會就更大了，這個個人目標有是從組織總目標拆解分配下來的，有是從內心個人需求而衍生上來的，組織目標與個人目標可以併行不背，有靠領導人/經理人細心發掘並推動，讓員工每天早上急著要去上班。

✹在管人上，你不太管員工利益嗎？

員工利益原來是不被重視的，甚至不必重視的，反正組織獲利，員工就一定獲利。優秀員工不該講求私利嗎？許多優秀中國企業的領導人已把員工利益端到抬面上討論了，兩利分配應該公平合理，兩圓休戚與共，息息相關，其交集區域也在刻意放大中，員工的利益已被延伸到員工福祉（wellbeing）上，這種福祉包含有五大要素：事業福祉、社會福祉、財裕福祉、身體福祉及社區福祉等，這種員工利益必須與組織利益有更大交集，才能做更好員工敬業管理。

✹在直接的敬業管理上，與員工有甚麼互動？

組織領導人與員工個人的兩圓，也在感性與理性兩方有許多的交集與互動，例如：

組織領導人做出：		員工會相對應做出：
信任	⟷	信任
尊敬	⟷	承諾
機會	⟷	成就
賦權	⟷	當責
願景與策略	⟷	對焦與連結
同理心	⟷	多走一哩路

這兩圓在巨觀上是有明顯交集的，在微觀上，你更可看出是組織之圓在帶動著個人之圓，兩圓交集區的互動已越來越頻繁，充滿了正面能量，交互輝映，發熱發光。

原來，兩個圓不會一直在漂移，注重管控與實務的經理人也可以是能賦權重原理的領導人，員工關心組織目標也會關心自己的個人目標。原來，對員工有利的，也可以對組織有利。原來，領導人戰戰兢兢的人才投資，很可能在員工成長上大方回收。柯林斯在他的《基業長青》（*Built to Last*）中，也說明了這些交集區的作業，他還用中國二元哲學裡的陰陽太極圖來說明這種兩元並存現象。

柯林斯說，高矚遠矚公司的一個關鍵成功要素是，他們不用「非此即彼」的暴力（Tyranny of the OR）來框限自己，而是用「兼容並蓄」的天才（Genius of the AND）來脫出困局，成功要素是同時擁抱兩個異類，例如：

嚴謹的文化	⟷	改革的力量
長期的投資	⟷	短期的績效
紀律	⟷	彈性
對核心價值觀校正	⟷	隨環境變化而調適
價值觀	⟷	營運數字

因此，在交集區裡，我們也看到了如下的太極圖。

太極圖內不只是談論平衡，平衡常意味著彼此各半，甚至於妥協後的平庸路線，太極追求的是兩方都有優異表現，兩方都能表現得淋漓盡致。這也正是敬業公司要做的事。

在第三種模式中，我把敬業與賦能放到一個更大更清楚的架構裡，如下圖2-7所示。

圖2-7中顯示，本章中諸節所述三大基礎與五支樑柱的運作，構築了一個堅實的敬業文化，在這種敬業環境中，敬業員工的比例開始提升，越來越多的員工在公司文化與策略目標中找到認同與連結，越來越多的員工越來越能盡心盡力。一個良好的賦能環境，讓員工得到更多支持，並提升能力與能量，更能交出成果了。

讓能敬業、富才能的員工願意以少做多，願意多走一哩路，交出成果，甚至更好的成果。這是我們整個敬業管理的目標與目的所繫。在敬業、賦能，與交出成果的大道上，我們還可以看到另一條支道，那就是在賦能之後走向賦權，讓員工在

圖 2-7　一個有心、有能與有責、有權的有效組織

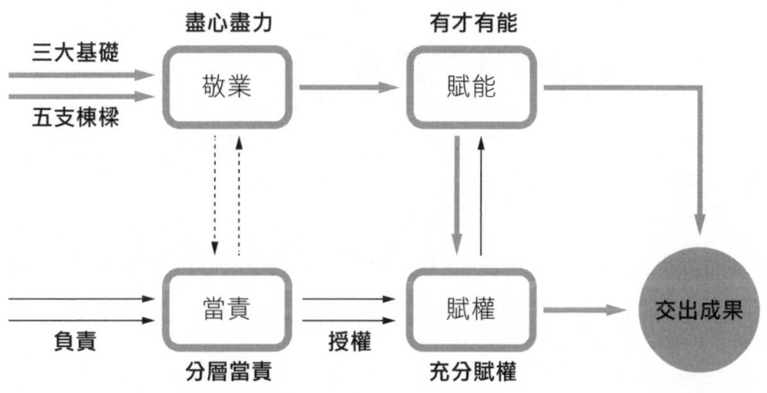

行事上得到更充分授權，更完全的發展，成為有責、有權並有能的員工，更大膽、創新地迎向組織目標，交出成果。

充分賦權後的員工，也有可能走向「賦能」之路，讓員工的權與能可以先後互通。

在許多管理書上常常提及並時而引發爭議——有時還有「舊瓶新酒」之譏的幾個重要管理議題，例如，賦能對賦權；例如，敬業對負責。我們可以在上圖中看清楚他們是有交集，也有非交集區域，也有它們各自比較偏重的領域。

- 敬業者總是很當責，當責者會很敬業，但兩者意義並不相等。
- 賦能後還有賦權，或賦權加賦能，能使權或能有更大發揮。

我們將在第二篇中詳細討論賦能。

2.3 建立五樑的敬業殿堂

第一樑：敬業的經理層

從管理實務的角度來看，企業組織裡只有三個階層：領導層、經理層與獨立貢獻者。一般員工們口中所稱的「老闆」，常不包括高階主管或CEO，而是指這些官位大小不等，從部門經理，到第一線經理等所謂的中間經理。這些中間經理們是影響敬業管理很重要的一群人，他們手中握有通往廣大員工大門的鑰匙。在近代歐美企業裡，這層經理常是受害的一群——在扁平化、縮編、裁員、流程再造的許多活動中不斷受害，所以，他們對公司高層的決策常充滿疑慮，上面下來的各種政策常會在這裡中止或轉向，所以有時被稱為「永凍層」；上有政策，下有對策，這一層，基本上不動如山。在許多官僚運作下，他們也是沮喪不堪，有些是憤世嫉俗的。

在這個中間經理層裡，還有位員工眼中口中真正的「老闆」。他幾乎與你時刻相處，日日相見，他交待工作，考核進度，他甚至還會教訓你，偶爾也會培訓你，這人正是最常被稱為「老闆」的人。在職場上，這位最直接、最接近的老闆就是所謂的直接經理（immediate manager），這位直接經理也依你的職位而定，可大可小，往上到一個大部門的主管，往下到最基層員工的主管——有時，這位基層主管還不能稱「經理」，而只能稱為supervisor（主任、主管）。如果這個人在工廠裡工作，會直接管理一大群工人，權力很大的，學歷上可能沒那麼高，但工作年資，經驗與能力都很優秀。在我以前工作的美國公司裡，他們被正式稱為「團隊經理」，是有經理的官銜，正式的工作就是「值班主管」，他們夜間值班時，是有權決定停止一個世界級大廠的操作的。

華人企業的中間經理，問題沒那麼大，但也常是被忽略的一群，尤其是在敬業管理上。中間經理的身教言教與所創造出來的工作環境對廣大員工是有很深影響的，許多調查研究顯示，很多員工寧願相信這層老闆們，也不願相信那些高階的大老闆們。第一階的「團隊經理」呢？他們擁有更大的話語權、解釋權，廣大員工們是很相信他們的。在敬業管理上，我們的對策是找回他們——他們是：中間經理、直接經理與團隊經理。

談到「他們」時，我就心生警惕。分享一個在美國工廠工作的故事：一位部門經理在會議中，不悅地反問一位為員工講話的經理，說：「你到底是我們中的一員，或是他們中的一員？」結果，隔幾天後，許多工人的工作頭盔帽沿上都黏上了「他們中的一員」，工人們還是默默地工作，努力地工作，但頭盔上的字黏得好久。

歐美企業與華人企業在敬業管理上，遭遇的問題有相同的，也有不同的，就整個組織大圖分析如下：

表 2-1　現行敬業管理的不同重點

敬業管理的幾個驅動要素	當前敬業管理的重點：歐美企業	華人企業
1. 企業領導人	✓	×
2. 高階團隊	✓	×
3. 中間經理	×	×
4. 第一線經理	×	×
5. 員工本人與基層員工	✓	✓✓

在歐美企業裡，企業領導人及其高階團隊在認知與應用上對敬業管理大抵是重視的，尤其在最近十餘年來已對高層管理產生很大衝擊，而且這個衝擊力還越來越大，在未來的十年裡可能更大，在許多敬業顧問公司的推波助瀾下，很快在基層也做了許多大大小小的敬業調查，有些企業裡制度比較健全時，也會直接訴求員工們起而行地開展敬業活動的。中層經理卻常是意外被忽略，或者就是被擋住了。員工敬業度不佳，已經被直接看成是領導力的失敗，問題直指最高層，高層的自肥、舞弊，也引發失信，導致員工敬業度降低。

有些公司的高層在敬業策略與制度上是完整的，那麼，問題又回到最基層，所以有些專家顧問一轉身也開始指責員工個人，認為員工本身不敬業才是癥結。在上表整體分析中，我們可能要思考被忽略的中層才是重點，亦即，中間經理中的直接經理，或直接經理中的第一線經理，更是問題的癥結。

與歐美企業相同的是，華人企業也忽略中層；更嚴重的是，最高層對敬業管理是誤解、不了解而漠視的。華人企業常常直指基層員工是「不敬業」的，所以，直接要求員工要敬業，通常是從強力道德勸說，到訴諸制度要求，到無奈收場，「這個員工就是不敬業，沒辦法。什麼時候開除他？」、「開除員工很難的，其實大家也都不怎麼敬業」、「有什麼提升敬業的課程，上一上課吧，看會不會有一些改善。」

我們沒發現，敬業度雖一大半是在基層量測而得，卻絕對是緣起於高層。華人企業的高階領導人通常都是很敬業的，敬業到甚至可以鞠躬盡瘁死而後已，在所不惜。很多是以廠為家、公而忘私、全力全力以赴的。可惜這些個人敬業沒有化為領導力，或化成制度並在高階團隊完成整合，向下提升員工敬業。當然也忽略了中間經理們的功用了。

我們的中間經理們如果要使力也有很大的困難，因為我們少了三脈基礎大山中的一至三大基脈。在建立敬業殿堂的五樑上，我們要首先找回中階經理這根重要樑柱。中階經理人的言行舉止及其所創造出來的工作環境對他們的直接部屬在工作的擁有感上、敬業度上、與工作態度上，會產生了更直接更深遠的影響，比獎勵制度影響還要大。

只有這些「老闆」們，更能夠激發員工工作熱情，賦權員工主動採取行動，在工作中適時鼓勵員工，並且指導員工們了解崗位完成工作。

好的老闆還能創造一個工作環境，讓在其中工作的人們願意好好發揮他們充滿擁有感與敬業度的態度與行為，有效的老闆常常是用了「理」，例如了解個人與團隊與公司的角色與目標；也動了「情」，例如運用激勵與同理心讓員工願意多走一哩路。他們的大老闆們則喜歡用「法」，講求依法處理。

> **卓越經理們的關鍵性貢獻是，他們提升了他們底下部屬們的敬業度。**
>
> —— P.Michaelman，哈佛管理新報，2004。

總的來說，這些中間經理仍感到能力不足，質言之，是心不從力，力有餘而心不足。在運用理性連結的工具與流程上，例如設定目標、品質改進、流程管理等方面是還可以做得很好，也在不斷改進中。但對於增強情感投入上的，如價值觀、文化、參與與對談等方面就很辛苦了。歐州企業的調研發現，只有30%的中間經理有此能耐。華人經理則更不善於此道，由上層來的支援乏力，這個能力如用數據來表示可能就遠低於30%了。

所以，不論東西方，中間經理也的確卡住敬業管理了。他們具有提升整體敬業度的關鍵影響力，卻沒有特別的擅長也沒多少訓練，本身也只具有約中度強的敬業度，所以，產生的結果可能是，自己感到沮喪。部屬覺得老闆是失敗了，公司也覺得他們站在中途阻擋了公司邁向高績效敬業文化之路。這些中間經理們可是每日工作滿檔，對於人員管理也是越來越少了。

這不是我們要的敬業管理，也不是我們要的中階敬業經理人，我們要這些老闆們具有理性與感性兩方面的能力，這些老闆們必須知道是什麼在驅動生產力，然後把他們的時間與資源更有效分配並貢獻在上面，利用他們的管理資源與權限，授權並進而賦權部屬們，盡力釋出生產力。

英國敬業管理專家D. Macleod對敬業管理與傳統管理，做了如下的分析：

傳統管理是：	敬業管理是：
1. 經理人指導並部署各種人力資產，以產出成果並增加股東價值。	1. 敬業管理人認為員工不是資產，員工是人力資本的擁有者與投資者。敬業可以引發人力資本上更具生產力的投資。
2. 經理人不喜歡自己的任務太複雜、太寬廣化，因為那樣會引發壓力，可是又是必要之惡。	2. 敬業經理人不在乎寬廣化、複雜化，但他們需要幫助以訂定優先次序，並去除官僚障礙。
3. 經理人直接掌控員工去開發並產出產品與服務。	3. 敬業經理人不掌控員工而是管理環境，讓員工在一個有生產力的環境下開發並產出產品與服務。
4. 經理人在乎員工，因為那是生產要素。	4. 敬業經理人與每位員工建立人性化連結，但不會造成個人性依賴。
5. 經理人很忠實地管理組織的績效與獎勵計劃。	5. 敬業經理人針對每位員工建立個人化的方案，給予真誠的回饋，很敏感地進行溝通。

兩方分別做比較，你一定可以發現敬業經理人不同的一面。站在組織的高度上，我們如何幫助中間經理們，同時提升他們在理性方面與感性方面的能力？如此才能為他們的部屬創造卓越的敬業環境，也讓傳統經理人逐漸轉型為敬業經理人，下面有三個關鍵領域可供我們在推動時的參考：

1. 重新定義經理的職務

中間經理的重要性必須提升。必須強調他們在提升部屬敬業度上有關的特定能耐（competencies），如：

- 更全面瞭解公司的大藍圖與小藍圖，並在大小工作上建立連結，不僅僅是建立一時的團隊而已。
- 身體力行，以自身行為體現出組織與團隊的價值觀；不僅僅是形式上的溝通而已。
- 以同理心瞭解並關心部屬的觀點、目標與感覺；不僅僅是一般的傾聽而已。
- 催化行動力，導向有效績效，關心部屬在過程中的行為導向；不僅僅是簡單的行動導向。
- 臨機應變而創作，以起案來駕御良機，不要老是想回到「流程」來解決所有問題。
- 創造欲望，提供工具，激勵部屬學習並成長；不僅僅是一直在教訓、教導部屬們。
- 讓不同意見浮出抬面，協調差異點，建立更建設性的關係；不僅僅一味要求協同合作而已。

在這個新定義中，要聚焦在敬業管理，避免一式走天下，要有更策略性的做法，例如：

- 定義一下，什麼是敬業管理的最低標準？
- 思考一下，那些工作更需要應用敬業管理的技能？如何投資以建立這些技能？
- 儘量簡化這些工作及其中流程，多一點聚焦在人的管理上。
- 可能需要定期地測量一個團隊或部門的敬業度數值。
- 以長期的觀點來看這份投資，確定組織要建立這種敬業管理能力。

2. 認清經理與組織之間的「交易」

在這項「交易」中，中間經理們是要「蒸餾」出來「期望」。亦即，組織對經理的期望，以及經理對組織的期望；這些期望都要建立在連結與敬業上，例如，

組織對經理們的期望是：

- 有前25%的績效表現。
- 部屬們的工作，與組織的目標與需求要有連結。
- 部屬們要有敬業表現，如：相互尊重、相互照應；真誠關心、支持他們的部屬，願意發展有關技能與能力；獎勵是公平的。

經理們對組織的期望是：

- 組織領導人有優秀的敬業表現如：相互尊重、相互照應；真誠關心經理們的福利；發展經理們的技能與能力；公平地獎勵。
- 可以讓經理們有清楚的連結
- 能夠強力支持經理們對下的連結與敬業，要建立流程。

我們也可以發現，被敬業感注滿的中間主管們，才可能往下灌注敬業，終而提升企業整體敬業度。敬業本來就不是單方向的工作，雙方互動才會形成公平的交易，這樣也可更簡化中間經理人的工作，讓他們更有能力、更多能量用在部屬們的敬業工作上。

3. 堅忍培養敬業上所需能力

有紀律地在下述四個方向上，配合中階經理的發展計畫，讓經理們在理性連結與感性連結兩方面的能力，成為強項：

- 在人才招募上與升官路上

我們經常看到升官人總是那些具有技術專長的，很少考慮到管人育人方面的能力；思考時總偏向理性端，較少感性端的，今後在招才或拔擢上應該注意管理技能與敬業技能。

除了很特殊的專業領域外，技術技能都是更容易教會的。

✹在人力發展路上

人才發展還是重要的，雖然在台灣企業高管的眼中，它遠遠落後於「業務管理」，只佔去高管時間不到五分之一。美國GE的前CEO傑克．威爾許曾經不耐煩地回答提問，說：你們要怎樣才會相信，我是花了60至70%的時間在人才發展上。英國Vodafone著名的逆轉勝CEO N. Reed也說，他事業的成功實在是歸功於發掘並培育人才，而不在緊盯銷售數字，「我總是在懷疑，企業領袖們多在緊盯著數字嗎？」英國有一家大企業，曾針對他們六千位業務人員進行「同理心」訓練，訓練後，有20%的人因不同意而選擇離開，但後來發現銷售業績卻顯著成長，因為銷售人員有了更佳技巧與客戶建立更好關係。

✹在獎勵上

組織獎勵什麼，經理們就自然會重視什麼，越來越多的公司把經理升遷與獎金直接連上在敬業度這種「軟」議題上的分析結果。部屬們敬業度的高低也代表著經理們在管理上的良窳，英國RBS銀行的管理與獎勵已經強烈地直接連上敬業度的詳細分析結果。

第二樑：走入第一線

古時中國皇帝也會走入第一線，叫「微服出巡」，他們改穿平民服裝出訪民間，號稱是探求民瘼，了解民意與民間疾苦，但也可能是不耐皇宮深鎖，出來透透氣，吃喝玩樂之餘，玩弄威權還真神氣。民間常是苦中作樂，絕無僅有地與至高皇上有了第一類接觸，算是平淡人生的震憾，有時甚至感染了皇恩浩盪，成為傳世美談。

華人企業大老闆也常出巡工廠與地方分部，出巡時行禮如儀、簡報如儀；約見會談，現場看看，也都達成了一定的目的。

聽說蔣經國當權時，曾與新加坡總理李光耀輕車簡從，微服出訪日月潭。在潭邊談論時，李光耀突然脫隊演出，他走向附近賣零食小攤，用閩南話與小販親切交談。蔣經國看完後有了很大震憾，他的「子民」用的語言他聽不懂，他們的生活他也不知情。這些感動促成了蔣經國隨後的許多民間之旅，交了民間友人，乃至積極培養與啟用台灣本土人才。

美國企業新的CEO上任後，總是先放下新辦公室中的待舉百事與千頭萬緒，儘速訪問各國各業務區、各大客戶。據報導，葛斯納在驚滔駭浪中接下IBM公司的新CEO時，大半專家都認為有80%機會IBM會解體或倒閉，辦公室桌上也已擺著一份備好的文件，只要他一簽署，IBM立即分成13個小IBM。但，他沒待在辦公室裡，旋即走訪紐約地區的一個銷售會議，與會人員以為他來開場後，會趕著去其他的場，但沒人料到，他一坐兩整天，全程參與了每一個細部討論，讓大家眼睛一亮，精神一懍，皇上可是玩真的。皇上還說，標榜客戶服務的IBM沒在服務客戶了。

現代企業，不論東西方，皇上出巡的實例越來越多，已非行禮如儀，常常還是突發狀況，已不是要傳為美談，而是要有實際效用，已非偶一為之，而是時常為之。而且，高管與員工間的每一個或長或短的接觸，已經成為領導中最強力的一種連結、延伸與展現。企業高管在每日處理眾多「正事」時，總有許多不斷發生的「干擾」事件。在現代管理裡，這些干擾不再是干擾，它們是：

- 一個互動，一個抉擇，都是展現領導力的機會。
- 短暫的互動，卻有可能是員工改變的關鍵點。
- 新的互動方式，隨時隨地鼓勵員工達成標竿。
- 高管以身教來領導，以行為表現言行一致的機會。
- 片刻領導的藝術與科學，是實用領導學。

其實，不只是被動地接受「干擾」，還化成有意義的「接觸點」，更且主動地創造出更多的「接觸點」以達成：

- 在日常工作中，鼓勵員工追求追越，也弭平領導者與員工之間的距離。
- 在日常工作中，協助員工連結公司願景、使命、價值觀與策略，及中短程計劃之目標。
- 向員工學習，並溝通工作新方向。
- 把「博感情時刻」化為組織進行改變時的另一個溝通管道。
- 把一連串的接觸點，刻意化為有力的領導規劃。
- 接觸每一次輪班人員，取得比閱讀報告更多的資訊。
- 善用一天有幾十次、幾百次的接觸點，成為領導良機。

積極主動地，很有系統地，很有成果地把每一次與員工互動的「接觸點」（TouchPoint）化為領導改變的關鍵點，是著名的企業領袖康南，在接下金寶湯公司的新CEO時，最成功的領導術。這家財星500大公司的業績當時已跌趴在谷底，員工離心離德，疲累失望。康南面對這樣的現實，設下了前提，他認為金寶湯如果要在市場上反敗為勝，必先贏得兩萬名員工的心，於是他立下了「金寶湯保證」，要贏得員工的信任。另一方面，他也立下更嚴格並且可測量的領導標準，在蓋洛普公司的幫助下，康南在金寶湯推動了敬業管理，他設下的黃金標準是，員工敬業比例要達到12:1，亦即，主管們必須做到的是，有十二個員工是敬業的，相對的只有一個員工是不敬業的。在全球企業界裡，這是一個很高的標準，康南身體力行，不只領導著各經理層也走入第一線，他每日利用幾十次的「接觸點」與員工溫和懇談，不斷鼓勵並嚴正堅持，堅持了十年歲月，年年有成效，重大記錄如下：

- 2001年，康南走馬上任，蓋洛普基準調查出爐，金寶湯員工敬業比率不足2:1。蓋洛普說：「這是財星500大中，做過的最差的結果。」
- 2003年，經過兩年的培訓、輔導與獎勵，敬業率沒什麼大改變，只升至4:1，康南在領導會議上撂下狠話：「不想參與的，不應該來開這個會。」
- 2004年，全球層級的350個最高主管中，有將近300人主動離職或被資遣。公司繼續改造，主管們做出艱難決定，必須讓員工們更加信任與安心。
- 2006年，情況改善，敬業比提升至6:1，新領導人都是敬業經理，能力強也知道如何開發員工潛能。
- 2007年，敬業比提升至9:1。

✹2008年，是上任後第七年，達到了蓋洛普12:1的黃金標準。

✹2010年，創下了驚人比的17:1。

康南的「接觸點」是指與員工主動或被動的接觸與互動，可能是兩人間或面對一群人，時間可能是幾分鐘或幾小時，可能是事先安排或臨時起意，可能是正襟危坐或不拘形式，可能在辦公室走道、或電話中、或電子郵件裡、或在廠區。他利用這些每日幾十次的互動機會去影響、引導、說明、激勵、創造危機感，乃至形塑事件發展的方向。但，他說，這些接觸點的動作不能咨意干擾正常的管理管道。

看來，東西方，古今朝，都有領導人走入基層的許多領導案例，各階領導人與經理人要走入第一線也成了我們建立起敬業管理的第二支樑柱，畫起圖來就如下圖2-8所示。

以下圖為例，我們在本節中提出的走入第一線，指的如步驟4所示。

所以，領導人們，勇敢地把願景使命價值觀帶出來，大聲講出來，你會發現在這個高度上，同志居然這麼多，共鳴居然可以這麼強。如果，共鳴來不及了，已經走調了，那麼，重新要求高階團隊坐下來，重新整理這些基調，重新出發，這也是許多著名長壽企業常用的方法。

圖 2-8　領導人走入第一線

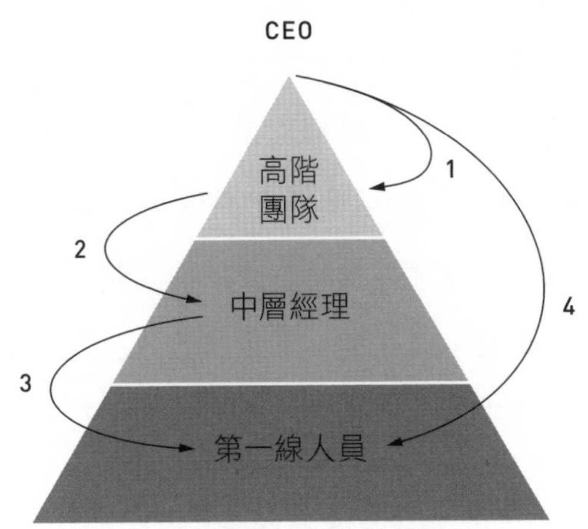

CEO把自己理清楚了，做完了步驟1，再來就是本節重點的步驟4了。步驟4的做法康南在金寶湯公司提升了敬業度，也在公司救亡圖存。十餘年過程中，已有許多具全展示，底下綜合經驗，敘述如下：

- 最高主管在這裡站起來，說清楚他們的經營理念與雄心壯志，展現出來他們一致的領導行為，讓員工伺機連結。
- 很多員工都很想在他們的工作上創造不同，但無法與組織大目標連結，組織的大目標也要能化成個人化小目標才能獲得承諾。

- 要展現的是行為上的領導者，行為上是一致的，所以是要植基於公司的核心價值觀的，言行不一致，徒增更多紛擾。
- 是盡引領說明之責不宜越俎代庖，代下決策，例如，我有一位CEO朋友，他在巡廠時會問現場幹部：你這樣做，是否符合我們要做世界級綠色企業的願景？
- 每一次的「接觸」或互動，都會被快速放大，常常成一傳十，十傳百的「冪」次效應，效果快又大得讓你驚喜或害怕。
- 最好是不定期，而不是預訂的。部屬演練過十幾次的簡報，仔細排練過的行程，就跳過去吧；在走廊上，在生產線旁的對話，可能是最需要的。
- 與部屬一起去看客戶，敬業是可以一直延伸到客戶處的，記得以前工作時，美國總公司大老闆來台灣時，常是跳過經理的簡報，也跳過經銷商的，直指客戶——也要求高階團隊的成員依樣畫葫蘆，所以志同道合，言行一致，走入第一線的效果就更形擴大了。
- 要有敢於聽實話的勇氣，實話會傷人的。危害公司信任度最大的就是第一線員工明知是假的，長官卻當真，還認為沒事，無動於衷。

- 把第一線員工當「成人」，他們也不是機器的一部分。這些成人還想成就大事，他們家裡說不定還養了一個華頓畢業的兒子。
- 第一線員工有第一手訊息，往上傳時會經過幾手過濾，訊息會扭曲失真，事實開始模糊。

最高主管與高階團隊成員走入第一層員工裡，還有一個很重要的道理，那就是，第一層員工總是敬業度最低的一層，他們卻是我們製造產品或產生服務的第一手地方。

根據美國BlessWhite顧問公司在2011年全球員工敬業度的調查報告顯示，在全世界各主要地區的大小企業裡，敬業度最高的一群總是高階主管們，他們的敬業度比個體貢獻者（主要含第一線員工）要高出兩倍多，其中可能的原因是高階主管們：

- 在工作上有更大的權力與控制力。
- 更接近組織的大方向與決策區。
- 更清楚對自己重要的事，更知道如何去完成它。
- 策略目標更清楚，也具有更大的啟案能力。

再往下層走，在中層經理上，上述4項的高度與能力已明顯降低，敬業度也隨著降低，甚至低到卡住了。這裡的一個很大解決方案需來自高階團隊，高階團隊如果已是意見分歧，到了第一線就容易分崩離析。中層經理如果成了歐美企業人描述的永凍層，那麼上層政策就在這裡都冰封了，第一層員工所接受到的信息可能是扭曲的。根據許多調研結果，第一層員工信任直接經理（他們心目中的老闆）與中層經理的程度，是遠大於信任高階主管（即所謂的大老闆們）的，有一些很有主見或成見的第一層員工們，甚至於只願為他們的中階經理，尤其是第一階經理工作，不願效勞於他們認為營私圖利罔顧公益的大老闆們。

第一層員工的敬業度在四層中總是最低。

以組織內的各不同部門來看，全球員工是有其明顯趨勢的，亦即，越接近客戶的員工，敬業度就偏高些，在可看到短期績效的專案員工也有較高的敬業度，這可能是與對成果的掌握度與成就感有關吧。

在敬業的經營與管理上，華人最困難的一層恐怕還是要回到最高層。許多敬業活動在最高層就名不正言不順地卡住了，然後失之毫釐差之千里，越往下差越大。在人浮於事也不重人才的環境裡，有些企業想的只是隨時在街上找人，在別的公司挖人，在自己公司砍人。那麼，員工敬業就失去意義了，如果自己也不願建立敬業的環境，不刻意去推動敬業活動，員工敬業就更不可能存在了。

第三樑：成長與發展的機會

許多企業的經營者，其實是不太在乎員工有沒有成長的。基層的工作人員，用的是他們無限的體力與就職時的智力；較高階的主管們通常總有較高學位，希望的只是他們「學以致用」，大學學的綽綽有餘，研究所學的用不上了。縱使因業務特殊，需要比較特殊的才能，那麼，自學或挖角皆可行——只要有錢，什麼人才，甚至整個團隊都可以挖到的，何苦自己培養？何況，培養出來的人才，自視越來越高，越來越不好管，縱使不跳槽也容易被挖走。

在基層人力的管理上，我們彷彿又回到二十世紀初期，例如亨利．福特，他是個汽車天才，雇了一批聰明腦袋幫忙規劃，設計出各種機器設備、製造流程及標準作業程序，然後，他找來另一批製造人力，他只要這些工人用雙手雙腳工作，不需也不准用腦袋。福特大老闆說，工人們把他們的腦袋寄存在工廠大門口，不要帶進廠內來。在那時，規劃與執行的工作是分開的，執行的人是不需要腦袋的，腦袋會增加困擾。

直到二十世紀六七零年代「知識工作者」興起，八九零年代時「賦權」風起雲湧，日本企業，尤其是汽車工業界賦權到第一線員工的做法衝擊了全世界。第一線員工的想法與做法，成長與發展才越來越受重視，美國寶潔公司甚至把賦權實務與品牌策略及產品配方，並列為公司三大機密。九零年代以後，員工敬業開始興起，員工管理由評量工作滿意度，提升至對企業或組織的忠誠度與貢獻度，組織在相對上也對員工在「賦能」上增強了支持度。

有時，大老闆也不想成長，他累了。有個創業成功的高科技老闆，他終於脫離了那段困頓期，也有了不錯的報酬與業績，但不太想公司再成長，想維持幾百人公司現狀，像個大家庭和樂相處，他當個大家長。所以在股票面臨上市時，有了許多心理糾結，為什麼要把公司放在公開市場，任憑職業股東糟踏，聽許多無知股東的話？更重要的是，創業、立業、成業，那段甜酸苦辣總是一場美好的仗，他已經打過了，似乎是未來人生，夫復何求？他沒想到他底下那幾十個大將未來人生美好的仗可才正要開打，他們不會甘心未來公司不太會成長的。當然，市場競爭也不會放過一家不成長的公司的。

倒是，我們也有了一批人習慣了環境，是不思成長的，不想有新的學習的，他們安於現狀。但，這不是人性，他們只是上班一條蟲下班一條龍，或另有所圖，把學習放在別的領域了，想在其他地方發展成長，他們另場人生美好的仗正在別處開打吧。那麼，我們可以把這些人的發展與組織的發展做些引導，找出連結，作出交集，然後共抵於成，共享其成嗎？

我以前工作時，曾有約一年的工作之一是協助大中華地區的大老闆推動人才培育計劃，我需先協助這約二十個事業部的總經理們，整理出他們事業部未來三或五年的策略，然後再據此提出他們的人才發展規劃，最後，接受大中華地區大老闆的審查與協助或要求跨出事業部的人才需求。所以，人才的發展與組織的發展在當前與未來都要相配合的。優秀企業如此這般地實際運作著，組織學專家，如華頓商學院的彼得·卡佩利也著書詳論他在供應鏈管理上悟出的「設訂需求，管理供應」人才管理學。

或許，你又想到柯林斯（J. Collins），他說，卓越的第五級領導人卻是，先找到對的人上車，請不對的人下車，再把對的人放在對的位置上，最後，對的人會把車開向對的方向，開到更美好的目的地。很顯然，他談的對的人才是在發展策略之前，不是在策略之後。那麼對的人又有何標準？是在甚麼之後？標準應非特殊的專業領域，亦非個別的人格特質，應是我們前已論述的，企業文化層次上志（願景）同，道（價值觀）合，或者，至少是在下一階大策略上相符的人。如往下幾階，在找與現行組織系統或流程或技術相符的人？，很有可能是解決了現在卻限制了未來的發展與成長了。

中國人說：志不同，道不合，不相為謀。但在企業管理上，要請不對的人下車，華人還是感到情何以堪：王副總這幾年績效都很高，但真的是與我們「志」不同，「道」不合，真的要請他下車離開公司嗎？是的。世界上百年優秀企業真的是如此行，中國當代幾個優秀私企也在如此行，我們現在談的敬業管理也鼓勵如此行——由敬業的觀點來看，王副總可能不太會敬這家企業，他可能更敬他的專業；他如果是你的高階團隊成員，企業未來衍生的問題會很大。但，有些企業還是不管，因為反正企業的平均壽命也不是很長。還有，企業的「志」與「道」也一直不是很清楚、很認真，怎可據此選人或宰人？

在彼得．卡佩利的「設訂需求，管理供應」人才觀上，如果我們把這個需求定位在企業文化的志同道合上，那麼，「對的人」就可以一起來發展策略了，會讓策略及其執行更成功。如果，退一步定位在策略上，那麼是符合未來三五年策略發展而培育人才了。看起來，定位在策略上，比較不符合柯林斯的理念，但卻是較多國際公司的務實做法。畢竟第五級領導人還是太稀有了，依柯林斯的定義，連GE的前CEO傑克．威爾許也只是第四級領導人。

真正的人才不只是相配於企業策略，更相配於更高一層的企業文化。企業歷史一再顯示，不是志同道合的人才，終將為企業帶來厄運，這個厄運也許三、五載看不出來，時間夠長了，一定會發生，可惜許多企業活不了很麼長，惡果也終是看不到了。

越來越重要的是，培育與運用基層的工作人員，他們是直接生產公司最重要的產品或服務的，他們是直接面對客戶的，他們也是在評量公司員工敬業度時的最大族。

台灣的商業週刊曾經在2007年時，對台大、政大與交大的EMBA班企業領導人做過有關他們工作重點的調查，調查結果是，領導人最重視的管理項目依次是：業務管理、策略規劃、對外關係、人才培育及其他；重視百分比依序分別是74.3%、11.6%、6.4%、4.4%及3.3%。所以，人才培育只佔了4.4%，平均每週只佔去領導人約14%的時間。台大李吉仁教授受訪時因此稱：「台灣的管理者，不像專業經理人，而是超級業務員。」又說：「台灣的公司多是一人（老闆）公司，並沒有團隊可以去打仗。」

這個一人公司的「一人」很可能沒做過自我覺醒的功夫，沒對自己與公司的文化做過深刻思考或鮮明說明與認真實踐，他的高階團隊還是莫衷一是卻美其名為多元化地運作著。如果在培育人才與提供成長環境上的努力與時間空間俱不足，你就可以想到看到我們在敬業管理上尚待提升的廣大空間，尤其是在一般員工上。

2012年4月，台灣《管理》雜誌在新世代年青人的就業價值觀調查中發現，年青一代對他們雇主最最重視的前五項要件是：

1. 有機會展現才能（94.7%）。
2. 主管能重視我的存在價值（93.9%）。
3. 理想中的福利與獎金（93.2%）。
4. 主管能肯定我讚美我的努力（90.0%）。
5. 主管能關心我支援我（87.0%）。

原本公認為應該最受重視的「理想中的薪資」卻排不進前五名，遠落在後面（78.0%）。美國韜睿惠悅在一個全球性企業員工大調查中則發現：

- 有83%的員工說，他們在工作時，總是在尋求發展、新技能的機會。
- 有36%的員工覺得，在過去一年中，沒有提升技能與能力。
- 有48%的員工說，他們沒有獲得他們在工作上可以更有效能的有關訓練。
- 有64%員工相信，如果在訓練課程上相比，他們的公司只是在平均值上或者不及平均值。
- 在前程發展上，有72%的員工相信，其他公司做得比自己公司更好。

也難怪許多員工跳來跳去了，麥肯錫所做的經理人離職原因最多的是：激勵不足，未受肯定，缺乏良好升遷管道，主管領導方式不佳，缺乏回饋與建議，無成就感等，看來都是一些很「軟性」的因素。

其實，跳來跳去後，許多員工赫然發現其他公司也多沒做好員工學習與成長的規劃，這或許也就是為什麼全球員工敬業度總是無法提升的主因了。

學習與成長，是驅動員工敬業的關鍵要素之一；在許多國家的企業裡，還成了第一要素。大部份人，天生都有傾向，要挑戰工作，成功生活，有些人在他們的專業上受到刺激與鼓舞後，還會終身投入，不可自拔。21世紀的員工不只自己要追求興趣與成長，也在追求工作上的安全性，乃至也被迫要在工作生涯裡不斷展現出「可雇用性」（employability），尤其是在工作生涯的後期裡。人們知道要不斷學習與成長，才能保持自己在就業市場上的「可銷售性」（marketability）。與20世紀很不同的是，員工同時還要具備國際化與地方性企業的眼光，同時要有右腦式與左腦式的思考方法，同時要能展示技術上與管理上的技能。

在學習與成長路上，企業單方已無法提供員工盡情發揮、盡情學習的機會，有效的學習與成長必須更建立在組織與員工兩方共同的需求之上，還要能為雙方都創造出合理而且可計算出的投資報酬來。所以，企業方的人才發展策略總得率先提出：「確定需求，管理供應」宛如供應鏈管理一樣，雖然需求預測可能不夠精準。員工知所趨、所避後，企業輔導成功而雙贏的機會才更大了。

企業經理人如何在百忙中抓住時間與機會培養人才？同時，員工如何為他們自己的學習與成長主動負起責任？在這種互動討論或成長規劃中，至少有三個關鍵性的努力與領域，如圖2-9所示。

圖 2-9　成長規劃中的三種關鍵影響力

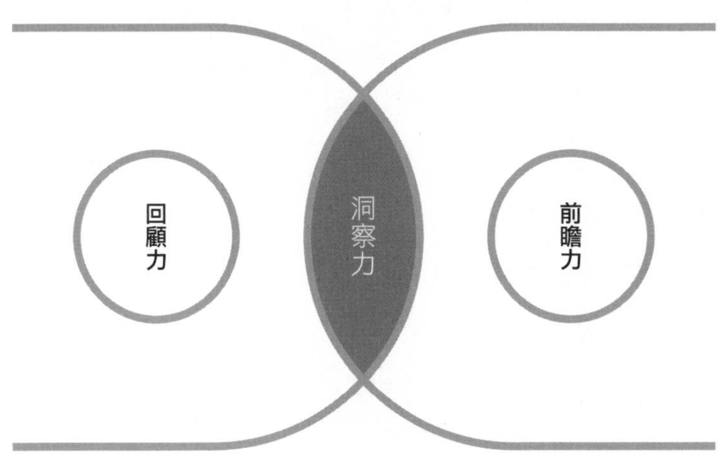

在「回顧力」裡，員工應該回頭省察自己的過往經歷：喜愛的、擅長的，也探索內心深處：天賦的、個人價值觀取向的。在這兩塊領域裡，自我覺醒是個關鍵，有同事的回饋則更彌足珍惜，有主管的討論就更有效益了。

在「前瞻力」裡，員工往自己前程看，也往組織未來看，要看到組織更大的發展圖，也要看到外面更廣的商業環境，沒有人想練就一身高強「屠龍術」，卻發現未來世界裡，沒「龍」可屠。前瞻力，很重要，要練習。

在「洞察力」裡，我們很高興地看到了前瞻力與回顧力兩力收斂後的交集區，這個區，宛如高爾夫揮桿時擊中的那個「甜蜜點」，這個點也進而成為經理與員工兩方的共同需求交集與共同計劃發展區。

綜合來說，在回顧力裡，員工們要能很清楚地看到自己的：

- 擅長技能與天賦能力。
- 繼續保持投入的興趣。
- 最重要的人生價值觀。
- 很想避開，很沒興趣的事。
- 更想做的事。
- 掙扎不已的弱處。

面對這些省察，員工不只要有自知之明，還要能在過去工作績效與成果上得到印證。這些回顧力可以幫助未來前瞻時看得更清楚，在華人員工眼裡，最重視的總是工作技能，常忽略的是天賦與價值觀，很模稜兩可的是個人的喜怒好惡，經常不當放大的是自己的弱處，對於強處總是吝於全力發揮。

這些內心世界與過往情事，回顧越清楚時，對於前瞻未來或衝刺未來越有幫助，自我的認知與覺醒將宛如一座資訊寶庫，讓你胸有成竹地迎向未來專業生涯的滿意度乃至高敬業度，不會在艱苦抵達「彼岸」後，才發現那並不是自己想要的。

在前瞻力裡，幫助員工看清更多的趨勢，例如：外在的挑戰與變化，像是PEST或TEMPLE。PEST是政治、經濟，社會與技術的英文字頭縮寫，TEMPLE則又加了其他因素如法律等的外在因子，與公司有關係的，與員工發展也有關係的：

- 內在的挑戰與變化：例如客戶需求的變化。
- 新供應商關係，產品利潤的變化與應變；公司的策略。
- 不斷提醒公司文化中的願景、使命與價值觀是要與員工個人連結的；公司的長中短期策略與目標，也是要與員工連結的。

經理人如能與員工定期、不定期，正式、非正式談論，會有很大連結效果的。

當前瞻力與回顧力形成交集後，就有了深邃的洞察力，在洞察力裡，你會有許多洞見，例如：

- 可能需要一種新的技能，以解決公司所面臨的新問題。
- 興趣與專長可以延伸，用以支持公司的新事業方向。
- 長期大目標與中短期專案是可以連結的。
- 願意為一個中期專案負起當責。

- 生涯規劃不一定像爬直梯，更像攀岩：有上，有下，還有橫移。
- 立志不一定要直指老闆的職位，而是挑戰專業。
- 從生產調銷售、調客服，有何不可！
- 有時為了上達最後目標，必須先下調位置。
- 新式升官圖是指升到自己定義的成功路的里程碑上。
- 個人的成長，很多是就發生在當下的位置上。
- 對組織的認識越多，是自己的一種資產。
- 換個跑道，換個視野，再換回來，跑得更穩更順。
- 有時，最聰明、最快速的向前行是，刻意地、策略性地後退一步。
- 做中學，學中做是培養人才的有效率也有效果的方法，組織與個人可同蒙其利。
- 資源有限，讓我們更務實些，讓員工現做的，現學的，可以直接貢獻在組織的大小圖裡。
- 在洞察力的甜蜜點或交集區裡，有員工發展最有力最有利的各種良機。
- 更好的成長方式是，讓員工的成長連結上不斷演化的工作環境，經理人要做的，是即時的、現場的、小量的、反應環境的、奈米級的、接觸點式的教練型輔導。

- 再記一次：協助員工成長，是經理人極端重要的管理責任；回報的是，經理人也會因此而成長。
- 在今日工作環境裡，員工才是自己事業發展的真正擁有者，但經理人可以幫助聚焦、聚能、活化、導向更滿意、更敬業的結果。經理要與員工多多對談，刻意互動。
- 幫忙員工更進一步認識他們自己，「真正的關心」已漸成職場稀有財，把回顧力轉成一面鏡子，與員工一起多看看，多談談。
- 在回顧鏡裡得到的，必須要經過前瞻鏡的過濾，強調對未來的聚焦才有建設性。
- 在前瞻區與回顧區交集的洞察區裡，挖到真寶藏。
- 在日常工作流程中注入員工發展的交談，不須等到年底或特別會議；讓員工隨著現有工作而成長從小事小處開始啟動槓桿效應。當員工成長，經理也會成長。
- 經理人提升員工敬業並交出成果的一支最有力量卻最少應用的槓桿就是，協助員工的學習與成長。

手把青秧插滿田，低頭便見水中天；

六根清淨方為道，退步原來是向前。

——佛家偈語

如果我們再深一層來分析，一個人到底怎樣更能學習並發展成功的？美國GE公司GE大學的創立者，諾爾．提區，說：真正領導力的成功培養，有80%是歸功於工作與生活中的實際歷練，只有20%是歸功於正式訓練。提區博士自己是密西根大學的領導力教授，講這種話令人震驚，會不會有人從此不去受那20%的正式訓練了？當然不會，過去10年來，美國每年平均約花費600億美元在訓練費用上。

真正的領導力訓練，當然要重視那80%的領域了，領導力無法在真空中發展，它要有個舞台來演練展示，舞台上的表演有好有壞，有成有敗，都是真實的，我們也發現領導力總是經過磨練後才在事業的較後期成熟展現的，它不像管理力，在事業的中期就可展現無餘；也不像技術力，在事業的初期就可能爆發出無比威力。

對一般員工呢？又是一個怎樣的學習與成長模式？以下圖2-10做個說明：

在員工的培訓與發展努力上，佔最大宗的70%是實際工作，指的是指派的工作、特別專案、小組任務、授權的工作，以及在一些未測試的領域裡工作。在這些實際舞台上，煎熬並交出成果後，員工才有真正的成長，這樣成長後的領導人不一定是名校畢業或更高學位的。美國許多大企業裡，

圖 2-10　員工學習與成長的模式

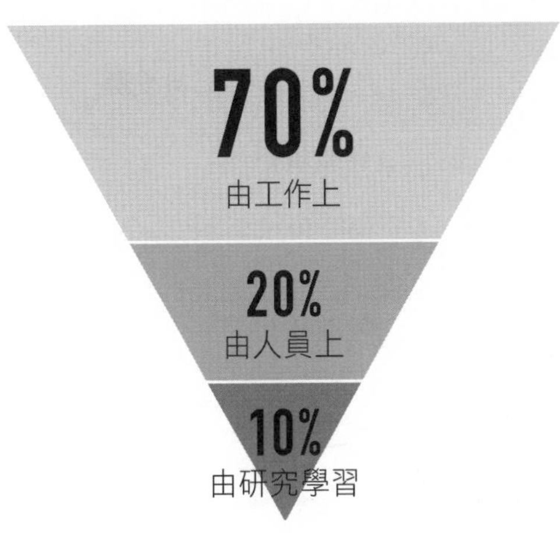

功成名就的經理人，常是來自中西部一般大學；在台灣也常是一般大專生，甚至也沒留洋喝過墨水的，他們靠的是工作上的不斷實習與實力展現。「交出成果」(Get Results) 是硬功夫，也掃除了許多不必要的辦公室政治；「交出成果」也成為許多公司在「領導力行為」調查中，很重要的一項。

在20%比例的部份，是指透過人的互助而發展完成的，例如反饋、教練、導師制度、同事間的相互砥礪與學習，與角色模範的學習等。只有10%是來自研習與各種培訓課程，訓練如果不加上追蹤，效果是很有限的，如下圖2-11所示。

圖 2-11　有教練下的訓練效果

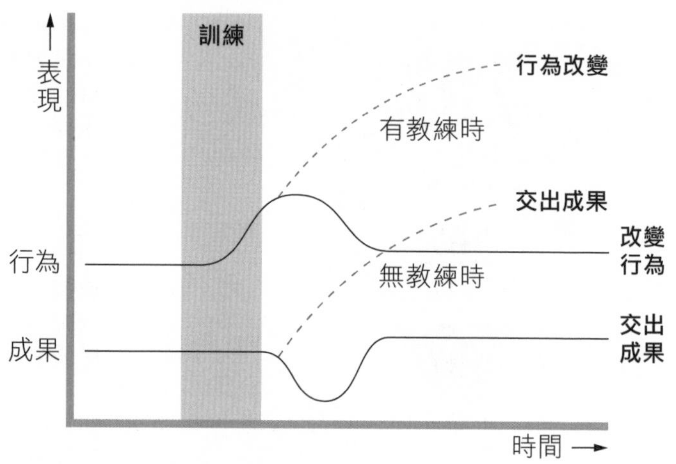

資料來源：T.G.Crane,"The Heart of Coaching"

上圖中以「交出成果」及「行為改變」兩項重要訓練成果來做檢驗。以「行為改變」來看，在訓練過程中，很快有了共識並達到高點，在訓練教室裡，大家熱情無比，回到工作後，短期可能再升高峰，但很快地，熱情與行動就消退了。完全消退後，行為改進還是比訓練前只更好了一些些。如果訓練後將所學技能即用於工作上，或有教練協助，更能交出成果的。但因技能改變，訓練後的初期還得忍受轉型期的困擾與不安，效果會有下降，更後期才得以提升。饒是如此，許多外商在訓練上，還是很重視，還是樂此不疲。國內廠商就很少訓練了——我們的當責訓練課程常讓兩岸許多客戶驚呼：「這是我們第一次這麼正式的訓練，第一次這麼有效力的訓練！」其實，要真正有效力，還要在那個倒三角形裡更往上爬。例如，訓練後要有追蹤，要有教練，還要即用在指派的任務上，在戰場上克敵致勝，交出工作成果後，真正的新工具與新行為效果才能展現出來，如圖2-11虛線部份所示。

員工是怎麼發展成功的？美國素享盛名的領導力研究中心CCL（創意領導力中心）的一個實例來說明，如圖2-12。

這個圖是訪查過許多已成功發展完成的領導人的回想結果而做成的，一個人在成功發展中，受益最大的區塊是在新工作上。這些新工作包括如新職位橫向平調、輪調，乃至於跨區域調動，此時人們從舒適區走出來，走入不熟悉的領域裡，學習與成長機會最大，在成長總比率中佔有32%，第二大區塊是佔了25%的「原位成長」，讓很多經理人看到這裡會鬆了一口氣，原來，不升不調也能有大發展。這是指，員工在原位上依據他們的專長、強處、弱項，或未來發展而給予的特定指派任務，例如要他接下一個重要的跨部門團隊的領導任務，或一個在公司外部的協調工作，甚至於一個研發專員接下了一個與研發無關的公司大型活動——為的是要訓練他跨部門協調的能力。CCL還曾針對員工加強強項或改進弱項分別建議了數百項的「原位成長」專題規劃。

上兩項加總已近60%了，工作夥伴間的相互砥礪，切磋，學習也佔了另外高達17%的比例，這也說明了為什麼員工裡，有才華的人總想與有才華的在一起，相互吸引挑戰工作，像物以類聚，這樣的團隊工作起來也更有成績。甚至於在公司外訓時，其他受訓人員的水準也會影響到你這次的受訓成績。

圖 2-12　員工發展與成長方式

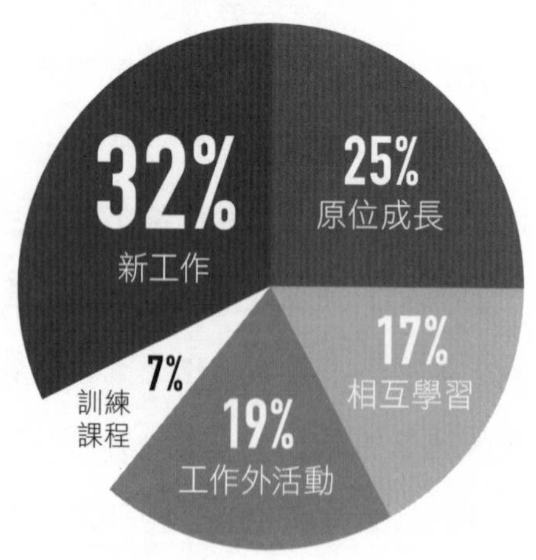

資料來源：CCL

公司工作以外的活動，效果意外地高達19%，這些有益活動包括如，在社區裡、在社團裡、在教會裡、在佛堂裡，乃至在自己的登山活動裡，都有好多的成長學習。據報導，有許多人的工作突破是在這裡發生的，這也是華人在學習與成長上較少開發的一環。

剩下來很慘烈的是，訓練課程的7%，這個數字卻與前述的圖2-9相似，似乎還相互印證。其實也讓人懍然心驚的是，回想一下，你在大學或研究所學的又有多少百分比用於現在的工作上？我們一路走來，是上了大學，唸過研究所，接受了許多的職業訓練，效果有多大？但，別忘了，圖2-10中，研習後如還有實習再加上實作，還要交出成果，這種訓練就很有價值了。

我們談了許多學習與成長，或發展，到底「發展」（development）是什麼樣的特別意義？實言之，「發展」是：

- 提升在獨立性（independence）與互信互賴性（interdependence）上的成熟度。
- 提升在專業上的精通度與優勢。
- 提升知識與視野的廣度、遠度與洞察力。
- 創造出一些東西來！

- 提升影響力與關係網絡的範圍。
- 提升並達成更大的貢獻能力與貢獻度。
- 達成個人的成長。

所以，發展是一種價值的提升，總是對自己、對別人、對公司更進一步地提升附加價值的。在發展的過程中，就會有許多的挑戰，你喜歡挑戰嗎？發展路上的這些挑戰一點也不羅曼帝克，還真艱辛異常。CCL曾為挑戰做出「定量」的描述，亦即，在下述十項因素中，一項工作如果含有五項以上因素時，那麼這項工作算是真挑戰了：

1. 成與敗，皆可能；是成是敗，眾人矚目。
2. 要有當責，需高度自主自發，發揮領導力。
3. 工作對象包括有許多人，與許多新人。
4. 需與極為優秀或差勁的老闆互動。
5. 在缺乏權限與控制力下，發揮影響力完成任務。
6. 某些重要的成功要件付諸闕如。
7. 受到緊密監督，監督者具有高度影響力。
8. 在模糊領域中，執行具有策略性的重要任務。
9. 個人有時間上、範疇上、差旅上的額外壓力。
10. 需組織團隊以拯救危機，或從頭做起。

看來，我們在職場上常遭遇的挑戰常是不足五項，所以也還不算挑戰很高了，至少不應再隨便抱怨了。

麥肯錫顧問公司曾經選出員工在發展上的14項驅動因子並針對這些因子對個人的重要性與公司的執行好壞做了大調查，結果如圖2-13所示。

圖 2-13　驅動員工發展的14個因子

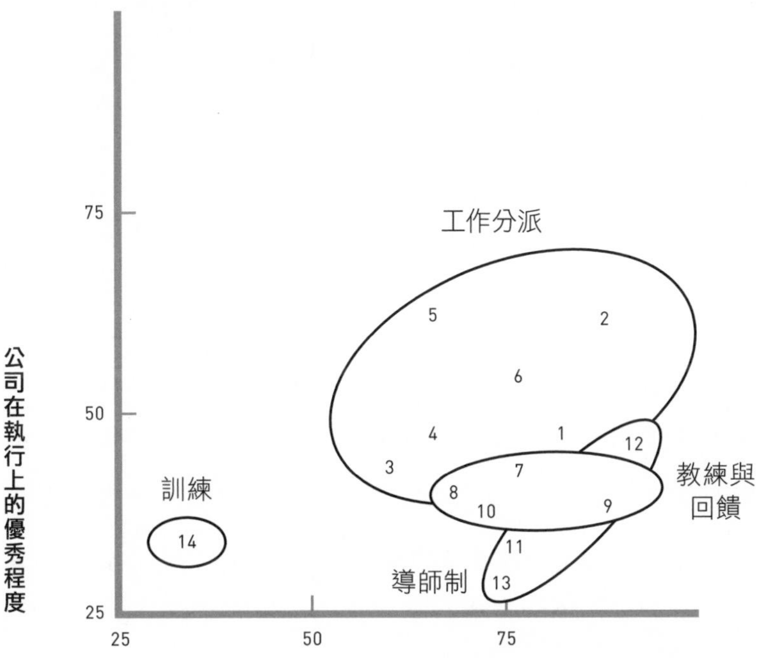

資料來源：麥肯錫顧問公司

第四樑：互敬與肯定的環境

2000年代稍早期，美國管理學會（AMA）曾經對自己學會裡三千家優秀大中小企業做了調查，要查出他們企業文化中最常用的「核心價值觀」是什麼？

最後整理出來，常用的前20個核心價值觀中，最常用的前五名說明如下：

		應用狀況	
核心價值觀	應用的公司數	口號/幾乎沒用	幾乎全時在用
1. 客戶滿意	77%	2%	76%
2. 誠信正直/倫理	76%	5%	72%
3. 當責	61%	2%	61%
4. 尊重他人	59%	3%	60%
5. 公開溝通	51%	6%	44%

這前五名中，「尊重他人」高居第四，共有約59%的企業採用為核心價值觀，採用後有沒有具體運用呢？也有實際調查，有3%企業的員工認為那只是口號，公司其實並未落實；但卻有60%的員工認為公司是真的幾乎全時在運用著。也就是說，在學會裡，有59%的企業把「尊重他人」列為企業核心價值觀後，確實落實在公司的各項活動裡，所以該企業裡平均有59%的員工認為，已形成企業文化，「尊

重他人」的價值觀每天都在影響著員工的行動、行為、態度與思考。

「尊重他人」作為企業的核心價值觀，有很多著例，如：

- 是惠普風範中，五大核心價值觀之一，開宗明義第一條就是：信任並尊重他人。這個價值觀曾經發揮到極致，又在最近的惠普迷航中備受爭議，現任CEO正設法回到價值觀經營的大道上。管理界常稱真正的惠普之道已不在惠普，而是在惠普1999年分出來的小公司安捷倫。安捷倫在實踐原有的惠普之道上，又加上了「當責」成為新價值觀。
- 2000年初期，瀕死的IBM被葛斯納救活後，在一次大規模的企業文化網上討論後，IBM決定從核心價值觀中，拿走了尊重，葛斯納還特別說明是因為尊重已進入IBM人的DNA中，不需額外再強調。而實際上，在公司內部裡，許多IBM人也覺得以前一直太過相互尊重，也時而引發決策太慢，權責不清之議之譏。公司外部呢？有人誤以為尊重不再被重視了。原來就不尊重別人的華人更覺得不必尊重了。
- 至今已活了212年的杜邦公司，過去百餘年來，不變的三大核心價值觀之一也有：尊重他人。最近幾年來，這項核心價值觀更形重視，全世界各地的杜邦人從種族歧視，到打架滋事，到辦公室性騷擾等不尊重事件都會被懲處或開除。在原本就明鏡高懸的誠信與安全「天條」之外，又加強這第三條，這三項核心價值觀大約要陪公司進入第三百年了。

洋人公司總在制度與制度之間更迭轉型，時快時慢，或強或弱，有時會回用老制，但，總是有脈絡可尋；有些華人企業看到別人變來變去，自己也就變來變去，卻毫無章法，沒了邏輯，或懶得變了。龍應台在她的《百年思索》書裡說到，小說家波赫士挖苦中國人是一個沒有邏輯思維的民族，他說，在一部中國百科全書裡，中國人把「動物」分成這樣12大類：

1. 屬於天子的。
2. 經過防腐處理的。
3. 已被馴服的。
4. 乳豬。
5. 會尖叫的。
6. 寓言上的。
7. 無主的狗。

8. 屬於此類的。
9. 用駱駝細毛畫出的。
10. 以此類推的。
11. 打翻水瓶的。
12. 遠觀似蒼蠅的。

這個挖苦真夠了；有者改之，無則加勉。氣極了，邏輯更容易亂掉的。

在華人企業裡，要「尊重他人」也確實是個挑戰，也許是幾千年來，君君、臣臣、父父、子子間長期壓抑的長幼有序，尊卑有別，以及三教九流形成的階級鴻溝，也許是幾千年來輕商、賤商的結果，沒能建立一些適宜的商業模式。我們在華人企業裡，很少見到有尊重他人的價值觀，並且認真實踐的。

現代敬業的最大訴求應是，邀請員工能敬重、尊敬這個公司，這家企業；比較不偏向敬重一份會跳來跳去的專業。所以，在成功的敬業管理之後，員工更認同這家公司，他們會隨著這家公司的發展而發展，甚至轉變自己的專業也在所不惜。比較不偏向員工是要堅持自己的專業，而在同業各公司之間跳來跳去，甚至逼自己創業也在所不惜。其實，這個非常「專業」的人，未來創業成功後在經營管理他自己的企業時，還是要回到敬業管理的主流上。至於那些跳來跳去的，終是會停止跳動，回到敬業的本題，否則仍是一個有志難伸，書空咄咄的不幸職業人生了。

所以，在敬業的環境裡，不只是敬業，一定還有敬人——尊敬別人，終至互敬。

他們只是我的雇員，值得我的尊敬嗎？想想看這個實例，很不平的王經理私下忿忿地說：「李副總有什麼了不起，他還不是一樣是被人雇來的！」那麼，真正雇人的「雇主」（Employer）就應該是了不起了吧？你看到多少員工在掛冠離去時，對他是棄如敝屣的？或者疑惑留下，卻從此陽奉陰違、官僚辦事的？他們可又比怠工廝混、渾渾噩噩的員工又好了一層呢。

彼德．杜拉克這樣的管理大師，也一再呼籲雇主們，要把雇員（Employee，亦即員工）當做「人」（PEOPLE）來看待。把雇員當人來看待，是一種進步，這個人已經不再是機器的一部份，或只是生財工具之一，這個人也脫離了毫無人權的奴隸身分。可惜，在現代企業裡，這個人常常還只是個未成年人，似乎還永遠長不大的。職場上還是一片君臣式、大家長式，或父權式（我個人特別討厭這詞，因為，我每一次寫稿打字「賦權」時，電腦一定會跳出來「父權」)。父母總是無法忘記兒子在一路成長路上所闖的禍，於是，兒子縱然商學院畢業了，年高四、五十了，父親仍舊很難放手放權放心去信任。同樣地，長官也一直記得員工初入職場以來一直闖出的大小禍，也難以賦權，甚至難以尊敬，更吝於給出一個應有的「容錯」空間——這可是創新的要素之一；要創新，不容錯，這可是違背常識與定義的。

所以，把員工當成「人」後，下一個重要提升是把他當成「成人」，一個可以獨立作業的成人。然後，這個「成人」也許還可以再培養成「領導人」——甚至比自己優秀的領導人。管理學家說，領導人不是培養追隨者，真正的領導人要培養領導人。有一位領導人回憶說，他以前一直在接受命令，現在是一直在下達命令，中間好像沒了說服、影響，或領導的過程？但，好險的是，沒有媳婦一朝熬成婆後的惡形惡狀。

所以，在「尊重別人」的現代敬業文化裡，我們學會了：

- 尊重長官：這點比較容易些，反正大小老闆們創業有成，或家傳有成，或經營有成，都值得尊重；但也請老闆們多些自我覺醒，有更多被尊重的因子。

- 尊重同事：這點沒什麼大礙，眼光看遠些，這些目前暫時無關或平行的同事們，以後很可能在協同作業時，在跨部門團隊裡，在矩陣作業中的好夥伴，現在正好累積人脈，沒利害關係時，更好建立關係。
- 尊重部屬：挑戰開始，下屬是聽候命令的，何時要轉成被尊重的？但，部屬在執行時要有執行力與創意，記得嗎？「做事」與「好好做事」及「全心全力還多走一哩路」三者間，有很大距離。何況敬人者，人恆敬之，敬部屬更大方。
- 尊重自己：好好自我瞭解，自我覺醒，然後才能更尊重自己，自己的願景、使命、價值觀，守住它們；面對長官時，乃至面對敵人時都能挺住。記得二戰時，在泰國建桂河大橋的被俘英國軍官嗎？他在日本軍官前也挺住了。
- 尊重客戶：所以，你會謙虛的探索客戶的真正需求、潛在需求，不會狂妄地批評客戶——要好好教育客戶，要創造需求。你相信嗎？大部份的創新，都是在與客戶緊密互動後得到的，不是在偉大的實驗室中獨創的。
- 尊重環境；所以，不在環境裡留下危害的足跡，與地球共存共榮。也尊重社區，所以有通報，有合作，有共生；尊重利害關係人，所以成敗共享，互利互生。在許多敬業度調研裡，我們發現，企業要能尊重環境，才更能贏得新一代年輕人的尊敬。

在現代敬業文化裡，通常因為尊重別人，也開始尊重不同的觀點與經驗，同時又發現，尊重不是基於同情心、憐憫心，而是基於同理心，每一個人都是一個不可侵犯的個體（individual）。在習慣於集體主義的東方世界裡，我們也許要練習一下，不要任意地拿「犧牲小我，完成大我」來打壓個人。

對個人的尊重，是現代服務文化的泉源；有人觀察蘋果賈伯斯的思想與行徑，認為他正是個人主義最極端化的表現。現代敬業文化裡的尊重，常代表著如仔細聆聽不同意見、視不同意見為機會、承認別人貢獻，乃至重視員工成長。所以，尊重常常直接連向尊嚴、忠實、投資、啟發，因此又回頭啟發了敬業。

更重要的是，尊敬會引發互敬。一個互敬的環境會建立更強的現代敬業文化，員工更願意工作，更願意完成更好的工作，甚至發願多走了一哩路去完成它，毫無怨言。如果，尊重別人是公司的核心價值觀，那麼這種互敬的敬業環境是更長遠，更可靠，更令人有信心的，員工更願意連結。

你知道嗎？在全世界的企業裡，員工離職的最大原因是，與直接長官不合、不爽。細究因由，總是長官不尊重他，甚至詆毀乃至漫罵他。瑞士、德國與美國的許多研究都指出，長官漫罵員工後，員工會隨後在自己家裡造成配偶與兒女的痛苦不安，因此而引發心臟病及其他疾病的比率大增，造成「員工福祉」上的大傷害。員工福祉，正是敬業公司要達成的另一個重要因素與標的。

人類都渴望被尊重、被肯定，卻每每不可得。員工被尊重、被肯定後，會更敬業，更愛這個工作環境，更愛這家企業的未來，更常常在權宜之間，犧牲自己時間與精力也在所不惜，可惜，人們還是吝於尊重與肯定。

跟你分享一個我親身經歷的故事。

我曾在台灣一家中型電子公司辦了許多次「當責式管理」研討會，會後繼續當顧問，推動企業內的當責活動。第一個案就是在一個事業部層級的中程策略與年度計劃中找出一個重大案，找到合適「當責者」，推動跨部門當責專案，然後協助「當責者」成功。在一次與事業部總經理及幾位高管的討論中，各案雜然並陳，眾領導莫衷一是。於是，我協助他們用三大重要因子在九大區塊中，有系統地分出優先次序，總經理大喜也驚奇：一個外來顧問，在這麼短的時間內，釐清這許多困擾問題。他在廠裡公開評論：這顧問真好，他了解我們的問題。更驚奇的是總經理的助理，她隔了一禮拜後跟我說：「總經理讚美你，是很難得的。就我所知，他從來沒有讚美過別人，部屬只要不被罵，就算是一種讚美了。」

無獨有偶，我在商周上看到何飛鵬轉述的故事。台積電董事長張忠謀是個超嚴厲的人，有一次一位高管要離職向他辭行時，問他是否肯定自己的表現。張忠謀回答：「我很肯定你啊！」原來，張忠謀這位大老闆從未正面對他的工作做過肯定。張忠謀說：「我也沒有罵過你啊，沒罵你就是最大的肯定。」

我在杜邦工作時，曾與幾十人一起在美國工廠長期受訓，在一次東西文化磨合會議中，一位台灣同胞提出一個問題：「請老美們在評論工作時，不要老說Excellent！（太優秀了！優秀極了！）要是真的Excellent時，才說Excellent！不然容易引起誤會。」老美長官聽完後，脫口而出：「Excellent！」，眾人笑成一團。

這也許是些過與不及的例子。有一份最近的調研指出，全球領導人中約有74%仍然是不給員工在工作上的肯定，原因很多，例如，他們認為：

- 真正夠專業的員工，不需你的額外肯定，他們自我內心激勵，全力向前；績效弱者才需要用肯定鼓勵。但，硬道理卻是：如果你不肯定員工的特有貢獻，你終將傷害了員工的忠誠度與持續的奉獻力。
- 他們只是做好應該做的事，何需再肯定？其實，肯定是給員工額外一份推力，讓員工可以再做好一點點，優秀經理人經常會發掘員工做好該做的事背後的額外努力，給予肯定後，員工更敬業了。
- 肯定一位員工，會引起其他員工的嫉妒？其實這是典型老梗，如果獎勵不公，一年才一次，那可能會；如果機會均等，標準指向績效目標與核心價值觀，經常的公開性肯定，只會把每人的水平越拉越高。
- 太多肯定會喪失原來好意？想想看，在球場比賽上，你是最後一次總鼓掌，還是球員有佳績時，立即且不斷地鼓掌？人生經常是感謝他人總不足，職場上也如此，肯定絕不喪失好意，而且越新鮮越美好。
- 「我會在加薪時一併考慮。」這是懶經理的老遁詞，他會忘記的，或屆時又有許多顧慮。更重要的是，肯定與薪酬不同，獎金與加薪是很重要，但敬業的員工更需要隨時適時的工作肯定，那是個人化的感激與欣賞。

- 我比較想肯定員工的最後績效，不想肯定中間過程的行為表現。但，請考慮，絕大部份的員工每日孜孜矻矻在奔往組織成功與個人績效的半路上，中途有了典範行為，或剛剛通過了里程碑，你如不肯定時，很難驅動持續性卓越績效的。
- 「她已經得過太多的肯定了…」或許是，也是因為她工作本身的高曝光性，加上她不斷的優秀表現。但，因此停止去肯定她嗎？錯了！高績效者喜歡被不斷肯定，宛如海綿吸水。停止肯定，就是想停止她做高價值的事。
- 「我不想肯定他這裡的好績效，因為他在其他地方表現很糟。」老闆！請你勇敢地站直，分開優秀的與不足的，獎勵、欣賞部屬優秀的表現，引導、教練他不足的地方，容忍他無關績效的缺點，賞罰分別清楚也可以用在同一人身上。
- 忙碌的經理們，沒時間搞肯定。經理人確實常在救火，但，經理人管事也管人。只要你同意：肯定員工表現是重要的。那麼，你一定有時間，許多優秀經理的經驗是，每週一或兩小時就夠了，這可是5%不到的時間！

A. Gostick與C. Elton有一份全球調研指出：

- 大約有32%的經理們，根本就不相信肯定員工是有用的，他們認為那是浪費時間。
- 大約有22%的經理們，可接受，但仍是抗拒不做，因為他們有過度分析的本性，會耽心衍生不公平、嫉妒等等的事。
- 大約有20%的經理們，他們的內心是傾向於：肯定是有用的，但他們害怕這些作法無法得到上層領導人的許可。
- 大約只有26%的經理們，他們堅信肯定的有用性，而且採取行動，即時在做，他們還不管有沒有得到公司的許可呢！

這份總報告透露出極明顯的信息，不斷地、適時的肯定，讓他們的團隊達成更高的：員工敬業度、生產力、留職率

在馬斯洛的人類五大需求階梯中，「肯定」是人類通往最高階的「自我實現」的前一階，也是經常被遺忘的一階，我們需要肯定來對成就做出必要的確認。畢竟，肯定也是一個證據，証明我們的成就不是僅僅存在自己的腦裡，而且是被同事們，被直接長官們認同並尊重的。

對有承諾與績效的員工，做出肯定，你將持續地創造出卓越成果。

一個能適時伺機肯定個別員工行為與績效的領導人，將提起員工更大的敬業度，並通向自我實現的最高階，終而形成一個公司與個人互利的成功。

我曾經遇過一位直接長官，他跟我說，管理很簡單，不用練習也不用看書。管理，就是胡蘿蔔與大棒子，做成了給胡蘿蔔當獎勵，失敗了拿出大棒子施懲罰。後來我發現，還真有效，但效用有範圍，這種動物式管理只適用於馬斯洛五層人類需求的最低一至兩層上，其上各層，有更多的感情管理。其中，肯定是個重要工具，在這些地方，只有胡蘿蔔有用，有些胡蘿蔔還不是具體地在外面，而是在員工心裡深處。

如果進一步做個分析也做個總結，在肯定員工上，是肯定什麼？如何肯定？如何形成一個健康的肯定文化？下面三種方式會對你有幫助：

一、日常工作上的肯定

蓋洛普甚至有研究報告指出，員工如果要感到被重視並進而展現出對工作與工作場所的承諾，那麼每隔七天，他們應該得到某種型式的肯定。型式例如：真誠地拍拍背給一句勉勵，手寫一張感謝短箋，一起來個團隊午餐，給張比較正式的感謝狀，送一張感謝e卡片，在公開會議前講幾句話；這些日常工作上的肯定，不怕多，但一定要特別有所旨，而且要適時，對象可能如：多加一份的努力，很高明的建議，處理完一個難纏的客訴案等等

二、超越標準時的肯定

韜睿惠悅公司的一份全球人力調查報告透露，全球員工有高達約86%的人，不願意為他們的雇主額外多走一哩路，總是說公事公辦，或依法辦理。那麼，你的部屬如果屬於另外的14%，達成顯著成就時，絕對值得收受一個正式的報酬，得到一個正式的績效獎。給獎的範圍如，為團隊或公司目標達成的具體貢獻，對公司核心價值觀的卓越作為，一個有效節能計畫的提出、執行與具體成效，一個大膽銷售計劃的部份完成或總體完成，等等。

有一家美國公司還因此推出一種「寶石獎」（GEM，Going the Extra Mile）意簡言賅，一言中的。這個正式的獎在給出時，要注意的是，首先要能連結上公司的績效目標或核心價值觀，然後，考慮受獎人的貢獻程度與個人興趣，讓

獎勵造成更大衝擊，最後，在頒獎時也要考慮儘量個人化或公開的場合。

三、特別事件的肯定

範圍更廣，但現代忙碌的主管們，總是忘了這個可揮灑的空間，可讓員工敬業度更往上提升一個層次。更因為特別事件持續出現，也讓員工敬業歷久不墜，公司裡的這些特別事件如：

- 一個關鍵性專案的成功完成。
- 工廠或銷售團隊達成了一個新記錄。
- 辦完一個成功的新產品發表會。
- 公司成立週年。
- 公司銷售額創了新紀錄。
- 年終尾牙或春酒。
- 員工服務累計年資的服務獎。
- 員工生日與退休紀念會等。

這些特殊事件，給了經理人一個很好的空間，去獎勵、欣賞、慶祝。這種肯定也成了肯定大圖中，一組關鍵模塊。在整個敬業管理上，更是連結員工重要的一環。

簡單來說，員工敬業指的是，員工對一家公司的工作本身與工作環境，產生了喜愛，由喜愛而進一步尊重、敬重，甚至到了尊敬的程度了。他們了解了公司的願景、使命、價值觀及策略，乃至年度、季度目標及與個人目標都有了連結，甚至連結到日常的工作上，他們：

- 願意跟著公司走向未來，也很有信心。
- 總是在進步，總是有進度。
- 一路被肯定，被信任，被公司或團隊需要著，有重要人物的感覺，不只是一個重要螺絲釘。
- 真的有貢獻、有成就，總是隔了幾天或幾週，就會被肯定一次。

有了敬業的公司大環境——如第2.1節三脈基礎大山中所述，也有了團隊工作小環境——如2.3節五樑殿堂所述，又有了工作能力上的有力支持——如第二篇中將敘述的，我們就自然走上現代敬業大道了。

第五樑：成果的評量與獎懲

我們知道，現代敬業也有個簡單定義就是：敬業＝滿意＋貢獻。滿意是指員工對工作與工作環境感到滿意，願意繼績效力。現代敬業管理認為員工滿意是不夠的，員工滿意後在工作上必須還要對公司有所貢獻，貢獻在團隊與組織的目標上，要完成任務，交出成果的，我們希望滿意度與貢獻值都達到最大。

敬業的評量，我們常見的有兩種。第一種評量是360度回饋，這種評量可針對員工個人，經理個人，甚至CEO本人，評量項目可能特別針對敬業行為而設計。評量後可以有許多發現，如：當事者是否在傾聽、是否清楚溝通、公平相待，乃至目標有與組織策略連線嗎？甚至與願景連線嗎？

第二種評量，我們就是用員工敬業度調查，可進一步確定哪個團隊或部門更為敬業。我們評量敬業行為以及最後的成果，並與獎懲相連。下述是用一組四階段流程來獎懲敬業成果與敬業行為，亦即：

- 清楚的連結。
- 評量並改進。
- 財務性與非財務性獎勵。
- 績效管理。

2.3.1 清楚的連結

員工需要有目標，目標要與策略連結，當你不知道要往何處走的時候，那麼哪條路都可以，所以有許多主管與部屬常在盲動或遲疑不動，或繞行而動，或一步一步地動，走一步算一步，一道命令，一個行動，如果起點終點與可能路徑與邊界條件都清楚了，那麼團隊與組織的能量就開始聚集，行動也會加速。

敬業的員工是連結的員工。為了達成成果，在過程上也需要應用某些敬業行為，因此在敬業管理上，我們同時需要這兩項：績效目標與行為目標。兩者也緊密互動，因此：

- 你已經有了一個策略，含有：現狀、目標、路徑、邊界條件。
- 你已經訂出了可以幫助達成策略的某些行為。
- 你要評量並獎勵這些行為。

2.3.2 評量與改進

執行策略所必備的行為既已訂定出來了，而且是經過公開討論才訂定的，就不應該只是訂在會議室牆上。大家竟日忙忙碌碌，總是又回到我行我素，上位者說好要賦權的，一下又回到事必躬親的微管理，下位者又回到唯唯諾諾，庸庸碌碌了。

關鍵性的行為一定要評量。評量員工們的態度與行為，還有個心理學效應，認真評量代表著對敬業行為認真以待。做評量時，可以是線上的或紙上的，自己做或第三方做，用公用題目或自己設計特定的敬業行為，調查結果有與外部標竿比較，或與自己過去數據做進步比較，結果要能公開自由取用，進行必要的改進。敬業問題設計包含如：

- 某些特定敬業行為的實踐與改進程度。
- 團隊成員在提升他們的技能嗎？
- 薪酬的訂定公平嗎？
- 員工感到被尊重嗎？經理人傾聽意見嗎？
- 員工改進了什麼？改變了什麼？或仍是憤世嫉俗的。
- 你失掉了幾位想留住的人才嗎？

敬業目標值的設定與追蹤及改進方案，已成許多公司流程管理的一部份了。

2.3.3 財務性與非財務性獎勵

我們很確定的是，更高的績效應該得到更高的金錢獎勵，更高的金錢獎勵也是更有效激勵方式。但，對於更高的敬業度，我們也應該給予更高的金錢獎勵嗎？或者說，金錢可以買到員工忠誠嗎？

在某些特定的組織裡，員工的態度與努力很容易連上績效，他們於是以金錢來獎勵態度、行為與努力程度，或許還是有效的，但在大部分的企業或組織中，金錢上的獎勵很不適也很難買到你期待的敬業度。許多經驗顯示，金錢上的獎勵很難做為一種好的激勵因子去引導員工改變已養成好久的習慣或態度。或許可以，但這個獎勵的數量必須大到可以改變他的生活或人生，企業界很少可以做到這樣。英國Legaland General的董事長馬格（R. Margetts）說得很中肯：「願意多走一哩路的敬業精神，是經由社交上的尊重與肯定而獲得的」，他也加了但書：金錢獎勵可以刺激思考並促使行動成真。

所以，財務性獎勵好好運用時，可以成為全套獎勵計劃的一部份，但不是全部。金錢不能買到忠誠或敬業度，那麼「蘿蔔與大棒」中的大棒呢？如果員工會因此面臨可能的失業呢？在這個恐懼驅動式的企業文化裡，應是短期有效的，但也肯定無法長時期提升敬業度。

全世界通用的守則是，金錢獎勵用來獎勵績效是很有效的，但必須公平與一致，這很不容易的。這個公平而一致的獎勵制度也構成了一個員工敬業的基礎。非財務性獎勵呢？例如，「主管的肯定」在許多調查研究上都指出，在提升員工敬業的路上，絕對具有關鍵性的重要性。

別忽略這點，我們如果要提升員工敬業度，就要建立一個能肯定員工成就的文化。也許，肯定成就只是第二步，第一步要先做的，講起來很簡單但做起來卻很難，那就是：你必須長時要求員工負起當責——日日行之，時時為之，持之以恆；從上層滲透到下層，從小事用到大事，總是：訂目標，明權責，在會議上追蹤，然後肯定他們的成功，譴責他們努力不足。

人類對於別人的肯定，都會有正面很大的回應，這就是為什麼你不能低估老闆一個真誠的、來自內心的肯定，所造成的大效應。有些企業的研究說，這些非財務性的獎勵與員工敬業度之間還有定量的關係，不只是定性的陳述！

大部份的員工都想知道，他們是在事業成長的正路大路上，是會往上升、往前進的，而老闆也會在這方面有許多良好的溝通。很重要的是，這些可能的升遷是要公平的，而且以績效表現與行為標準為其基礎的。

玫琳凱化粧品公司的創立人玫琳凱女士說：「人們都喜歡兩件事——更甚於性與錢的，那就是：肯定與獎賞。」成就上的肯定，除了來自老闆外，很多員工也希望可以來自同事或團隊成員。

另一個要注意的是，你必須要對績效不好的人有所行動，要他們負起當責。如果你容忍無績效者，就是對高績效者的懲罰，高績效者甚至會因此想離開這個「沒效率、不公平、可以混」的團體。所以，敬業的領導人，放出你們很清楚的訊號：從今天起，績效不足者將被盯上，並要求改善。

2.3.4 績效管理

三節一路討論下來，你可能已經感覺出，績效管理的良窳對員工敬業度的高低很有關係了。但以較先進的英國為例，他們卻只有約40%的員工相信他們直接主管所做的績效考核是公平而有效的。在中國，有80%以上的員工認為他們老闆所做的績效考評是無效的。你聽過許多員工與主管們對績效考核的說法嗎？

- 直接主管與他們部屬之間的對話經常很差，品質明顯不足。
- 沒有顯現出來該有的不同績效間的差異，大家績效都差不多。
- 有很多人績效很差，那又怎樣？
- 考核的結果不足以支持有關的人才發展計劃。
- 考核模式偏向找錯處，不是在鼓勵成功的、有成長性的。
- 根本不具備一套好的職能模式，考核沒有標準。
- 太往回看了，沒有更聚焦在未來的需求與成功上。
- 績效考核只是做個樣，最後一切又回到老闆的喜怒好惡上。

你一定要提升績效管理的有效性，然後獎罰分明，才能提升員工敬業度。那麼，至少有兩件重要事要做：第一，設計出合適的績效考核方式；第二，設法改進經理與部屬間的對話品質。

第一項，茲事體大，每家企業各有所好，各行自己一套，你還是找HR協助吧。第二項上，我要提供一家跨國公司的好做法，很有參考價值的，如下。

第一步，身為直接經理，你要先準備好一張表格，含有七項問題如下附。這是在與你的直接部屬，在面對面討論績效時要用的。因為我們是要討論貢獻，所以就把這表格稱為DOC表（Discussion of Contribution）吧。

這個DOC表，有七項，是樣本，你自己也可改進設計：

1. 在目前職務上，你所負的整體責任是什麼？
2. 在去年（或前半年）裡，你特定的工作目標是什麼？
3. 綜合上述兩項，你認為你對組織有什麼貢獻？在原定的責任與目標之外呢？
4. 你認為這些貢獻對組織造成什麼影響？
5. 在去年（或前半年）裡，你有那些目標沒達成？
6. 要評估你的貢獻時，是否應該要考慮其他因素？例如，不可抗力因素，你特別的進行方式等。
7. 在未來一年（或半年）你的整體責任與特定目標應該是什麼？應該有那些改變嗎？

第二步，把這張DOC表發給你的直接部屬，請他們依表列題目事先做好準備，並且寫下來。然後，要求他們在績效討論日前一個月與你的助理訂下與你的討論時間，一次一個人，關室相談需一至二小時，不得少於一小時。

第三步，你也要依表準備這位部屬的資料，也要寫下來。在關室相談時，雙方首先要檢查對方的DOC表，如未寫完，表示未準備好，應另外剋期再做討論，不應敷衍應付從事，討論員工的貢獻度，對雙方都很重要的。

第四步，討論完後，直接經理親自寫成正式報告，請部屬在上面簽字，部屬如不願簽字，要討論原由。如身為直接經理的你，仍然堅持你原有的敘述，那麼，沒部屬簽名也行，直接再往上送出報告了。

這四步，提醒自己，這流程有一些好處，所以要堅持用：

- 員工已努力工作了半年或一年，絕對值得你用整個一至二小時的時間與他認真討論他的貢獻。你在評估人、發展人，別再吝嗇你的時間了。
- 這位部屬可能是你升官前的同輩同事，或「仇人」，或親人，甚或是長輩，平常不好意思談的，現在按表按時操課，時間沒到不准出來，這樣的討論，收獲一定很大。
- 因為互相有準備，常有互相提醒的驚喜或驚諤，但總是少了缺漏，是不是真貢獻，雙方細細討論後，更明確了。
- 也可以從沒有達成的目標或任務先談起，看你的討論策略或部屬的選擇，有始有終，不論是成是敗，一筆也跑不掉。

在DOC做完後，直接經理人的你，馬上還要做DOPP

（Discussion of Personal Development，員工個人發展的討論）才能大功告成。在DOPP中，你們要繼續討論如何進一步支持他的工作，還有他未來可能的發展。於是，定目標，負當責，談貢獻，給支持，賦能力，求發展，同時也構成了員工敬業很重要的系列了。

DOPP的執行步驟也如前述DOC一樣有四步，但選訂的時間是在DOC之後約一個月左右，雙方對談的時間或許會短一些。這段親近討論的時間是彌足珍貴的，也提供給你日後在非正式的「接觸點」上，許多有意義的話題。

DOPP中要關室相談的題目，例舉十項如下：

1. 在去年中，你對組織的主要貢獻是什麼？
2. 在過去幾年中，你對組織還有那些重要貢獻？
3. 基於上兩項考量，你覺得你有什麼強項？你覺得做得最好，回報最多的是什麼事——在目前與先前的工作裡，或在其他活動中？
4. 你發現做什麼是最不快樂也回報最少的嗎？
5. 有什麼其他工作（其他地區或其他部門）更能吸引你的興趣，同時也符合公司的需要嗎？
6. 在未來二至三年，你更想做什麼？有更長的計劃嗎？

7. 在考慮前兩項的其他工作與未來工作時，與你前面講的強項與興趣相合嗎？
8. 你願意接受工作上的輪調嗎？個人有什麼限制因素？
9. 你在知識與技能的成長上需要我或組織甚麼幫助嗎？
10. 在達成你的未來目標上，你可能會遭遇什麼障礙，需要我或組織幫助的嗎？

在進一步讀完本書第二篇之如何賦能員工後，你就更能體會出這DOPP表中十項敘述背後的深層意義了。如果說員工不敬業，主因是領導人領導力的失敗，那麼，在你成功建立這五樑後，失敗的機會就更小了。

2.4 敬業管理的實施與實例

2.4.1 團隊的敬業

如果你身為一個團隊的領導人，你如何提升團隊的敬業度？在團隊裡，成員可能來自各個不同部門，也各有不同的在職階段或專業成熟度。

下述流程中，我們分別討論成員們在各個不同的事業階段中可能表現出的不同敬業度，他們也因此有不同的內在驅動因子，與不同的外顯行為表現。從這些分析中，團隊領導人可以在日常管理、定期會議，或一對一教練裡，有效地分別管理，以整合提升成員個人及團隊整體的敬業度。

你是一個團隊領導人，你當然希望團隊的成員們都很敬業，他們敬業樂群，盡心盡力，願意為團隊目標奮鬥。他們既分工又合作，在奮鬥過程中，甚至不惜多加一盎斯，多走一哩路。你需要潛心從前面的許多分析與說明裡，整理出敬業上的許多驅動因子備用，有些因子是你可以控制的，有些是你無法控制的，你要做的是，儘量去控制好能控制的因子，如：

- 建立良好的經理與成員間關係：真誠關心，建立互信，釐清角色與責任，每個活動都要有當責者。
- 做好績效管理：團隊目標與個人目標要訂清楚，也與公司大目標連線。
- 訂獎勵辦法：如成功後的獎勵，失敗時的處理，在財務上與非財務上的獎勵。
- 發揮個人領導力：知道身為團隊領導人，是有責任要能提升全隊敬業度的。
- 關心成員未來發展，學習與成長升遷的機會：幫助成員們設定務實目標。

- 注意團隊的形象：由外部向內看，形象會影響成員們的向心力與感情連結。
- 建立有團隊願景與價值觀的團隊文化：會影響成員行為、行動與成果，以及成果的有意義性。
- 探索並協調成員個人的價值觀、目標與利益，與團隊的有更大的交集。

還有，還要注意到，敬業本來就有它比較私密性或個人化的部份，如：

- 每位領導人還是可以用他自己的方式來定義並認知員工敬業度。
- 成員們在認同團隊之前，必先認同領導人的領導；領導人要先有準備的心。
- 成員如果要離開，大都是因為要離開你，不是離開你的團隊。
- 最終，是成員們自己做出決定他們是否要敬業。
- 每位成員本人在他職業生涯的每一階段上，都有不同的敬業度挑戰與展現，當時所面臨的重大事件都會隨機影響他自己的敬業度。

所以，團隊領導人要提升團隊敬業度要注意的層面還不少，有：成員個人的認知、直接經理的領導、高階主管的領導、組織的形象、工作環境的支援等；有些不是團隊領導人可控制的。

如果我們先以更大的角度來看，員工敬業針對的是，他們的經理人與工作環境，下面表2-2中，我們嘗試以員工職業生涯中的不同階段來分析他們的敬業變化與與經理人應有的敬業管理。

在這個職業生涯大圖下，身為一個團隊的經理，不管這是一個小團隊、大專案，或大小部門，你重視你的部屬嗎？這些部屬們在他們各自不同的哪段職業生涯上？敬業上的驅動因子是甚麼？都值得你分辨清楚對症下藥嗎？藥方夠多嗎？除了你本身所具有的能力如溝通力、領導力、影響力、說服力、專業力外，你老闆的力量，乃至公司所具有的力量都可借助嗎？公司或組織的力量通常是來自組織的願景使命價值觀，乃至於策略與制度系統上的幫助。

團隊領導人提升成員敬業度的場合是，在工作現場中，在一般會議中，在特別訓練裡；還有更有效的是，在定期或不定期的一對一對談裡，甚至許多有意無意的片刻接觸點上。身為團隊領導人，你自己應該有更高的敬業度，然後，

表 2-2　一個人的職業/事業旅程上的敬業度變化

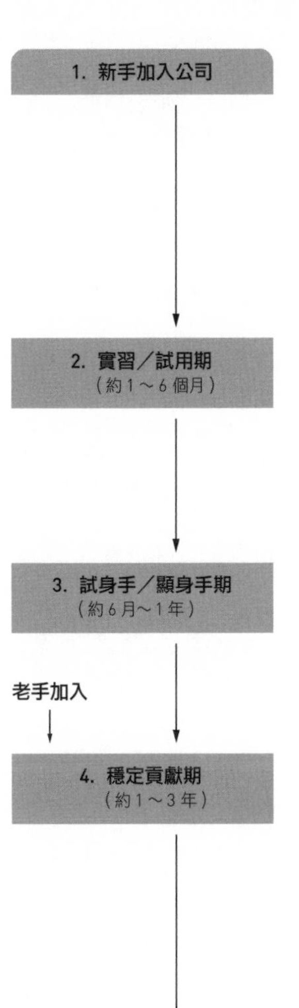

· 直接經理的警惕：新手加入是加入貴公司，離開是離開你這位經理。
· 員工自己的警惕：加入公司後斷絕其他工作機會，就如有三位女友，選一人訂婚結婚，斷絕其餘不可留為備胎。「沒有後路的人，更容易成功。」
· 敬業驅動因子：學習與成長機會，尊重信任的工作環境…也有請經理自己想一想。

· 認識/認同公司與工作環境，求知若渴，敬業度超高。
· 也是提升敬業度的黃金期，讓他們維持1至3年超高敬業度，經理加油。
· 敬業驅動因子是管理方式，績效考核制度，有個好導師，發展機會，…

· 躍躍欲試，試用所學，圖有所貢獻。
· 有創意，有生意，總在高敬業度黃金期
· 驅動因子：工作的進步感，責任感，自主感與成就感，工作氛圍，溝通，發展…
· 學超過用，羽翼未豐不會想走。

· 敬業度考驗期，可能因發現「真相」，或支援不足而降低
· 認為已「學有所成」，有「三年之癢」常想：「我的下一步呢？」
· 驅動因子：安全與心安的工作環境，工作生活平衡、互信，整體福利，未來發展…
· 此時常有外部有經驗老手尋求更佳機會而新加入團隊/公司

· 更優秀的老手，不是找職業（Job）而是找事業（career），追求：未來成長，工作成就感，個人志向與公司志向的配合，…

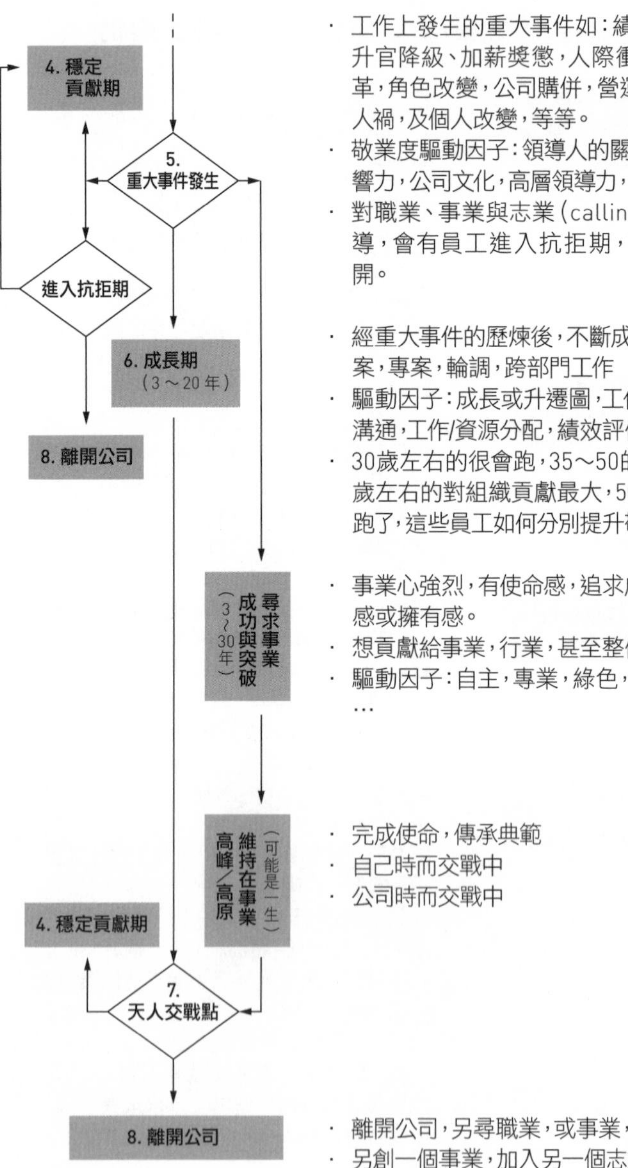

- 工作上發生的重大事件如：績效考核後的升官降級、加薪獎懲，人際衝突，組織變革，角色改變，公司購併，營運改變，天災人禍，及個人改變，等等。
- 敬業度驅動因子：領導人的關心，教導，影響力，公司文化，高層領導力，…
- 對職業、事業與志業(calling)要分別輔導，會有員工進入抗拒期，導向選擇離開。

- 經重大事件的歷煉後，不斷成長；期待：特案，專案，輪調，跨部門工作
- 驅動因子：成長或升遷圖，工作生活平衡，溝通，工作/資源分配，績效評估，…
- 30歲左右的很會跑，35～50的還會跑，40歲左右的對組織貢獻最大，50歲後的不會跑了，這些員工如何分別提升敬業度？

- 事業心強烈，有使命感，追求成就感，歸屬感或擁有感。
- 想貢獻給事業，行業，甚至整個社會。
- 驅動因子：自主，專業，綠色，永續，形象，…

- 完成使命，傳承典範
- 自己時而交戰中
- 公司時而交戰中

- 離開公司，另尋職業，或事業，或志業
- 另創一個事業，加入另一個志業。

你才能像麥肯錫所稱的「敬業經理」（Engagement Manager）般，對屬下乃至各個利害關係人，刻意展開提升敬業度的活動。讓你的部屬，能在適宜的工作環境裡，開展並提升對你這位團隊經理人的敬業度，以及他們自己工作乃至整個團隊的敬業度。

想想這個場景：一位團隊領導人不經意地對成員說，我也不知道這個專案的真正目的…公司策略好像不在這裡…你的角色本來就很難分清楚…團隊行為守則其實也沒那麼重要…訂團隊章程，太小題大作了吧？…我們的資源有限，盡力就是了…你的經驗，在這裡不太管用的…這次專案能學到的不多…目標與程序很難定，我們是摸石頭過河…本案先天不足，失敗機會不小…成員老王我原本不要，是硬被塞進來的…這樣的團隊會有敬業度嗎？

2.4.2 中小企業的敬業

如果，你是一位中小企業領導人，下述真實案例的簡易型敬業管理中有六個步驟，或許可以具體幫助你提升公司的敬業度。

凱文·克魯茲是個創業家已如前述，他曾在美國創立並經營數家中小企業，在美國賓夕法尼亞州的一家小企業還曾獲得全賓州的「最佳雇主」獎。此外克魯茲也是紐約時報暢銷書作家，當過管理顧問，幫助過財星500大公司如SAP，及非營利組織，甚至美國海軍陸戰隊。但，他最得意的是那項「最佳雇主」獎；他說：「當你的員工說，你的經營管理深得人心，並且在公開評選後，脫穎而出，那是一件很過癮的事。」他整理出來敬業管理六步驟，簡單有力有效。

對於那些沒有很大、很好HR部門，也無力聘請外部好顧問的中小企業來說，這六步驟深具實用性，也宛若清粥小菜，在經歷大顧問們的大魚大肉滿漢全席後，確是可口又滋養。中小企業領導人，在企業敬業度提升上，你可以下決心實施這樣六步驟，施行時不需花費大錢，不需很多時間，而且號稱八週後開始看到效果。但，需要領導人的信心與毅力。

第1步：進行「員工敬業度」調查

調查方式至少有兩種：第一種是，請一家國內或國際顧問公司，他們經驗豐富，還有很大資料庫，做完大調查後，還會給出分析改進建議。第二種是自己做調查，調查表的來源也有兩種，一是從許多顧問公司的網站上下載，有免費的，也有要付費的；二是自己設計，自己設計出最合適自家公司的，然後以自己的現在和自己的未來做比較，審查員工敬業度有沒有改進，改進多少？這時，其實連業界其他公司的標竿也不必做了。

如果，你現在決定自己設計敬業問卷，自己與自己做比較，要提升員工敬業度。那麼，該如何設計表格？該含有多少項目？或者，可不可以連調查都不做，直接跳到下一步？

這種不記名式調查，常勞師動眾，準度也令人懷疑。但，經驗顯示一定要做。洋人說：沒有計量，就無從管理。如果你沒偵測出病灶，如何對症下藥？或者，不知強處，如何再往上更提升一步！

克魯茲在博覽群書後，為自己的小公司設計了七題問卷，並全力付諸實踐。這七道問題是：

1. 我對公司的工作極為滿意。
2. 我極少考慮去別公司找新的工作。
3. 我願意推薦我的朋友來本公司工作，本公司是極佳工作場所。
4. 在本公司裡，經理與員工之間經常有雙向溝通。
5. 本公司給我充足的機會去學習與發展。
6. 在工作上，我經常感受到被感謝被欣賞。
7. 我很有信心，本公司的未來是光明的。

如果對這七題做個分析，前三題是計量目前的敬業度，是大致模仿大家常做的客戶滿意度調查的。後面四題，考慮的是克魯茲式敬業的四個關鍵性驅動因子，即：溝通、成長、肯定與信任。注意，每一家公司情況不同，故驅動因子也都不大一樣；所以，敬業評量也沒有舉世一同的模式，應該就敬業的各種驅動因素，思考適合自家公司的。本案實例只有七題，不是常見的十幾題或幾十題。但，要在這七題上贏得青睞並不易，中小企業裡，實際上有不少反差著例，如：

- 我一直想換公司，可惜人浮於事，只好騎驢找馬，又何必說出實情。
- 這小公司其實是血汗工場，何忍再拉朋友下海。
- 本公司不教新的東西，用的只是我以前學的，再加上用之不竭的時間與體力。
- 雙向溝通是天方夜談，我們是上級交下命令，下級定期完成使命，兩級之間是空白空間。
- 在上下溝通中，我常像個無知的未成年人，有時甚至像是無感機器的一部份。
- 我老闆常說，沒罵人就算獎勵了。他很少稱讚我及其他同事，他認為很正常。

✹我不知道公司未來在那裡，大小老闆們都沒談過。

✹做一天算一天吧，世事難料，就不必預料了。

所以，你可以看到企業提升敬業度有多大的成長空間，尤其華人的企業裡。這七小題的評分，可用標準的五段式級別法，亦即：1.極不同意（得1分），2.不同意（得2分）3.中性（得3分），4.同意（得4分），5.極為同意（得5分）

多久做一次這種敬業度調查？

許多公司每兩年做一次——尤其是大型企業，顧問公司建議每一年做一次，本案的迷你調查，克魯茲每半年做一次。

在得分上，一般來說，4分以上算是極優的，3.5分到4.0分之間的算還好，低於3.5分的算差的，要加油了。在2分左右時，你將可以看到有員工在準備離職了，如果還沒離職可能是因為人浮於事，只能伺機而動了，他們不會想對公司做出積極貢獻了。他們已成為公司裡「不敬業」的一群，從很嚴重到次嚴重，全球總平均是佔去了員工總數的六至七成，嚴重的像行屍走肉般在各國各公司各處所晃動飄移著。

克魯茲說，他的小公司得到賓州的「最佳雇主」獎時，他們調查所得的全體敬業平均分數是4.2

第2步：公開分享調查結果

敬業調查做完後，一定要利用會議或內部網路，把結果與大家分享。如果你不分享，而只有少數人獨享，員工裡就會有人開始冷嘲熱諷了。

分享時，主管們要坦然接受當前所得到的各項結果——通常不會很好的，可能還是很難堪的。但，不要一直在辯解，而是輔導員工講出來，也提出改善的辦法。領導人此時此刻最重要的是輔導與傾聽，儘量不要對意見與方案驟然下批評，如：

- 那個方法，我們以前都做過了。
- 這個行不通的，因為……
- 讓我解釋一下背後的原因，請大家了解我的苦衷…
- 我們已經盡力了，公司經費有限。
- 雖然我沒開口讚賞，但你們應該了解我的心意的。
- 我早就要求各級主管們要傾聽部屬心聲了。
- 這個建議不可行，因為…

相反地，問幾個比較開放的問題，如：

- 在個人與公司的未來發展上，你覺得應在那些技能上多些訓練？

- 我們公司做出那些改變後，你才會覺得值得向朋友推薦？
- 第一項的滿意度為什麼這麼低？你認為問題出在那裡？

領導人需要有更大的智慧。有時，你會遇到員工根本不想分享，因為他們認為講了也沒用，講也是白講。在幾經督促後，或許開始分享了，分享的內心話令人感動，也分享的一些肺腑真言，又也許開始傷人了，有時更傷到了領導人。於是，領導階層開始辯解，硬拗，減低甚至沒了誠意；於是，會議又趨冷漠，常常還草草結束，或不歡而散。

身處這樣亂世，員工們應該要知足？領導人們，你們是否知道你們的員工們至少有60%以上的潛能未能發揮？創造一個可供發揮的工作環境，一直是領導人的挑戰。做完滿意度調查，發現員工不滿意，做完敬業度調查，發現員工不敬業，早知如此就不做了，可是，現在既然做了，就不能回頭，也不能停住不動而是要勇往直前了，這時，領導人真的要很勇敢了。

做完調查，不分享結果，或分享了結果，聽了許多建議，卻多不實踐，大約就是敬業調查的悲劇了，這時，做比不做還要糟糕。

你還是在抱怨：「我們的員工為什麼這麼不敬業嗎？」員工不敬業時，在歐美企業文化裡，是要怪領導力失敗的。在華人企業裡，卻常只是怪員工不上道。

你知道員工「做事」可以分成多少等級嗎？如：

- 怠工加暗地破壞，陽奉陰違，還會帶壞別人。
- 依規定辦事，一道命令一個動作，像個機器人。
- 盡心盡力，全力做好份內的事。
- 超越預期，願意多走了一哩路，多加了一盎斯。

你還是覺得怪只怪個別員工，為什麼還是有員工就是那麼敬業？老闆其實應該加強追蹤考核，揪出那些壞份子？

第3步：溝通要有節奏

溝通是敬業努力中的重要樑柱。溝通力道足以影響公司在成長與發展，肯定與賞識，信任與信心等敬業努力上的成效。很多案例是，你已經盡力溝通了，不明白為什麼團隊成員乃至全體員工仍然覺得溝通不良或溝通不足？

在溝通上，專家們常說，溝通從來就是不足，所以沒有「過度溝通」這回事。一切事總是溝通、溝通、再溝通，美國GE的前CEO傑克·威爾許說過，有些事，他講一千遍也在所不惜。兇悍而堅定的威爾許可講一千遍，你講了幾遍？古代中國皇帝有許多宣示都是只講一遍，群臣於是畢恭畢敬，誠惶誠恐地牢記在笏上，不敢或忘，因為那可是生死大事。可惜，現代領導人還是不能比古時皇帝。

許多領導很沮喪，說的、寫的，溝通還是無效，還是不清不楚，可能是這些溝通裡，含有太多的單向式政令宣導，或資訊布達。

在建立敬業環境的努力上，我們更需要的是一個雙向溝通的模式。如果，你只是對團隊單向式的講演，成員總是很難記住的，讓演講變成一種討論。例如：年度目標的討論、中長期策略的討論，乃至公司願景價值觀的討論，有討論，有分享，有介入，有參與，組織就會有承諾了，有了承諾以後，記憶可是刻骨銘心的。

當有了雙向溝通後，一群主管走出會議室時，心中浮現的，有可能是：

- 「那個決議，可是我提出的。」
- 「好險，那個方案的不當方向在討論後，轉過來了。」
- 「好久沒像今天這樣說出心中話了。」
- 「我真是天才，提出了這樣的共同目標。」

- 「這個目標本來就該訂得更高的，我們可以做到。」
- 「我覺得我想得比老闆更多、更周全。」
- 「老闆的想法與做法，現在是清楚更可行了。」
- 「討論時是有些尖銳，但不吵不相識，王老闆邏輯真清楚…。」

像這樣的會議，溝通效果很大吧；其實效果不只是在議題的溝通上，也在隨之而來的推動與實踐，乃至交出成果上。這樣的溝通會議的最大的贏家應是老闆，他說明基調，開放討論，輔導思考。雖然，林經理說：「那個決議案子，可是我提出的。」其實，可能是在老闆的輔導下想出的，很可能也正是老闆的意思。想想看，這中間有多大的共識！決議後的執行上有多大的威力——這時，可不是只在執行皇上的旨意，彰顯皇上的偉大而已。

所以，我們所謂的溝通節奏是：

- 年度會議上有雙向溝通，不是單向政令宣導，行禮如儀，看似皆大歡喜。雙向溝通會讓與會者在「公司很想完成的」與「他們每日在做的」之間建立一條「瞄準連線」。
- 季度會議有雙向溝通，最後一翻兩瞪眼是行不通的，我們需要中途的提醒，調整或加強，別太緊繃了，不要讓與會者，心有千千結，頭更大地離開會場。

- 每週性雙向溝通。每週，如週一或週二與直接部屬有一、二十分鐘一對一式的對談是很重要的，話題可以是回饋式的：「上週做得如何？」也可能是前饋式的：「下週打算怎麼做？」也可以是生活的，如「週末那裡玩？」結尾可能是「本週工作裡，我可以在什麼地方幫助你更多？」

面對這樣的直接上司，你有感動嗎？對建立敬業度有幫助嗎？其實，如此行為也不是儘為了提升敬業度，這樣的人力與時間投資也是為了減少每週工作上的許多麻煩與困擾。質言之，這是最進步的「接觸點」式領導中的「定點」定時接觸，國內外工商界都已證實很有用的，此外：

- 當然，還有每週性的例行檢討會議。
- 也有專案性的里程碑或查核點雙向檢討會，這類檢討會的召開，應是由當責者來主持了，不應由老闆代庖，老闆忘了就被名正言順地閃過了。

第4步：要有成長與發展

領導人必須讓員工感覺到，他們正邁向他們的職涯目標，他們也正在學習新的東西。他們感受到，老闆在乎他們的成長與升遷。如果，老闆不在乎他們的成長，他們也不想學習新東西了，如果此時還是很努力在學習新東西，那麼他們可能別有所圖，敬業是要敬「專業」到其他的其他組織了，不是敬當前的這個組織，他們在準備跳槽。

對於每一位直接部屬，你每一年都應安排一段一對一的職涯規劃對談時間。協助他們定義未來三至五年的職涯目標，以及如何達成那些目標，那些目標的達成有些是無法在本部門內的。例如一位生產部的精英，志向是在五六年後當事業部的總經理。那麼，他很可能要在兩三年後，進入銷售部門；在跳入銷售業務之前，他可能要先進入技術或客戶服務部門，做為緩衝或漸進學習，以防失敗。還有，他應該先負責哪個區域的業務會更有意義，此外，該學習的新知識，如大客戶管理、銷售流程、財務管理、策略規劃等，也要培養他建立一些該有的領導技能與特質。

這些知識、技能與特質，「現在具有的」與「未來需要的」差距有多大？

有些員工根本沒有目標，那麼幫助他們建立目標，有目標的，成功機會就是比較大。GE公司的現任CEO是傑夫·伊梅特，他與微軟扛下來的CEO史帝夫·鮑曼曾在大學畢業後一起在寶潔（P&G）賣衛生產品，他們在小隔板辦公室間裡嬉鬧，當時是沒有什麼職涯目標的。後來有了，就各奔前程，也成就了現在的豐功偉業。據報導，連哈佛畢業生也大部分沒訂什麼目標，有一年做調查時，只有5%的學生訂有明確的職涯目標，而這5%的畢業生，後來的成就就是比較大。

想到發展與成長，不免就想到我職場早期時的一位「長官」，他面談我、錄用我，進入公司後，我才意外發現我的薪資比他的還高。他還說，順著這樣成長與發展，我以後可能會是他老闆，面對這樣的「長官」你有感動嗎？

你是尊「敬」你的專「業」，所以你每日研修新知新技，你是尊「敬」你的企「業」，所以你在乎你的前途升遷，也在乎這個組織或公司。所以，你有很高敬業度，想在這家企業裡全力拼鬥，為這家企業的成功獻出心力、腦力，以及胼手胝足的行動力，並造成貢獻。

有一年，我在台北老家接到一封由卡內基轉來的感謝信，寫信的是廣東一家工廠的廠長，感謝我是影響他一生職涯發展最大的人，原來在約20年前我當過他的直接主管。你還是覺得，華人員工不重視發展嗎？

你培養人才嗎？有一位企業領導人說的，如果你在過去任職歷史裡，沒有展現一段培養人才的確切軌跡，那麼，你現在的領導人位置只是個意外。畢竟，領導人總是在培養更多領導人，不是只在培養更多的追隨者。

了解員工的目標，連結公司的目標，發展他們必需的知識與技能，甚至協助員工發掘天賦與強項，培養領導特質，那麼這些員工們不只會成為忠於組織的敬業員工，也將貢獻他們多走出的一哩路在組織的發展上。

第5步：肯定與賞識員工

有些人總是想到一大筆紅包獎金才會快樂。其實，有更多數的員工更需要的是，每日工作上得到經理的賞識。美國企業的經理們好像都有特別的學習，大多善於肯定與賞識員工們的表現，有些還已經刻意成自然了。華人企業的老闆們就不會這樣了，他們絕大多吝於讚賞，員工做錯時，聲色俱厲，員工做對時，漠然不語，視為當然之事；員工做到極佳時，也不知如何適切表達讚賞，或者在好長一段時間後，才終於說出：你兩個月前的那個案子做得很不錯！也許再加一句：年底績效考核時會加予考慮。

各位老闆們，沒有適時表達並給予適時、適當鼓勵是會闖禍的。下面分享一個名為「不要跟豬講笑話」的網路虛構小故事：你知道為什麼恐龍與麒麟會從地球上消失了嗎？

原來，那一年地球被大水淹沒，挪亞方舟上載著各種動物，都是雌雄各一，以備日後繁殖的。由於在大海漂流過久，儲糧已漸不敷，於是，挪亞決定有些動物不得已必須棄海。他規定，凡是不會對人類生活造成直接貢獻的非家禽類，現在必須做出貢獻，否則即拋入海中。貢獻方法是，在這愁困的海上漂流日子裡，非家禽必須為家禽講故事，如果無法引發所有家禽大笑時，就直接棄入海中。

在緊張中，第一個上台講笑話的正是恐龍，恐龍本來就不怎麼靈巧，但還是費盡心思講完笑話，還是樂得眾家禽笑得滿地翻滾，只有豬除外，豬不動如山，毫無笑意。於是恐龍被丟進海裡，恐龍就此絕跡。

第二個上台的是麒麟，麒麟靈活聰明，而且有備而來，信心十足地講完笑話，結果還是眾家禽笑得滿地翻滾，但豬還是不動如山，冷漠如昔。於是，麒麟又被丟入海裡，後世人再也看不到麒麟了。

緊張繼續蔓延，第三隻上台的是孔雀，孔雀美麗又聰明，原是信心滿滿，但看過兩位前輩遭遇，不免憂心忡忡，他戰戰兢兢地開講了千挑細選的笑話，果然才講了一半，豬已經笑得滿地翻滾了，孔雀愣住了，說：我還沒講完呢！豬說：剛剛恐龍講的笑話太好笑了。

言歸正傳，回到主題。一個真實的故事，一個朋友的小孩在提出辭呈後，在離職面談（exit interview）上，才知道他老闆很愛才，很喜歡他的。對於讚賞，華人似乎天生不擅長，後天也不培養，經常少掉了許許多多大大小小該有的讚賞與慶祝活動。想想看，如果你的專案在辛苦達成第二里程碑後的第一天早上，當你走進辦公大樓時，看到大堂上矗立著一塊大紅佈告，上面寫著：「慶祝老虎隊，艱苦達成第二里程碑！總經理敬賀。」老虎隊的成員們，看到時會不會虎心大悅，快樂無比？還有其他創意，如：

- 真誠地說聲謝謝。在他面前，在他背後，在眾人在的場合裡。
- 像傑克．威爾許一樣，很老式地用手寫一張感謝便條，讓感謝停留更久些。
- E-mail除了是吵架最好工具外，其實，它更合適於寄感謝函。
- E-mail感謝時，言必有物，也複本有關人等，再加複本給他的配偶呢？
- 在無比忙碌中，邀請他共進午餐？肯定他的好工作，也建立工作更好關係？

讓創意繼續再延續，也許你可以找出許多更好代表你風格的各種好主意。每位員工都是個個案，只要你真正關心過，一定會有更大的激勵創意。

除了獎勵績效成果外，也應獎勵敬業行為。說明這些行為與組織的敬業文化及策略上的連結關係，會讓獎勵更有意義。

重新看一次我們在2.3.3節的敘述？

第6步：展現信任與信心

展現信任與信心，讓員工信任領導們，他們是誠信的，是合於倫理道德的；也信任組織的未來，他們可以領導員工們到那應許的三、五年後的策略目標，及十年或更久的願景目的。

員工滿意度調查是偏重在員工工作與工作環境上，員工滿意的程度；員工敬業度調查則還要再加上員工才能的適時增長與長留組織做出貢獻的意願與實績。員工與經理要長相左右，協同奮鬥，當然就會很重視信任與信心這一環了。

在歐美企業裡，這個問題還是很嚴重，主要是高官自肥、貪汙等違法事件不斷，令員工難以公司與領導人為榮，更難以敬業了。

企業實務中，對領導們有幾個誠信與信任的提醒如下，可供參考：

- 言行一致：答應給的獎一定給，讓的利一定讓，一對一的會議一定開，守信守諾。
- 公開透明：報佳音，也報惡耗，讓問題透明更易贏得信任，讓員工以透明真實資料做判斷，處理問題，一起「共享失眠」。
- 承認錯誤：見過死不認錯的長官嗎？還硬拗成雖敗猶榮，誤中有正。有錯其實很正常，你希望跟一位聖潔無暇的聖人工作嗎？
- 建立未來遠景：全力構建未來，贏取信心。未來三五年，乃至10年或更久，詳細構思也引員工參與。
- 賦權與當責：信任員工，從授權提升到賦權；釐清責任與角色，從負責提升到當責。
- 最後，是「罩門領導術」（leadership by vulnerability）：親上火線，把自己罩門打開，不懂就不懂，請同仁幫忙；不懂裝懂硬出招，信任又會開始流失。你喜歡跟一位也有弱點的誠實領導人做事嗎？

中小企業簡易型敬業管理六步驟，大致如此了。克魯茲在他幾家公司中的實用做法是，啟動的第一週，是用頭與手整備資料，用心準備承諾；第二週，開始建立要用的調查表格；第三週，在全司對全員做調查，第四週，公開調查與分析結果；第五週，建立溝通的節奏；第六週，召開職涯規劃會議；第七週，發揚獎賞與肯定的行為與實作；第八週，建立信心與信任。在第八週裡，更堅定心意，讓公司的長中短程規劃與大中小目標，像水晶一樣清明，員工可以在手中，心中與眼中連結目標策略。信任與信心無法在真空中建立，所以在第八週時，員工會實際校準作業方向，確定目標及目標所代表的意義，認識領導人的領導，讓員工因而更提升信任與信心。

八週共約兩月，完成了一次過程，落實六步驟。然後，每半年重做一次六步驟，找出最低分處，分別加強之，如此這般，員工敬業度不斷上升。克魯茲在此修成正果，得了賓州「最佳雇主」獎。

2.4.3 全面型敬業管理

全面型敬業管理有十步驟，這裡有許多寶貴經驗，可以幫助你有效而全面地展開敬業管理。實例是柯立赫（R. Kelleher）實案。

柯立赫是美國人力資源專家，他自己開了家顧問公司並全力主導其中的員工敬業部門，曾幫許多著名國際公司做好員工敬業這個專題。他得過許多大大小小的獎，也成功協助許多企業透過員工敬業而提升績效。下述十步驟，主要是他們經驗分享，要協助大家一起迎戰「不敬業」大趨勢，也加強「敬業」的戰力。在每一步驟裡，總有一些最佳實務，簡捷有力，但不一定簡單易行。在一步一步的步驟裡，我們可以再一次看清敬業管理的流程與架構。

第1步：要與高績效目標形成連線

- 敬業並不是為活動而活動，它的最後目標是要對公司達成具體貢獻，所以推動敬業一定要講求成效，一定要一開始就與高的績效目標連結。
- 每一階層的人都必須各自知道，要達成什麼目標，與公司中長程策略的關連，有衡量的標準，要定期公佈各階層各階段的績效。
- 讓績效與員工敬業之間形成一條清楚連線，敬業也才能得到更大的重視。
- 美國思科副總裁S. Monagham甚至透露，在思科，員工敬業度的調查分數每提高10%，公司總銷售可以提升5%，造成約20億美金的附加營收。

- 可以利用平衡計分卡的方式，建立並溝通各階層的短期與長期目標，以加強連結，建立瞄準連線。讓基層團隊主持會議，對高階主管分享計分卡的成果。

第2步：要從最高階啟動

- 高階主管必須充分認識，認同並認真敬業的各項活動，具備論述與說服能力，也願意負起最後成敗當責。
- 由董事會要求CEO，或由CEO要求高階主管做敬業度的調查與評量，這可能是最強驅動要素，評量頻度可能是每半年，一年，一年半，或兩年一次。
- 由CEO親自領軍的敬業活動是最容易成功的，最佳敬業公司中有43%是由CEO／總裁領軍，27%由人資副總／人資長領軍。
- 很難期求一蹴而幾，都是逐年成長，終而有大成。前述的金寶湯公司也歷經數年才有大成，故敬業管理應列入策略流程中，具有長期優先次序，從長計議。

第3步：要有敬業的第一線領導人

- 第一線領導人是面對廣大基層人員的領班、主任或課長級主管。這一階主管常是因為年資較長或技術較高而升上來，較缺乏也不重視人際管理方面的軟技巧。

- 根據調研結論，不敬業的領導人會創造三倍高的不敬業直接部屬，因為他們日日相處，處處互動，影響特大。
- 基層員工是公司在面對客戶、供應商與鄉民時的最主流，常是代表了公司形象。
- 管理基層員工的第一線領導人在敬業管理中是極其重要的，卻又是很少經營的軍團，士兵們相信班長的，比相信大將軍的來得更多。
- 第一線領導人應有更多有關公司敬業管理，目標連結及文化管理的訓練，更高認同與認真度。
- 360度回饋法是對第一線領導人行為的真實評估，也是一種很重要的自我認知工具。

第4步：讓不斷溝通成為敬業文化的基石

- 高管每次在溝通企業策略時，都應該強調與敬業的連結性與互動性。
- 主動辦理與敬業有關的座談會、訓練課程，讓員工了解公司文化、策略與各級目標，以利員工主動連結，產生瞄準連線。
- 有當責地、有計量地、透明地、清楚地溝通公司的總體方向，何去何從，如何達到彼端。還有，企業與團隊的價值觀，及相關的敬業行為準則。

- 除了逐層而下的瀑布式溝通外，還有高管輻射型的接觸點式溝通。
- 在各種會議中，不要老是把敬業專題排在最後。排在前面，讓議題優先性自動發聲。要組織成立含有高管的敬業委員會。

第5步：讓敬業個人化

- 敬業的驅動因子總有五或十五個，每個人的感動都各有不同，讓它個人化。內在的激勵因子常大於外在的激勵因子，很多員工都會被成就感激勵。
- 五零後到九零後的五代敬業觀，也各有不同。八零後員工更多願意為「關心社會」的企業工作，年輕員工常因受邀參加重要會議而更加敬業。
- 根據調研結論，新進員工熱誠主動，敬業度較高，然後逐年下降，然後又上升，至第六七年又達到高點，需考慮低敬業度時期，如何處理？研討「在職面談」有何助益？
- 每位員工都可能是個案，在員工發展計劃的討論中，找出他們最適切的敬業度驅動因子。

第6步：創立一個激勵式的文化

- 企業CEO在「接觸點」式的溝通裡，用公司願景現場挑戰並激勵各級員工的作為。
- 創新越來越重要，積極開發員工的創新潛力，讓員工有容錯空間，制訂較寬廣的底線或紅線，提升越來越多的敬業員工。
- 承諾並投資更多員工訓練與發展。
- 讓員工看到職涯上的今天與明天，從日常工作上即有瞄準連線到公司策略乃至願景使命與價值觀上，少一些臆測，多一些自主感與自我激勵。
- 越來越多的員工要求公司有越來越高的社會責任。

第7步：建立反饋機制

- 建立健康的反饋文化，有助於在員工與管理層之間重建互信。各階層領導人對雙向溝通負有當責，真誠的負面反饋比不做反饋更健康也更有用。
- 有效的雙向溝通常被單向宣導所取代，哈佛名教授R. S. Kaplan說：在美國只有7%的員工承認充分了解公司策略也知道如何做以幫助公司達成策略目標。
- 建立員工自己的反饋機制，如反饋什麼資訊，什麼頻度，地點與方式，由誰主持等。

- 360度調查是個好的反饋方式，員工可以對公司與個別領導人提供有關領導行為的意見。
- 做員工敬業度調查，並做標竿比較。領導人要承諾對調查結果與反饋意見做出追蹤與改進，否則做了比不做會造成更大的傷害。

第8步：強化敬業行為的獎與懲

- 在公司績效評估與薪酬制度中，開始包含有關核心價值觀行為，尤其是敬業行為的項目，這些行為雖然仍未達成成果，但因屬公司價值觀，仍值得獎勵。
- 在企業裡，塑造出你正在評量並補強的行為準則與文化，尤其是高管們都在一致執行的。
- 讓獎懲表現在獎金、加薪、升遷與職涯發展規劃上，不應容忍唱反調者，例如，績效表現頂尖者玩忽敬業行為時，仍然會受到懲處。讓公司文化與策略清楚地指導方向。

第9步：溝通公司的旅程，進程與成就

- 提升員工敬業是一個沒有終點的旅程，我們很難說：做完敬業了，改做品質與客服吧。例如，杜邦在安全與尊重員工上，已經持續不斷地做了兩百餘年了。

- 在敬業管理上，常常是一個需求才完成，另一個需求已然浮現，在這個旅途上，公司要有計劃地建立一點之後接上另一點的行蹤圖。
- 有了成就與成功後，更應加強溝通，讓每位員工都以公司為榮，都想為贏家工作，讓成功滋生更多與更大的成功。
- 不要讓不願意溝通旅程、進程與成敗的經理人一直在位，那會降低員工敬業度與公司獲利性。這些經理人的職位越高，影響越大越遠。

第10步：讓聘用與拔擢敬業的員工，成為公司文化

- 要提升企業品牌成為優秀的贏家，絕對不要低估這個事實：優秀員工都希望為優秀雇主工作。
- 員工總是很難實踐行為的改變。所以、從聘用時的選才很重要，選擇志（願景）同與道（價值觀）合的新進員工，更有希望成功。
- 確認員工所需的敬業行為準則與特質，設計進入面談流程中，「行為面談」在全球優秀企業裡，已越來越重視了。
- 重要的行為準則，總是來自企業的核心價值觀與敬業文化，更有較高管們的身教。錯升一位高管，可能短期沒大影響，但長期上一定造成危害。

談到員工敬業時，請記得，我們不是在談一些平常事，例如：上班開會準時，或工作時服裝整齊，我們談的總是員工心與腦所繫的，例如：員工對他們的組織成功所做出在情感上與理智上的承諾；已敬業的員工會在他們工作上表現出強烈的目的感、目標感與有意義感，他們想奉獻出他們多一份的心力，多走一哩路，邁向組織的目標。

—— Robin Stuart-Kotze

第 2 篇

如何賦予員工更大能力？

本篇正式進入本書的主題，即賦予現代敬業人全幅的能力（Enabling Engaged Employees）。當公司有了發展的大圖小圖，員工產生了瞄準連線（line of sight），接著就是賦能。能力本身有四大關鍵領域，卻是迷蹤處處；能力發展先後也有別，終是不宜偏廢。如果調理不當，天生我才也無用，是徒呼負負或書空咄咄了；本篇中，還有一段有關詩仙李白的評論故事。

如何賦予員工更大能力？

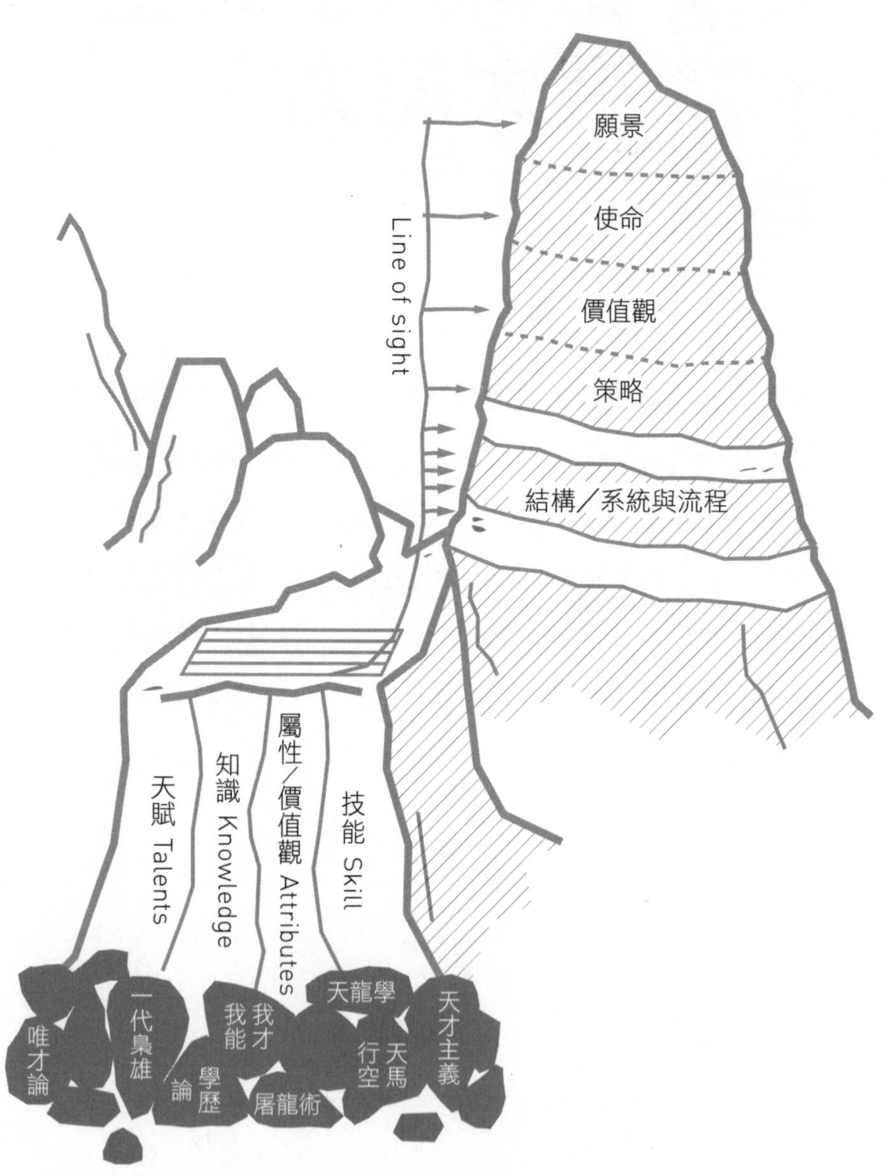

願景
使命
價值觀
策略
結構／系統與流程
Line of sight
天賦 Talents
知識 Knowledge
屬性／價值觀 Attributes
技能 Skill
唯才論
一代梟雄
學歷論
我能我才
屠龍術
天龍學
天馬行空
天才主義

員工的能力包含先天具有的，後天習得的，還有來自「明天」持續性有目的、有系統、有組織地學習。

這些能力要能對公司的願景、使命、價值觀與策略形成瞄準連線（line of sight），不能形成瞄準連線的能力，終究難以成為公司的大用。

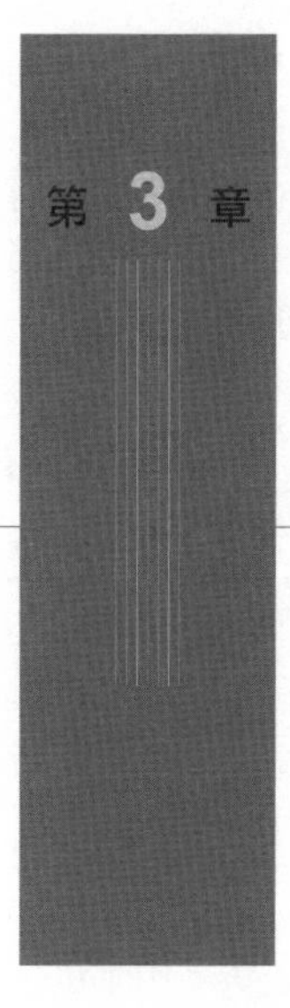

賦能的內含與機構

能力（ability）有四大領域，你在職業發展與生涯中，必須適時走進走出，不亢不卑，不離不棄；有不斷新學習，有勉力堅持，也有拋棄。本章詳論四大能力領域，助你撥雲霧見青天，甚至慧眼獨具，讓敬業之心與賦能之力，更具實踐實力。

Enablement & Engagement

賦能（enablement）的目的是，讓已敬業的個人或團隊，能有更進一步能力（ability）去為組織做出更大的貢獻。回顧一下敬業的定義，簡單如，員工為組織的成功所願意投入的腦力、心力與努力，或更簡單的如公式：敬業＝滿意度＋貢獻度。所以，管理不能停在員工的快樂或滿意上，以社會交換的理念而論，員工也要相對做出貢獻。

員工在貢獻時，如果能力不足呢？如第一篇第2.2節模式中所論述的，我們回到狹義的敬業定義上，員工是面對著四種狀況：

1. 有敬業，有賦能：最佳狀況，員工願意奉獻心力，有高度承諾，也饒有能力，直奔標竿。
2. 有敬業，沒賦能：次佳狀況，但已很糟，員工滿腔熱血，卻力有未逮、能力不足，徒呼負負。
3. 無敬業，有賦能：也是次佳狀況，也已夠糟，員工饒富能力，卻心不在營，羽翼豐後可能會想跳槽吧。
4. 無敬業，沒賦能：最糟狀況，無心工作也沒什麼能力，更糟的是，像尸位素餐還會帶壞他人，可能還想長留公司。

賦能的英文字有enable、enabling、enablement，字首的en-是使能（make）的意思，所以全意是給能、使能、給力、賦能。在英語世界裡，也有人把「賦能」與「賦權」（empowerment）或「授權」（delegation）都混用在一起了。

賦能是使員工更有「能力」（ability），更有能力為組織做出組織所期求的貢獻，這個貢獻有長期、中期、短期，有財務上的、非財務上的，我們在敬業篇中已述及。在這裡，現在要討論的是，賦能的「能」是什麼？

無論是在提升員工個人的「可聘用性」（employability）或提升對組織的「貢獻度」，員工需要的能力，我們認為有四大項，如本篇篇首山岳圖所示：

一、是天賦（talents），即天生自然擁有的，是一種重複出現的感覺、思考，或行為模式，是人們「潛能」所繫；可惜，總是被深藏著，被壓抑著。天賦在人的一生中都很難改變的，更有賴發掘與發揮。

二、是知識（knowledge），是經由研究或經驗而來，對事、對物的了解。知識來自大中小學校的學習，也來自社會叢林大學，乃至街道上的歷練，也來自自己的修習。現代知識的取得來自終身學習，含個人學習與團隊學習，與不斷學習。

三、是技能（skills），是一種經過實際演練過，熟能生巧的做人做事能力，常是因為對「知識」不斷重複的應用而獲得，可分為處事有關的硬技能與處人有關的軟技能，無法實用的技能叫「屠龍術」。

四、是屬性（attributes），指的是，聚焦在領導力上的一種個人品格、特性或行為，也會是一種價值觀。這種屬性可經由實習而得，有可變的部份，也有一生不變的堅持。較難教，很需要用心培養。

對於能力上的四大要素，員工應該加強的是在那裡？職場上，華人與洋人重視的程度，似乎是也頗有差異，我的長期觀察如：

	天賦	知識	技能	屬性
華人：	第4	第1	第2	第3
洋人：	第4	第3	第1	第2

分析如下：

- 華人最重視知識，尤其是學院派的知識，可能與傳統士農工商階級觀，與科舉制度的影響。萬般皆下品，唯有讀書高，自古皆然，今日也未稍退。
- 華人如讀書不成只好學技，倡導一技在身可以走遍天涯。

這個技，比較偏向養家活口的硬技能，比較不重視軟技能，軟硬兼施的，易成功但不多人。

- 華人衣食無慮後，會開始講究仁義道德，亦即「倉廩實而知榮辱」這個仁義道德學會後常被束之高閣，知而不行，學而不行，價值觀也常依需而變。
- 華人最不重視的，還是天賦，形勢比人強，天賦常自動退場，或深自壓抑，或反話感歎，如李白詩「天生我材必有用」，李白多才，但終生難大用，抑鬱以終。

所以，我們得到的華人能力四大要素的優先次序，大約如上。洋人呢？大致如下：

- 較重成果，訂下目標後，總要全力以赴，交出成果，所以能交出成果的各種技能成為首要，搖頭晃腦的學者少，挽袖行動的實踐家更受重視。
- 對領導力有更多與更早的重視，領導力所需的人格特質、風格、價值觀排序很高，仁義道德有更多的躬身實踐，從蘇格拉底就已立下典範了。
- 實踐的極致就是理論，所有行事都有邏輯可循，於是學院教育自然興起。名校雖也受重視，但仍沒華人般強調。重成果與實務，大小企業大小官常來自一般大學。

- 天賦能力也排在最後，「確定公司需要，管理人才供應」仍是人力發展的主流。近來，顧問導師與領導學家正大聲呼籲要發掘、發揮、善用甚至盡用「天賦」，呼聲越來越大了。

這四元素是賦能的四大主題，華洋重視度各有其優先次序，每個人看法也不盡相同。後面各章節的論述還是用天賦、知識、技能、屬性的自然次序。

回到賦能這個主題上，合益顧問公司的羅佑爾與艾格紐認為，賦能管理有兩大關鍵，第一是：要有最適化的角色。亦即，要能讓員工適才適所，適才是發掘、發展、發揮員工的才能、能力；適所是在現在與未來提供適切的工作舞臺。要讓工作上的角色需求與員工先天與後天能力相與配合。但誰先配合誰？或者自然地，兩方各時先時後，才更完美無缺？我們在後面有細論。

第二是：要提供一個支持性的工作環境。俗話說：巧婦難為無米之炊，管理階層要提供員工工作所需資源與環境，如資訊、技術、工具、設備與財務支持，也要提供管理軟體如當責，釐清角色並協助解決或避開各種擾人不堪的官僚「紅膠帶」。

所以，在賦能員工上，我們要談的將是適才、適位與適環境。一言能蔽之，卻絕非簡單易行。

3.1 發掘「天賦」

2003年，夏季裡的一天，我飛到美國東岸北卡羅萊納州內著名的創意領導中心（CCL），參加一個有關高管教練的研討會。會前，還先在西岸加州先接受了一個有關個性傾向的心理分析。這次研討會最大的收穫之一，是下頁圖3-1這張簡單的圖表，我稱它為行為三角學。

為了方便說明，我在圖形中間加了一條水平線。圖形全意是，人的行為很難改變，尤其是在長大後，也養成習慣後，但行為要不要改變呢？一定要。這是一個人，處在不斷成長、不斷精進中的社會裡，一定會遭遇的過程。在現代世界優秀公司與組織中，員工的行為都已經列入績效考核的一部份了，行為不對會讓個人績效失色，嚴重的還會因此丟了工作，從小職員到大CEO一體適用。行為很難改變，但如何改變成功卻有脈絡可尋，如圖3-1所示，行為是受到「水平線」下價值觀與個性兩項因素影響的。當價值觀改變時，行為就會隨後跟著改變；個性其實是一個很難改變甚至無法

圖 3-1　回歸基本：行為三角學

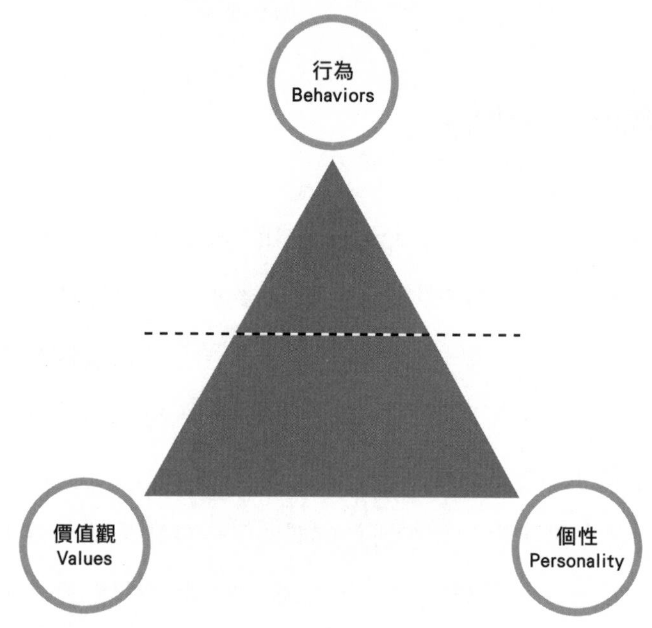

資料來源：CCL

改變的部份，它是與生俱來的，既是很難改，我們可否發掘它、認識它、運用它，並把合適的更發揚光大？而依順著個人個性類型，行為改變勢將更為可行。

在職場上，聽過要「做自己」(being yourself) 才會更成功嗎？甚至要「做最好的自己」(being the best of yourself)。要做自己，你必須更清楚了解自己的「個性」，或進一步的「核心個性」或「個性類型」，然後善用自己的這些天賦，做出更符合自己天賦的事，你會因而更成功。而且，你若想發揮更大的影響力，你也應該勇敢地善用自己的個性特質。

我自己原先是不太了解自己的，只知道自己應是天生靦腆、內向、害羞，應該不適合做太外向或應對公眾場合的工作的。我生長在台灣竹南很鄉下的山裡山頂上，大學畢業時，我不識字的父母親很擔心這麼內向的小孩如何「行走社會」，好在，我是學工程的，很快就找到一個工程師的工作。我常想，那時候如果有一位鐵口直斷的預言家告訴我，在二、三十年後，我必須走入業務銷售，做好管理領導，當好顧問教練，還會有無數的大小公開演演，我一定會說，我不想活這個人生了。好險，一路走來，不斷調適，很自然地發現，原來一個靦腆內向害羞的鄉下小孩，也適合站在三千多人的大會堂前（2012年10月，在中國），慷慨激昂還反應熱烈地公開演講。

原來，內向害羞並不足以充分解釋一個人的個性；原來，天生的個性傾向應由四個角度來綜合審視，這四個角度是：

一、在付出與吸取精力的方向上。

二、在吸收外在世界資訊的本能方式上。

三、在決策的方式上。

四、在應對外在世界的方式上。

這四個因素加總後，才能更完整地描繪一個人的「個性類型」，而這就是著名的MBTI（Myers-Briggs Type Indicator）即，麥（M）、布（B）婆媳二人衍生發展的「個性類型」指標法。4個組合後有8種傾向，又合成了16種「個性類型」。這些個性類型並無孰優孰劣之分，也非要求每個人都面面俱到以迎合他人，或相互堅持是不同類型的人，而是要更清楚、更善用自己的個性傾向，發展出更健全的人格，迎向更美好的自己，更且，如果善用天賦中的長項，甚至將會更有能力在未來做出必要的行為改變，追求卓越。

我在去CCL前，在加州做的心理測驗正是MBTI測試，結果發現就是他們16種類型中的ESTJ。我曾私自沈思解析，並對照驗證，發現果真很像自己。在CCL的討論課上，也赫然發現，來自世界各國約20位顧問學員中，大部份都是ESTJ。

在這世界上，最早做這種個性類型分析的是瑞士心理學家榮格（Carl Jung）。他在1920年發展出的個性類型分析架構，即前述4項中的前3項，後來麥布二氏加入了第4項因子與傾向，組合成了MBTI指標，形成了16種「個性類型」分別是：ISTJ、ISFJ、ISTP、ISFP、ESTP、ESFP、ESTJ、ESFJ、INFJ、INTJ、INFP、INTP、ENFP、ENTP、ENFJ、ENTJ。

美國組織行為學與發展學專家哈茲佐（G. E. Huszczo）博士，在30餘年的教學、研究及企業顧問後發現，MBTI中的第二與第三因素更是個性中的最核心要素，於是把這兩組加起後形成了所謂的「核心個性類型」（core personality type）。在這兩個因素內，分別有兩種傾向，所以，構成了四種簡潔又關鍵的「核心個性類型」，分別稱為：

1. ST：穩定者（stabilizers）。
2. SF：協和者（Harmonizers）。
3. NF：催化者（Catalysts）。
4. NT：高瞻遠矚者（Visionaries）。

所以，經過這些系統化的分析後，不論你是在16類型或4類型中，你都可以找出自己的「最適」類型，以更進一步認識自己。這些個性類型分析出來後，支持的還有各種最適的工作類型，是很好的個人發展輔助資料，可以協助在往後工作上，或人際關係處理上，創造卓越，在未來短期與長期計劃上執行更成功。所以，要做自己，做最好的自己，並不是不明所以，埋頭全力以赴，而是要先認識自己。很吊詭的是，你通常並不認識你自己，那又何德何能做最好的自己？

這些天賦的個性類型，其實在人的一生中不太會改變的，常被隱藏著或壓抑著，沒去運用。故，有時自己有些成就了，也覺得並得不順意，仍是若有所失。如果，這些天賦再加上適切的後天才能發展，會形成個人成長與發展上最大的「優勢」。

要了解自己的個性類型，除了MBTI方法外，還有很多相似工具，例如DISC，還有號稱是地球上最古老的人類發展體系九宮格等。在最近發展上，不能不提的是蓋洛普公司的努力，如：

- 1999年，克利夫頓（D. O. Clifton，Ph.D.）發展完成並推出「強項測評系統」（StrengthsFinder）；白金漢先生（M. Buckingham）出版了有關的《首先，打破成規》一書，全球暢銷約4百萬本。

- 2001年，白金漢又出版《發現我的天才》，暢談天賦能力的運用。
- 2002年，克利夫頓被選為「天賦強項心理學」之父。
- 2007年，白金漢又推出《活用我的工作天才》，也成暢銷書。
- 2008年，拉斯（T. Rath）以「強項測評系統」為基礎，推出《強項領導力》旋即暢銷全球。
- 2011年，白金漢再推新書《在每個位子上發光》。

在這一系列出書與定系統的過程中，白金漢等蓋洛普顧問公司專家們，偏向以天賦（talents）來描述一個人的性格特質或個性類型，他與克利夫頓在歷經兩百餘萬人大調查及30年的系統化研究後，萃取出34種人類最普遍的「天賦」，例如：成就者、催化者、籌劃者、溝通者、競爭者、一致者、發展者、紀律型未來者、和諧者、包容者、個人主義者、學習者、正向者、負責者、追求重大意義者、策略者……旁徵博引地理出人類共有、原有的34種天賦。這34種天賦中，又有許多不同的組合，解釋了人們卓越的表現。

當你接受「強項測評系統」分析後，你會進一步又被測評出5種「主導性天賦」，這5種主導性天賦終將成為你個人最強「強項」的重大源泉。如果，你要在職場上真正擁有強項，這5種主導性「天賦」還是要再加上其他相與配合的「知識」與「技能」的。還有，你也要形塑你的領導人「屬性/價值觀」。

白金漢先生在2003年克利夫頓博士辭世後，離開蓋洛普自創公司。他在2011年的《在每個位子上發光》中討論這34種天賦中，有很多項其實是彼此密切相關的，他的公司於是利用統計手法，合併了一些高度相關的天賦種類，成為統計學上稱謂的因素（factor），或是，現實世界中的習稱的「個性」（personality）——綜合說明一個人在整體上，原是如何與外界互動的。

於是，34項天賦，統合成為9項「個性」，或者是，白金漢先生自稱的9項「強項角色」（strengths roles）。他聲稱，如果克利夫頓仍在世，他們仍會一起工作，也一定會一起引向這個方向與結果的，這9項「強項角色」分別如下：

顧問者、連結者、創造者、調理者、影響者、先驅者、照護者、激勵者、老師。

這九項「強項角色」在經過他們設計的測評系統後，會定出兩項最明顯的角色。那麼，以後在職場上，就要記住這兩個明顯角色了，要不斷地練習這種好不容易發掘出來的天賦能力，才能更有效地做最好的自己。

你每天工作上，都可以運用到你的強項嗎？蓋洛普在一項全球企業調研中發現，各國員工差異頗大，例如：

美國：32%，德國：26%，英國：17%，日本：15%，中國：14%，法國：13%。

為了加深應用性，我在此進一步延伸並演譯白金漢書中一則故事如下：小李在一所著名大學電子工程研究所畢業後，進入一家工程公司任職軟體工程師（他已具備了適當的「知識」），他工作認真又負責，很會寫程式（亦即，又具備適當的「技能」），後來，他升任團隊領導人，他擅長論述解說，也喜歡輔導新人，非常有耐心（他還不知道自己的「強項角色」就是「老師」與「調理者」），團員們都喜歡他，他也喜歡這個工作，越做越好，最後他又升為產品專案經理了。

現在，這項新職位需要新「技能」了，最主要的是兩個層面，一是配合產品專案，需設計、測試、修正軟體（需要

「先驅者」的天賦），二是需要親切而有技巧地應對客戶需求（需要「照護者」的天賦）。

這兩項主要工作，不斷地出問題，讓小李做得倍感吃力。軟體專案不斷出包，他不斷解釋並安撫客戶，常常感到越來越無力與疲倦。有一天，他終於引發了嚴重工作倦怠症，無法上班了。他決定辭職。

很久後，小李重回學校，開始設計線上軟體教學課程。他發現樂在其中，重新運作了他「老師」與「調理者」的天賦能力。他，其實一直不知道自己的天賦。

這個真實的故事，透露出什麼訊息？

一、以傳統智慧來看：

- 依彼德原理，每個人都會升到自己不可勝任的職位上，小李這麼快就升到了。
- 要走出「舒適區」，小李需要學習新技能，這些其實很普通的管理技能，他學太慢了。
- 小李應該放眼更大目標，確立價值觀，修正努力方向，更可加強學習新技能。
- 小李在職訓練不足，缺導師或教練輔助，是主管在培育人才上的一次失誤。

- 以小李的聰明才智，如果加上適切的技能提升，與管理領導培訓，他可能會在公司更成功。

二、以「天賦說」來看：

- 小李每天被要求展現他並不具備的天賦，扮演著一個完全不是他自己的人，注定越來越虛弱。
- 他應該回到他的「強項區」好好發揮，不再虛耗時間與精力，成功可以更早、更快、更快樂。
- 他應該要知道自己的「強項區」，善用他的優勢，反覆磨練，提高自己的創新力與生產力，也會變得更容易與別人合作。
- 他應該在自己的天賦強項中，找到改變與學習新技能、新知識的動力。
- 「強項角色」（strengths roles）與「職務角色」（jobs roles）的相互配合已逐漸成為提高員工敬業度的重要因子了。

三、以企業「賦能」的角度來看，

現代管理中，要協助員工發揮才能，做好管理工作，並走向高管之路，那麼，一直重視的還是在：技能——或許是由硬技能；更提升到軟技能，在知識——或許由領域知識，到不斷增長的適要（relevant）知識；在屬性特質——確立個人價值觀，及其與企業價值觀的關連性。第四能的天賦，依然是擺在最後，天賦能力的強項，隱而未發已太久了，終於引發了過去十餘年來蓋洛普公司與白金漢先生等專家們公開而強勢地探討天賦，備受驚艷地成為公眾話題，而企業中職務角色與天賦中強項角色的相互配合，也強化了在提高敬業度上的應用。蓋洛普在一項調查上也證實了這點，他們的調查結果是：領導人如果能重視員工的天賦強項角色，並讓它與職務角色相結合，那麼員工敬業度可約提升高達8倍！

蓋洛普公司在他們的兩百萬人大調查中，有兩個論點很特殊，他們說：

- 每個人的天賦，都是持久而獨特的。
- 每個人的最大成長空間在他的最大天賦強項（strengths）裡。

他們認為，人生真正的悲哀不在於缺乏足夠的能力，而在於未能利用與生俱來的天賦。

再想一次，天賦是什麼？天賦（talents）不是天才（genius）。我們在本節前半段裡，提到的MBTI中16種「個性類別」是天賦，後半段提到的34種「強項」也是天賦，天賦經常被形容為與生俱來的特別能力或資質，是一種具有效益性的重覆性思想、感情或行為模式。這些重覆性模式產生自大腦內的連結，超過某一年齡後，便不會再創造出全新模式，所以，天賦常持久不變。

如果，不透過那些複雜的測評系統，我們如何找出自己的天賦？白金漢先生如是建議：

- 留意自己在面對各種狀況時的自然反應，那裡可能有明顯的天賦跡象。
- 「渴望」，它會洩露出天賦的存在處，尤其是很早期就出現的渴望。
- 學習某種新技能時，如有慧根般，學會得特別快又不會忘。
- 從事某件事時，感覺特別好，滿意度也很高，可能是正在使用天賦。

這些天賦必須加上適當的「知識」與「技能」，才能成就真正的「能力」。如果加上新的知識與新的技能，也能成就新的能力。大多數企業或組織裡，都很重視知識與技能，總是忽略了員工的天賦，甚至連員工自己也忽略了天賦，無端少了一個很大的潛能之源。

2011年夏，ASTD（美國培訓學會）在美國佛羅里達州的奧蘭多市召開年度大會時，白金漢先生是主講嘉賓，我躬逢其盛，想以他當時的一段話做為本節結論，他說：「天賦強項對績效有三大直接影響，第一，它是加速劑，因為在強項領域裡，人們學習起來特別快速。第二，它有相乘性，因為在強項領域裡，人們更有創意，更願協作，更能創新，更具洞見。第三，它有補強力，因為在強項領域裡，如果遭遇挫折，人們反彈回復更快，因為人們有更高度的自信以及自我勝任感。這三劑相加後，對績效是一種指數式的改進。」

「天賦」被高估了嗎？

2008年，美國《財星》雜誌資深主管也是美國最犀利、最受尊崇的評論家之一，柯文（G. Colvin）出了一本暢銷管理書《我比別人更認真》，全書強調「刻意磨練」（deliberate practice）的重要性，也強調「天賦」其實並沒有那麼重要，而且被遠遠高估了。這本書中，有許多引人入勝的實例，有扎扎實實的研究，我很喜歡，所以英文原本與中文譯本各讀了1.5遍。那麼，這部天賦並不太重要的論著與前述蓋洛普天賦很重要的主張，又有多大的衝突？其實，很簡單解決，他們對「天賦」（talent）有不同的定義。

在英語世界裡，talent一詞常被用來表示：

* 一種卓越的績效表現，顯現出很有才華、才幹。
* 一些有卓越績效的人，他們是「人才」，例如現代盛行的「人才爭奪戰」(the war for talent)，是企管用語，也是哈佛出版社一本書名。
* 一種比較特殊的才能，例如，繪畫天份。
* 在電視行業裡，沒什麼特殊意旨，是泛指出現在鏡頭上的任何人，talent在這裡完全沒有價值判斷的含義。
* 在蓋洛普，talent是用來描述一個人的個性特質，或個性類型。每個人都獨特地、長久地擁有這些天生能力，還會發展成強項，綜結而成為個性。
* 在《我比別人更認真》一書中，talent是指做某件事的績效「優於」大部份人的一種天然能力，是大部份人不具有的；能在人生早期就被發現，是一種內在能力，只能先天擁有，無法後天取得。

所以，柯文書中所抨擊的「天賦」，其實是偏向「天才」(genius) 含義的。天才，一般指的是一種更大的知識能力、更高層次的原創力。用普通的話來說，是智商 (IQ) 更高的人了。例如：一般人智商約是100，低於70的，是有心智障礙的。要通過大學學業，你至少要100多些，想唸完一個好的研究所，你至少要115。愛因斯坦的智商是150，在美國IQ測驗史上，有人高達200。

但智商與成功的關連也是有很的，智商高並不表示日後在社會上的成就會特別大。柯文著書立說、抨擊的也是在這裡。他極力推崇「刻意磨練」〈deliberate practice〉的重要，要有大成，十年磨一劍或一萬小時刻意磨練，是一定要具備的。

我把蓋洛普與白金漢先生所論述的天賦，定位在圖3-1行為三角學中右下角的「個性」相關論上，與MBTI的類似評估是相近的。那麼，「天賦」被高估了嗎？可以確定的是，天賦一直被低估著。

3.2 善用「知識」

知識（knowledge）的一個簡單定義是，經由學習、研習——如在學校裡；或經由經驗、實習——如在社會現場中，所獲取的對人、事、物的一種瞭解（understanding）。這些「知識」是每個人發展未來能力的一個重要基礎。

美國人力資源學會（SHRM）與21世紀技能協會，曾聯合其他有關團體在2006年完成了一份著名的知識與技能需求報告，他們訪問了四百多家企業僱主——含微軟、菲律普摩里斯、福特及多種教育機構。總報告名稱很長很長，意思是：21世紀美國職場的新鮮人們，你們真的準備好了要工作了嗎？請認識企業僱主們對基本知識與應用技能的期望。下表整理出，這些僱主們提出對知識與應用技能的基本需求：

表3-1　美國職場新鮮人必備的知識與技能

基本知識／技能：	應用技能：
• 說英語的能力	• 關鍵思考／解題技巧
• 在閱讀上的廣泛理解力	• 口語溝通
• 寫英文的能力（文法，拼字）	• 書面溝通
• 數學	• 團隊工作／協同合作
• 科學	• 多元化
• 政府學／經濟學	• 資訊技術／應用
• 人文科學／藝術	• 領導力
• 外國語	• 創意／創新力
• 歷史／地理學	• 終身學習／自我管理
	• 專業主義／工作倫理
	• 倫理道德／社會責任

如果，我們把知識與「技能」（skills）認真做個區分，那麼技能的定義應如是：經由對「知識」的不斷重覆應用並成功後，所獲取的實踐能力。那麼，表3-1左邊欄目中的各

項可解說為4種語言上的說寫讀與理解能力與5項學習（學校學或自學）的基本要求。如果，你學的科系是化學工程學，那麼你著力甚深，最有心得的是科學（細目如：物理、化學、單元操作、輸送現象等）與數學（細目如：工程數學、向量分析），但不可偏廢的是經濟學、人文學與歷史業的共識學科，這些綠葉配紅花，才能讓你在事業上相得益彰前程燦爛。職場新鮮人並沒有在專業領域上有許多重覆應用知識的經歷，所以不會被要求專業上的「技能」，例如如何操作蒸餾塔或設計熱交換器等的技能；但，在語言上的知識與技能是溝通的重要能力，這時候，這種技能已被強烈要求了。而這種技能雖只是基本技能，許多職場新人並未具備。

表3-1右邊欄目部份中被稱為應用技能的，除了資訊技術／應用一項是屬於所謂的「硬技能」外，其他10項大抵都屬於「軟技能」（soft skills）的範圍。所以，包括如自我管理能力、創新力、領導力與溝通合作能力都已被提早要求在職場生涯的早期規劃裡了。學生在學校修習專業知識以備日後發展為專業技能的同時，已必須在這些專業硬知識之外，修習軟性知識，並且要不斷練習，重覆應用這些軟性知識，務其及早成為「軟技能」。

你準備好了嗎？職場新鮮人。在進入職場時，你將被要求展現的優勢是，專業上的「硬知識」與人際處理上的「軟技能」。你在專業上的技能則是之後在職場上、現場裡，與戰場上修練而成的。

在越來越多的國內外工作面試中，只要你在某種學歷與學校層級之上的，「硬知識」已越來越不考了；「硬技能」則無從考起——對職場新鮮人而言，但對「軟技能」的重要性與重視程度卻不斷在快速提升也提早要求。「軟知識」呢？社會上、職場上充斥著各種截然不同的論調，似是而非，似非而是，應及早實驗體驗，蒸餾出精華，以備日後奉行不渝，或避之唯恐不及。例如領導力，在職場初期已有所需求，但真正的領導力則是在職場後期，要在真正大小舞臺，歷經成敗修練後，才能有真正展現的，很難在真空中練成。

在第3.3節中，我們將分別論述硬技能、軟技能，及包含軟技能的領導力屬性/價值觀等的能力要素。

上述論述大抵是對職場新鮮人，職場老手們是否也應藉此回思反思，工作時間雖久了，虛度時光式的自然經歷不足以形成職業經驗，而且，很多職場老經驗、好經驗也在快速失效中。新知識、新技能，軟硬兼具，職場人的新挑戰，日增不已。

對於高階主管們呢？有何需求？美國strategy + business季刊曾在20餘國針對100餘位企業高管們——包括如GE、Swatch、巴西電信等的CEO們，做了大調查：年輕領導人如果未來要在以全球事業為基礎的職場上成功，需要有什麼樣的知識、技能、與屬性？這個新全球商業能力大調查結果，我解說如下：

在知識方面，共有12種知識有待養成：

> **總體經濟學、全球財務學、全球策略學、組織結構與動態學、競爭微經濟學、決策學、全球行銷與品牌管理、銷售與客戶管理、技術管理、會計學、人力資源管理及公司治理。**

這些學科型的知識，是技能的背後基礎，許多也不是大學所學，很可能需要在隨後的MBA或EMBA乃至自習中補足。例如，在技術管理上，美國有一家著名的生物科技公司，有位非生技本業出身的CEO，他需要每週一次定期由公司生技專家補教生物科技，以利他在生技應用最關鍵處，即時做出正確決策。

美國ASTD曾有統計報告指出，在美國大學畢業生中，不管你主修甚麼，在隨後的職業生涯中，或快或慢，總有過半數畢業生終會走入行銷與銷售中。所以，補足在行銷品牌、客戶管理的「知識」勢在必行，也志在必得。

官位越來越高，人力資源的管理也越來越重要。GE的前CEO傑克．威爾許說，在他執政期間，全GE第二大的官就是HR的總經理。他執政期間，遍訪全球各重要分公司與事業部，隨行的總是HR總經理，而非財務長或營運長。因為，他要發掘人才、發展人才，他百分之六十以上的時間總是用在開發人才。

該調查報告在技能方面，也有最重要13項如下：

> 管理多元文化、處理不確定狀況、決策、當責式管理、績效管理、專案管理、複雜事務的簡化能力、簡報技巧、傾聽與觀察力、網路與協作、團隊建立、人才評估及人際技巧/回饋能力。

技能是指在知識之上，經重覆應用與歷練而得的一種能力。在MBA的課程裡，通常總是把技能視為周邊元素，屬於次要問題，多認為是公司自己或個人自己要負責的。現在，公司與個人則在技能上的訓練，更應該是有計畫的、專業性的、系統性的。現職培育與新工作或輪調工作是培養技能一種很有效的方法。知識加上技能後才能更有效運營。

例如，第一項的「管理多元文化」，高管們更能真正體認企業文化的重要，積極與高階團隊建立真正的企業文化，而不是停留在教條口號式的文化上，更不是強化個人魅力式的風格。然後，在這樣一致的企業文化下，才能真正有效地管理企業內的多元性。如，不同國家、不同種族、不同世代、不同宗教等等員工；多元化的員工組成裡，如果沒有一元化的企業文化在其上領導，只靠策略、組織、制度，乃至SOP是有不足的，是缺少活力、動力的，甚至隱含衝突危機與癌症因子的。

當責式管理也列名其一，它特別適用於釐清角色與責任，與提升績效，並進而實踐有效授權促成賦權，以發揮員工潛力。有一位在跨國大企業內負責大區域管理的領導人說，當責式管理幫忙他，「把三十幾年來，片片斷斷如拼圖般的各種管理理念、實務、經驗與心得，終於一起貫穿起來了。」有了一種「一以貫之」的豁然開朗與身心舒暢，還多了一股勉力前行的熱情。

下節第3.3節中，我們將專節討論技能。現在，要回溯這個學海無邊，學無止境的「知識」，它本身又是何去何從？如何精用？

知識是何從？何去？何用？

- 知識來自資訊（information），資訊來自數據（data）。這是我們習知的知識金字塔，知識高高在上，底層是數據；但「大數據」（Big Data）時代已隱然形成，正在加速、加劇影響我們的生活、工作與思維。
- 知識導向智慧（wisdom），智慧導向洞見（insight），洞見如何在人生與工作上創造更大優勢（advantage）？

如果，我們從「賦能」的維度出發，知識必然要結合技能，聯合打天下：

- 知識＋技能後，如何繼續向前推動，結合個人價值觀與企業價值觀，成功地經營自己的人生與事業？
- 知識＋技能時，如何向內結合早已存在、此生已難改的天賦，成就最大化的自己，最不同的自己？這個方向上的成就，可能足以創造典範。

我們也可以由兩個維度來看「知識」，一個是能力（ability）的4要素：天賦、知識、技能、屬性/價值觀；這

4種能力，也是本書賦能（en-able-ment）裡，「能」的主題，就是員工在職場上拼鬥時，組織應協助發展的「能」，這4個「能」之外，甚至還要再加上另一個能：體能，將在第5.1節中再論。

看「知識」的另一維度是「知識金字塔」中的5元素：數據、資訊、知識、智慧、洞見。

圖 3-2 「知識」的兩個維度

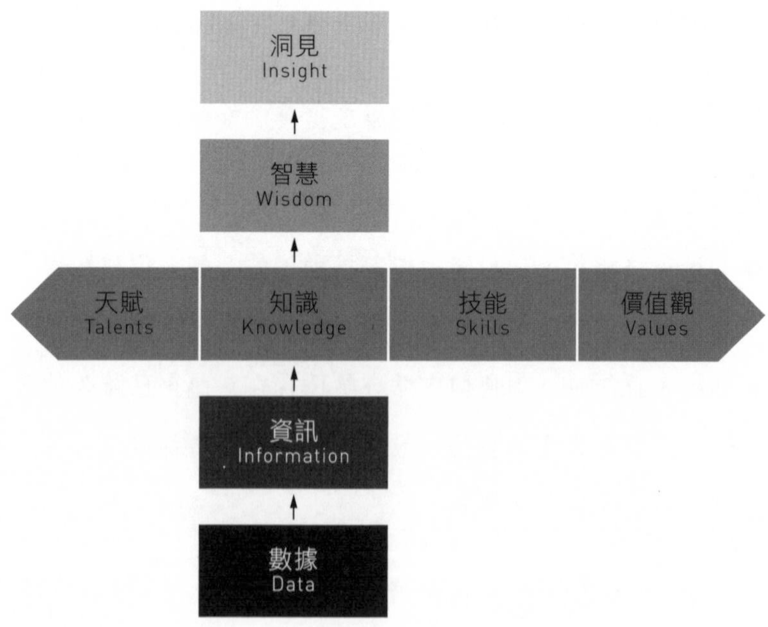

Ability（能力）vs. Capability（能量）

Ability（能力）與Capability（能力，能量）兩詞，在英語世界裡，是可以互用的；但，本質上仍有差異，這個差異有時還很重要。

本書主題的賦能，英文是en-able-ment，是賦加能力（ability）的意思。嚴格來說，Capability的能力，指的常是一種可以進一步發展的特性或官能，可用於某種用處的，更偏向是一種潛能。是比較偏向「未來」導向的：相信未來可行，有信心可以學著去做成。Ability的能力則偏向現在性，指的是現在即具備的「實際」能力。

例如：小明很聰明的，現在他只會做一位數相乘（現有的ability），仍不會做二位數相乘；但假以時日，努力學習後，他很快將會做二位數相乘（未來的capability）。

最頂端的「洞見」，是人們最深遂的智慧；最基層的數據，原是用途不大、有待開發的璞石，但因人類科技的快速進步，環境的益趨複雜，已然形成的「大數據」海量數據及其處理，已在加速加劇地影響著我們的生活、工作乃至思想了。擁有海量大數據的全面分析能力，可能在日後工作與生活上，造成個人與組織的巨大優勢。

數據（data），在拉丁文裡原是指「已知的事」，所以泛指一些未經加工的事實或觀察所得事物；常以數字、文句、字母、符號、圖象，乃於聲音等形式出現，它們未經加工整理，本身常無多大意義。

資訊（information）指已經過處理的數據，處理的方式如綜結、平均、篩選、群組、加值等等，常會把數據的上下前後關係與條理脈絡，整理出來。原始數據被目的化，也被操控了。價值性也顯然會提升很多，有個簡化的公式說，數據＋意義（meaning）＝資訊；原始數據是輸入，經過中間過程的加工處理後，產出就是資訊了。

如果，我們仔細去思考這些資訊，思考它們與商業成果有何連結？有任何更大的「類型」會產生嗎？與研究主題的關連？如何影響系統？如何有最佳運用？如何再附加更大價值？這些資訊開始會成為一種信念，一種方向，也就是開始成為第三層的知識了，也給了知識一個簡單公式：知識＝資訊＋規則（rules）；這些規則，告訴我們一些事情的可能效應。所以，知識這一層次已經足以讓職場中的人，產生一種競爭優勢了。

Intelligence（智力，或情報）則是指，獲取與應用這些知識的能力，含思維、邏輯與手法。所以情報局要情報、智力測驗（IQ）測評時要的也是這種「情報」，都在這個層次上。

如果是屬於一個更高品質的知識呢？我們稱它為專家意見或專門知識（expertise）。那麼，什麼是「專家」（expert）？通常是指，能比別人把工作做得更好的人，他們更能了解所需的規則（rules），故而完成更好的應用。但此時也會出現假專家，他們就是職場上被戲稱為「把問題弄得更複雜化的人」，他們擁有很多知識，但對於職場的規則與技能（尤其是軟技能）有所欠缺，也可能是對解決問題的成果方向不清，而有以致之。

在知識這個層面上，我們也常聽到「知識工作者」，也正是彼得．杜拉克在五、六十年前就已經提出的，是指具有「專門知識」足以讓他們自己成為個中「專家」的——指的是真的專家，這種「知識工作者」在職場上要從第一線工作者算起，他們用腦在加工數據，處理資訊、並提升也應用知識，最後造成貢獻。知識工作者的管理，直到今天都還是個問題，原因可能是賦能的不足，硬技能與軟技能的不足，更可能是「賦權」的不足，這個「權」指的不只是權柄（authority），更是指權力（power）——含有腦力、潛力、影響力、說服力、專家力等多元性的權力。

進而言之，我們在一般大學裡或社會與職場裡，經由觀察、研究、學習與調研所得對各事各物乃至各人，有了系統化、邏輯化的知識後，在層次上又如何提升到「智慧」（wisdom）的層級呢？

我們常說，這人不僅有知識，還充滿了人生的智慧。智慧指的是，有能力去分辨與判斷那一種知識對生活，生命與人生是真實的，是真確的、是持久的、是最適用的——用以創造更美好人生，也更深一層了解生命與生活的意義。

智慧再上升一級，就達到洞見（insight）的層次了。有洞見者能抓住智慧的真髓（essence），對真理最根本或潛在的本質，有所覺悟；對糾纏編結在一起的各事各物，有深邃的了解與圖解——能看透也看破這張多維度的工作乃至人生大圖。

如果，我們以圖3-2的角度來看並了解知識的重要與何去、何從、及何用，我們也許可用繪畫藝術為實例來說明如次：

- 數據是，你看過或擁有的許多相片、圖片、畫作、藝術品或藝文活動的事件記錄。
- 資訊是，你所了解或蒐集整理完整的梵谷畫作、畫風、畫史，也知曉其中所含的價值。
- 知識是，你在大學進一步修習的繪畫藝術史，想用以修養人生，也可能要用以維持生計的。
- 智慧是，你在繪畫中所展現的熱情與未來人生，也體認到繪畫也是一種溝通方式，足以感動其他人的生活與生命。
- 洞見，可能是，你又察覺到很多事都可以是藝術，每個人都可以創造自己的藝術以貢獻給周遭的世界。

故，在知識這個層次上，你有可能是平行發展，重新發掘、強化自己的天賦，也進一步發展自己在繪畫藝術上的硬能力與軟能力，讓自己的繪畫生活更加多彩多姿，說不定再加上自己改變後或仍堅守的人格屬性/價值觀，讓自己畫風更一致，儼然成為一代宗師。

回到一般職場上呢？在學校剛剛畢業，你站在「知識」不虞匱乏的交叉點上，如圖3-2，你可以往智慧、洞見的垂直方向上深入探索，也可水平式地往技能與價值觀方向上，增強自己的能力與實力，在職場上形成優勢。垂直線上的另一端是數據，別以為數據只是一些用途不大的事件、事實、數字或圖形，「大數據」時代已經悄然來臨。

牛津大學與哈佛大學著名教授美爾香柏格（V. Mayer-Schonberger），也是著名的企業與政府顧問，他在2013年名著《大數據時代》中說：人類喜歡計量與記錄，因此促成了數據的誕生。在計量上，從長度與重量逐漸擴大到面積體積與時間，還有電流、氣壓、溫度、聲頻等。還把文字變成數據，現在萬事萬物都能轉化為數據了，記錄與儲存設備也不斷進步，數據在數位化後又成為電腦可讀可處理的數據，用處更無可限制了。

這些龐大無比的數據，構成了現在的「大數據」時代，大數據將成為個人、企業乃至全球解決各種複雜緊迫問題上不可或缺的重量級工具，在數據處理上有了三大轉變：

第一，開始要分析相關事務的海量數據乃至全體數據，不再只是依賴隨機抽樣的少量分析，這將避開許多固有的缺陷問題。

第二，樂於接受數據的紛繁與複雜化，不再放棄一般可高達95%的非結構化數字數據。不再熱衷於追求精確度，而是追求效率與效果。

第三，不再探索難以捉摸的因果關係，將更關注於萬事萬物的相關關係。其釋放出的潛在價值，可能開出一扇窗看到了我們從未涉及的另一個新世界。

在現代科技下，眾多感應器，導航器，網站點擊與Twitter等被動地收取了海量數據，這些大數據電腦已可輕易地處理，用途也難以限制。

大數據的先驅者如Facebook、Twitter、LinkedIn、Google、Amazon等都已坐擁大數據的寶藏。各國政府機構所擁有的數據也是又大又早，這些大數據如進一步深入分析就可能得到各行各業幾乎所有的一舉一動，足以產生巨大價值的產品與服務，或者，深刻動容的曠世洞見。

記得在名著與電影《魔球》中的一個場景嗎？棒球界著名資深星探，歷經無數年經驗與直覺所做出的判斷，可以被年輕統計學家精準而全面的數據分析所輕易擊敗，而相形見絀。

UPS快遞公司多效利用地理定位數據，為駕駛員減少許多冤枉路，創造了更大時效優勢。他們的管理總監萊維斯（J. Levis）說：「預測給了我們知識，知識又給了我們智慧與洞見。」他很確定，大數據分析系統一定能在客戶之先，預測到並解決問題。

同樣地，處理大量來自手機的數據，勢將足以發現和預測使用人的行為。

在大數據時代靠學識、經驗與直覺的專家也可能式微，取而代之的是數據科學家的興起。海量數據將繼續快速成長，處理這一切的能力也將繼續強化。

也許，這是為什麼本章之首所提及美國21世紀技能學會與人力資源學會在大調查後，把終身學習／自我管理列為十一項職場人最重要的應用技能之一。中國孔夫子在「學習」上也有歷久彌新，發人深省的看法，闡述如下，也請參照圖3-2：

- 「學而不思則罔，思而不學則殆。」是說，光是勤學、苦學而不事思考，乃至深思，那麼學得太多，雜然並陳，滿腦片斷資訊，你會開始感到迷惘，不會形成知識，不會有智慧，更遑論洞見了。反之，如果每日面壁苦思，脫離人間世，不學人間事，不知平坦地球上各種學問間，高潮迭起。那麼那也是一件很危險的事了。如果能博學而深思呢，那麼就會採擷數據與資訊，成就智慧與洞見，或成一家之言，或融入他家合一光大，都是美事了。
- 「學而時習之，不亦樂乎。」這裡的習一指復習，指學習新學時，別忘了復習，溫故知新，更能所成就。習亦另指練習，學後時加練習，更為重要。這時的習是取自羽＋自，造字上說是羽翼已豐，需自練飛翔之意。聽說有些新鳥怕飛，需母鳥一腳踢下才敢放膽練習。練習或許要經歷許多失敗，新學習是要經過重覆練習與應用，才能真正有用的「技能」。

- 「學以致用」嗎？孔子的學問在當時總是難以致用，他常歎要「舍之則藏」或「乘桴浮於海」了。現代人較幸福，事業種類繁多，總是可以找到合適的工作，然後學以致用，皆大歡喜。依知識＋技能兩項找事，相對是容易的，如果要再加上天賦或價值觀就有了更多挑戰，但一旦找到了，那麼大成功，或大放異彩的機會就更大了。
- 「學非所用」嗎？別緊張，這種人在這個世紀裡已越來越多。學歷史的，在當科技業老闆；學英文的，在主導半導體銷售業務；學醫學的，在寫小說。他們可不認為「學非所用」呢，大學所學只是個一套邏輯思考系統罷了，出了大學要做什麼像什麼，所學不夠用，那麼就趕緊新學、綜合學、跨領域學，為了未來三四十年職涯，你需要新學，需要終身學習。
- 或者，你注定是「學無所用」，像《莊子雜篇》寫的：「朱評漫學屠龍於支離益，單千金之家，三年技成而無所用其巧。」這位朱先生，傾家學習屠龍術，成就絕世名技後，可惜無龍可屠。朱泙漫先生準備餓死嗎？不然，轉屠龍為解牛，說不定另創一格，比「庖丁解牛」還利害？《莊子‧養生主》裡記載庖丁為文惠君解牛，解牛時「恢恢乎，其于遊刃必有餘地矣」，而且，被解之牛還「不知其死也，如土委地。」解牛不成，殺豬可乎？

最後，我想引用管理大師彼得‧杜拉克的名言，他說：「只有有目的、有系統、有組織地學習，知識才能變成力量。」那麼，圖3-2一定可以幫助我們在學習上更有能力目的化、系統化、組織化了，也同時幫助組織更有效地成就他們敬業的員工們。學習一定要有目的，它可能是自己天賦的方向上，更可能是組織現在與未來需要的方向上。

3.3 兼具「硬技能」與「軟技能」

上節末，我們談到朱評漫拜師學屠龍術，三年而技成，卻無龍可屠；也談到《莊子》中一位姓丁的御廚，殺牛技術了得，還在皇帝文惠君（即梁惠王）御前表演殺牛，全文如下：

庖丁為文惠君解牛，手之所觸，肩之所倚，足之所履，膝之所踦，砉然嚮然，奏刀騞然，翼不中音。合于桑林之舞，乃中經首之會。

文惠君曰：「嘻，善哉！技蓋至此乎？」

庖丁釋刀對曰：「臣之所好者道也，進乎技矣。始臣之解牛之時，所見無非牛者。三年之後，未嘗見全牛也。方今之時，臣以神遇而不以目視，官知止而神欲行。依乎天理，批大卻，道大窾，因其固然。技經肯綮之未嘗，而況大軱乎！良庖歲更刀，割也；族庖月更刀，折也。今臣之刀十九年矣，所解數千牛矣，而刀刃若新發于硎。彼節者有間，而刀刃者無厚；以無厚入有間，恢恢乎其于遊刃必有余地矣，是以十九年而刀刃若新發于硎。雖然，每至于族，吾見其難為，怵然為戒，視為止，行為遲。動力甚微，謋然已解，如土委地。」提刀而立，為之四顧，為之躊躇滿志，善刀而藏之。

文惠君曰：「善哉，吾聞庖丁之言，得養生焉。」

屠殺牛隻，應是血肉橫飛，血腥無比，儒家說：「君子遠庖廚」，丁大廚居然能在皇上御前表演屠牛。原來，他藝高膽大，技能非凡，解牛（不稱屠牛了）的現場是這樣的：

> 丁大廚動作俐落，時而以手觸牛，時而以肩倚牛，時而以足踩牛，時而以膝抵牛。刀起刀落，刀進刀出，有皮骨相離的小小聲，也有刀入骨間的較大聲。這些大小聲，聲聲入耳，隱含節奏，宛如《經首》之樂者，動作上進退有序，也宛如《桑林》之妙舞。

看來，這解牛現場一點也不血腥，還博得皇帝大樂，驚問：「善哉！你的技術為何如此高超？」丁大廚放下屠刀，回答說：

> 我所喜好的其實是「道」——事物的道理。例如，牛的骨架肌理脈絡，這已經超越了「技」——解牛的技術了。

他又繼續說明：

> 早期，我在解牛時，看的是外體。所以看到的是一隻全牛。三年之後，我已看不見全牛了，我看到的是肌理筋骨脈絡。現在呢？我也不用目視了，我是用心神——亦即，我對牛隻的解析理解力，去與牛相觸。視覺官能停

用了，而改用心神，依心領神會而動。依據牛體天然的肌理骨架而引刀進入筋骨間與骨節間大大小小的空隙裡。刀從未進入經絡相連或骨肉聚結的地方，更不會砍向腹部大骨。

所以，好的廚子，一年更換一次刀，因為他是用割的。一般的廚子，一月更換一次刀，因為他是用砍的。我的刀已經用了19年，支解了數千頭牛了，但刀刃仍鋒利，宛如，剛從磨刀石出來的。

原來，丁大廚果然技術非凡，他解牛時，從初級的目視牛外體，到中級的瞭然牛肌理，到最高級的心領神會，出刀時依循天理，悠遊在相接空隙裡，乘虛而入，牛隻即迎刃而解，也保護刀刃，總是鋒利無比。原來「工欲善其事，必先利其器」的古訓中還有續集，工具好不容易磨利後，才能把工事做得更為美善，但在做事的過程中也不可揮刀猛砍，只為成事；而應出刀愛惜，砍在最適處，延續也延長刀刃的鋒利，不要老是在磨刀而「利其器」了。

丁大廚下面的敘述更為精彩，我們也終於知道了許多著名成語的由來：

在骨節之間有間隙，但刀刃卻是極簿，幾乎是「無厚」。以「無厚」進入「有間」，刀刃在其中，宛若寬綽恢恢，正是「游刃有餘」了。所以19年來，刀刃鋒利如昔，宛如剛從磨刀石出來的。每次解牛，遇到筋骨交錯聚結處，立即感受危機，怵然警戒，不敢輕舉妄動，總是先屏氣凝神，小心翼翼，依循肌理，輕動其刀。然後，嘩啦一聲，骨肉分離，牛體宛若泥土般散落一地！

丁大廚娓娓道來，扣人心弦，以「無厚」進入「有間」，盡得優勢，還「遊刃有餘」，令現代企業競爭者，欽羨不已。丁大廚學驗俱豐，但臨場辦事見危而懼，戒慎恐懼，直到牛隻「如土委地」才能鬆一口氣，鬆口氣後呢？底下原文，更是經典：

「提刀而立，為之四顧，為之躊躇滿志，善（拭之意）刀而藏之。」

我們想像一下這個解牛現場：丁大廚身懷絕技精通天理，大處豁然，小處懍然，不亢不卑，不驕不懼，在皇帝面前，成就大事，然後，這個是場景：

提刀而立，為之四顧，躊躇滿志！

丁大廚是值得的，可以是躊躇滿志了。

《莊子》這篇精彩故事裡，我們也驚喜地發現了這些常用成語的出處：躊躇滿志、游刃有餘、恢恢有餘、迎刃而解、官止神行、如土委地、目無全牛，以及庖丁解牛——指的是，能掌握事物的原理規矩，能化繁為簡。技術高明者，行事總是「游刃有餘」，但臨危也戒慎恐懼，終而完成任務，「如土委地」。

丁大廚解牛後「善（拭）刀而藏之」，有點像美國西部片中，牛仔英雄在力鋤群奸後，在仍冒著煙的槍口「躊躇滿志」地吹了一口氣，然後還槍入袋，騎馬絕塵而去！

「庖丁解牛」的故事仍未完，最後一句是，文惠君曰：「善哉！吾聞庖丁之言，得養生焉。」

王還是王，智慧超凡，明明是段精彩無比的「解牛之道」，卻結論成「養生之道」。其中奧妙應是：天下萬事萬物，繁雜無比，但若依從天理，順乎自然，官止神行，那麼在處理繁雜事物時，也能游刃有餘，成就「如土委地」；滿袖清風，一身釋然，養生有道也。

這一趟庖丁解牛之旅，也意外地讓我們從「知識」（萬事的原理）出發，迎向萬事的紛繁複雜，但堅定天理原則，反覆力行實踐，終於讓「技能」更為高超。另一方向，也因此而昇華獲取「智慧」，更進一步發現生活與生活上的「洞見」了。

如果把技能（skills）定義成：經由知識的不斷應用而獲得的一種熟練有用的能力（ability）；而知識是一種經由研習、學習或經驗而得的一種理解力（understanding）。那麼，我們從學校裡、網路上、培訓機構裡，學習到的許多課程，例如，經濟學、策略學、各種科學、會計學…等等都是屬於知識。沒上過學校，在街道上所學到的實用學問（street smart）呢？也是知識，有時基礎比較薄弱些，因此有些人也會想回學校補強一下。

學校學的知識，可以直接轉化成為技能嗎？還是應經過一段試用與實用的過程的。例如，在學校學了策略學，是要經過一長段的歷煉，才能更有信心，成為實用的技能，亦即，策略規劃的能力。如果把策略學那一整套，搬到企業界去講、去用，很多企業人是會昏倒的。

相反地，也有很多技能很高的企業人，他們發現基礎知識不足，或「書到用時方恨少」，於是重返學校，或重溫學校教科書，以期加強基本功，建立了更強的理論基礎（即知識）。

知識很強，技能偏弱時，常被視為學者型或教書的，更嚴重時會被譏成學歷無用論。知識不一定產生成果，技能一定能交出成果。

知識較弱，技能很強時，常被看成黑手型或街頭好漢，嚴重時會被譏成經驗無用論，知識可以讓技能獲得更大應用與更高附加價值。

所以技能＋知識後，才能在企業裡產生更有效的運營。

知識的獲取似乎單純些，比如在學校唸書。如果你是大學畢業生，那麼你在學校已費時16年。轉化知識為技能，你需要再幾年實務的鍛煉，這些鍛煉有成的技能，我們常稱為「硬技能」（hard skills）。

硬技能相對的就是「軟技能」（soft skills），軟技能是我們在那16年追求知識的過程中較少涉獵的，知識有大成後也較少重視的。近來，有職場專家說，我們應該也需要另一個16年來完成軟技能知識教育與鍛煉，如此，軟技能也才能有大成？

如此算來，在職場上如果要有大能力可以軟硬兼施，軟硬通吃，而斐然有成，那麼應該是一個40歲左右的人了。看來，此種推論也有幾分支持。事實上，有一部份的軟技能，也確實必須有真正的舞臺，才有磨煉與成長的空間。

認真而論，什麼是技能裡的硬技能與軟技能？從政治學、心理學、社會學與管理學來看，有很多不太一致的定義，例如：

其一，硬技能需要智力商數（IQ）高些，以左腦為中心，偏向邏輯方面的優勢而形成的。軟技能則需情緒商數（EQ）高些，以右腦為中心，偏向情緒方面的成長。

硬技能不論在任何公司、任何系統或任何人群裡，規則大抵是一致的。軟技能則屬自我管理與人際關係經營上的技能；規則會改的，學校很難教，常需在職場上學。有些，在進職場前已修成的，在新職場上還可能要改的。改後重新學習，很痛苦的。要精通一種軟技能，很難有整套一步一步式的導引教學，雖然或有導引手冊，但也只能幫到一定程度；然後，你需要應用、感受、調節、適應。

硬技能常學自學校與教科書，學成後有等級之分，如初級會計、高等會計；又如初等熱力學、高等熱力學。通過考試後，還能取得CPA或PE等的標準證照，可用於不同專業領域乃至不同國度。

職場上對硬技能與軟技能的需求程度，也各有千秋，例如：

- 需高度硬技能，較少軟技能的：如物理學家愛因斯坦沒什麼軟技能，仍然很成功，他的軟技能變成軼事，就別學了。
- 需更多軟技能，較少硬技能的：如汽車業務員，他不太需要懂太多汽車工程與製造的事，懂多了，也不見得會加分。
- 軟硬技能都需要的：如會計師、醫師、律師、工程師，其實還有大部份的職場人。

我們發現許多高階主管其實並沒有那麼聰明（聰明是IQ，硬技能），但他們是有很強軟技能，例如管理自己、管理別人、有領導才華、擅長化繁為簡、亂中求生、傾聽、建立團隊，乃至簡報技巧都很強。

高階主管所需軟技能，亦請參閱前一章S＋B的大調查資料。美國Careerealism機構也曾對企業僱主做過調查，得到最需要的6種關鍵性軟技能是：

1. 誠實與誠信。
2. 強烈而正面的工作倫理態度。
3. 高EQ（情緒高數）。
4. 善於自我激勵。

5. 高體能。
6. 是團隊工作者。

短短6項，卻包含廣泛，含自我管理人、人際管理，乃至人格特質與價值觀。

其二，硬技能是學校或培訓所學得之技術性技能，這種技能包括：技術上的如，蒸餾塔之設計，IC設計。也包括行政上的，如，流程管理，SOP制定等。這些技能可被定量計量，也容易由觀測而察查。軟技能則指，一個人的個人或人際特質，難以量化計量，也不易察查，但肯定影響一個人的最後績效。如果你上Google搜尋list of soft skills（軟技能的項目表），你會找到60種職場軟技能。但，看完後應該會很疑惑的，因為列舉了太多關連不強的雜項了。

以特性而言，用華人比較熟悉的情、理、法三項來解析，那麼應該是：

- 硬技能是重理與法，法、理之外有情嗎？應該沒有。
- 軟技理是重情的，情之後有理嗎？一定有，否則是濫情，那時軟技能就會難升級了。

有人力資源專家臚列下列28種最重要軟技能，大約可窺得全貌：

✹ 個人管理方面的：

自我認知、情緒管理、自信力、壓力管理、挫折回復力、寬恕力、堅忍與堅持、耐心、自我提升，共9項。

✹ 人際管理方面的：

溝通、簡報、輔導、面談、銷售（除銷售產品/服務外，更含銷售好主意、好決策及好行動等）、會議管理、影響/說服、團隊工作、激勵管理、領導（含願景、使命、價值觀的領導）、管理難纏人物、管理困境、壓力下的思考與溝通、網路工作、人際關係、談判、教練、組織力、辦公室政治管理，等共19項。

洋洋灑灑28項，看完後你會想退回去精研硬技能，當個愛因斯坦式的科學家嗎？或者勇往直前，在大學畢業後的一、二十年職業生涯裡，逐次弄通各項軟技能？選後者，成功機會還是比較大的。

對職場新鮮人來說，知識與硬技能是取得面談的要件，軟技能則是贏得工作與隨後成功的要件；軟硬兼具，有情有理，才是成功之路。

Having hard skills gets you hired; lacking soft skills gets you fired.

具有硬技能，可以讓你被聘用；缺乏軟技能，可以使你被開除。

其三，如果，從訓練的角度來看，硬技能是與企業的核心業務有關的各種技術性與行政性流程與程序，通常這種技能總是新的，所以易於訓練，因為：

- 新的技能很快會有立竿見影的新效果，很有說服力。
- 新的技能沒有「拋棄舊習」的困擾與困境。
- 新的效果，很容易察覺並計量，是新績效的提升，有獎勵的。

相反地，每日生活與每日工作都需要的自我與人際技能上的軟技能，在訓練時困難重重，個人與人際行為模式在人們進入訓練教室之前，早已在腦細胞中根深蒂固。這些行為模式，有些是有效的，有些是無效並造成困擾的，但多已成型幾個十年了。

引介一種新的人際工作技能，是要取代那些老而熟悉的技能的，故極端困難，縱使這些新的行為類型是有意義的、是被需要的、是被期待的，改變也是困難得很。唯一可行的取代方式是，新方式必須確可達成更好的新結果。這還不夠，有了新好結果的新行為模式，還需隨後立即到位地不斷有補強計劃。

補強計劃如果不到位，人們縱使心想改變也很容易又回到他們老而熟悉的「舒適區」。這種反覆情事如果多了，人們還會變得互相嘲弄，玩世不恭呢，成功學取新的軟技能更將遙遙無期。

對腦細胞運作的更進一步瞭解後，讓我們知道長期不間斷的補強計劃才能成功改變人類的行為模式，這種補強計劃包括如，有好教練在一旁支持，或有聰明夥伴隨時給出反饋、指引與鼓勵。

所以，綜合來說，訓練新的自我與人際技能的好方法將會是：

第一，在訓練前，先評估真正的人際技能現狀。目前最簡單，最實用，最有效的方法就是360度回饋法，只是，這種評估結果常令被評估者震駭不已。希望震駭完後，接受它，面對它。

第二，在訓練時，推薦優秀的新技能——確可造成新好結果的新技能。

第三，在訓練後，有不斷的補強計劃，有好教練、好工作夥伴，在一旁鼓勵。有些公司甚至由高管有高管教練開始，像瀑布般逐次教練下去。

可惜，人們學習新的軟技能，很想像學習新的電腦程式設計、新的醫療技術、新的SOP一樣，這些硬技能雖複雜，卻可感可行，好用又難忘。有專家說，學習新的軟技能就像要減肥，沒有捷徑也沒有神奇藥丸，我們必須要建立新的飲食與運動習慣。走上漫漫減肥路，不一定會成功，成功後可是滿面春風。

要警惕的是，春風難再。EQ之父高曼教授說，他很害怕，在EQ發展路上，有些企業領導人事實上確是在走「回頭路」，不進反退。

組織要有效能，要交出成果，員工與領導人都必須要硬技能與軟技能，軟硬兼具是困難無比。組織知道養成不易，更應站在協助的立場，幫助員工發展成功所需的技能，少了該有的技能，敬業的員工難免感到很沮喪了。

3.4 展現屬性/價值觀

一個頂尖的運動高手是怎樣養成的？

在最早期，可能是一個運動環境的耳濡目染，可能是一個運動世家的啟蒙啟迪，也可能只是來自一個偶然機遇。於是，他很有興趣地練習，比賽，然後苦練，再比賽，這時他最有興趣、最著迷的是，該項運動有關的硬技能，心中念茲在茲的是，什麼時候可練到爐火純青。這時，他也很可能又涉獵了更多有關的知識，這些知識中包括了許多的資訊與數據，幫助他更上一層樓地訂下目標，設法要成為行業的專業級、世界級。於是，更苦的磨煉開始，他可能要進入所謂的「刻意磨煉」一萬小時了。

頂尖的運動高手一定是個內外兼修的高手，他除了外功上的硬、軟技能外，還有內功的心理素質上因素。這些內功因素包括如：

- 挫敗恢復力；要在幾秒鐘內，從上一個潰敗或懊惱中回復正常。
- 堅忍與堅韌；在一天十三小時的苦練後，再迎接隔一天的十三小時。
- 追求卓越；不斷拉高橫槓，推遠標桿，總在不斷超越自己、超越對手。
- 堅強的自信心；在經歷許多身心挫敗後仍可重建自信，昂然挺立。

- 不斷地學習；不斷地從老經驗與新知識中設法提升技能與屬性/特質。

上述只是例舉其五，尚有其他許多成功所必備的特質，甚至，高手過招，打敗對手的已非硬技能，而是軟技能，尤其是更軟的心理特質。

一個頂尖的運動高手是怎樣養成的？絕非可能卻是最被傳頌的養成方式是：他就是個真正的天才，天生好手，天縱英才，而且一夕成名，英明不墜。

在管理界，我們稱那些心理特質是屬性（attributes）。這種「屬性」不同於前述的很難改的天生「個性」或「天賦」；屬性是可以改變的，是要培養的，但很難教的。在圖3-1的行為三角學中，它的位置明顯地不在右下角的個性處，而是在左下角的價值觀處。在許多管理論述中，屬性也常與價值觀排在一起，雖然嚴格定義上還是有別的。價值觀，讓一個人或一個公司形成了主導特質，展現出不同的主題；價值觀也是一個人或整個公司的人共享的特質，讓個人與公司形成了特色、風格，乃至文化。

S＋B季刊所做全球大調研中，高管必備的屬性有14

項，它們是：

絕不屈服的誠信、處世的體察力、擁抱改變、判斷與直覺、追求卓越、堅忍與堅韌、調適與反應、熱情與說服力、好奇心與創意自覺、自信與客納別人、無窮的精力以激勵與灌能他人、績效判定、潛力與學習及可教練性。

這14項屬性中，在該大調查裡，被各企業高管們引述最多的，據報是：絕不屈服的誠信。這個誠信，是一種普世價值觀，是人類亙古以來不論種族總是不變也奮鬥不已要守住的價值觀。美國管理學會（AMA）對三千多家優良大中小企業的價值觀調查中，誠信也高居20種常見核心價值觀中的第二名。許多公司乃至個人，都把它列為重要核心價值觀，置諸案首或列入企業文化中，戳力實踐。但是，也常常力有未逮，未能完整展現。在爾虞我詐、機關算盡，也競爭日劇的社會裡，保持誠信確非易事。但，誠信做為個人或公司的一個核心價值觀，仍然是推動企業與社會進步的關鍵，百年之後呢？應該還是不變。

價值觀是一個人在生活與生命中認定什麼是更重要而做出的判斷，這些已做成的價值判斷，隨後會形成一個人的信念，影響他的態度、行為、行動，乃至生活與生命最後的結果。

價值觀與個性不同，我們常說，不要以一本書的封面來評斷書的內容。這個封面是外觀，是外露的個性，例如有一個人表現著內向害羞，但不能因此評斷他是一個懦弱怕事的人，他的核心價值觀是：追求誠信，勇於當責；所以，有一天，你會看到他為了目的與目標，展現了「自反而縮，雖千萬人吾往矣」的氣勢與行動。

價值觀代表一個人的選擇性、判斷性，代表著他的主張，主張什麼是對的、更好的、更渴望的。因此，價值觀是選擇出來後，依重要性有了排序，也建立了個人的一套價值系統（value system）——其中的價值（是value，不是values；詳見第1篇說明）有高低，有輕有重，也會依時間與成長而有所改變的——雖然，事實上改變總是不多。

社會心理學家羅克奇（M. Rokeach）認為，價值觀是一個人很具持久性的信念，代表著他更喜愛的生活的特定行為準則，或生存的一種終點狀態。羅克奇相信，這些信念有其持久性，是整體上穩定的；一個人不斷地在做決策，決策時常常依價值觀的重要次序，也做出了取捨。

因為應用領域的不同，羅克奇也把價值觀分成兩種：一種是導向生活上特定行為準則的，稱為工具價值觀

（instrumental values），另一種則是關於生存的終點狀態的，稱為終點價值觀（terminal values）。

因此，終點價值觀是我們工作的大目標，是我們最渴望的價值，每個人都想在生命中達成的。工具價值觀代表的只是一種比較喜愛的行為方式，也可看成是達成終點的中間工具。所以，工具價值觀裡，主要包含的是個人特質、個人屬性，如誠實、有禮、雄心壯志、勇敢堅持、寬容、助人、負責、實力、自制、邏輯力、獨立、創新力等等。這些工具價值觀是在幫助我們達成終點價值觀的。

對於終點價值觀，羅克奇研究出人生常見18項，如下所述：

- 和平的世界：沒有戰爭與衝突。
- 身心俱安全的家：可以照顧所愛的。
- 自由：有獨立性，可自由選擇。
- 平等：兄友弟恭，人人機會平等。
- 自尊：自我尊重，尊敬，珍重。
- 幸福：知足，滿意，滿足。
- 智慧：對生命的一種成熟認識。
- 國家安全：免於被攻擊。

- 拯救：有解救，有永生。
- 真實的友誼：親密的交往關係。
- 成就感：一個持久的貢獻。
- 內在和諧：免於內在衝突的自由。
- 舒適的人生：一個興旺富足的生活。
- 成熟的愛情：性與靈上的親密。
- 美的世界：充滿了大自然與藝術之美。
- 歡愉：能享受悠閒生活。
- 社會上的肯定：尊敬，欣羨。
- 令人興奮的生命：充滿刺激、有活力的生命。

總結來說，羅克奇身為一位社會心理學家，他把人類的價值觀分成了兩類，工具價值觀是一個人在比較後更喜愛的一種行為模式，這些行為模式可以幫助我們達成我們的終點價值觀，亦即，一種生活的目標，一種我們渴望的生存狀態。例如，有一個人，他的終點價值觀是：智慧。那麼，他的工具價值觀可能是邏輯、誠實與知識。又如果，有個人的終點價值觀是：和平的世界，那麼他可能要有寬容、助人，與有禮的工具價值觀。

社會學家思考人類在比較後選取的更渴望的未來生存狀

態，做為一種目標，稱為終極價值觀。管理學家比較單純化而單刀直入，稱那是願景（vision），為了達成願景，我們有了策略與長中短期目標，宛若人生里程碑般的排在一列上，重要的也成了人生標桿。在執行上，我們也有基本原則（或者說，工具價值觀），也有由知識、能力與天賦及流程等專門技術所構成的執行力。

在迎向事業與專業，提升自己的能力上，有人總是會退一步想一想，再探索個人的終極價值觀——或者說，是個人願景；也評量一番工具價值觀——或者，就是你個人要堅守的三五個核心價值觀。如果，你是在歐美廠商工作，公司總會協助你去探索並發展自己的價值觀，甚至在不同的發展期間又再度探索，對個人發展與工作適應上幫助都很大。如果你是在較古板的地方企業裡，公司協助你的是整體的人類，或民族，或社會價值觀，你自己就一定要幫助自己理出個人價值觀了。

當你探索，並初訂或改訂了你的願景、使命、價值觀時，你可能會發現，這個架構與企業在訂定企業文化的要素與做法上是相似的。正是如此，以個人為基礎，很認真地做了，就會形成個人文化或個人風格——如一個高瞻遠矚，有守有為，有所為有所不為的有為人生；以企業為基礎呢？就是一個旗幟鮮明的企業文化了。

其實，企業本來就是人在經營的，這個人在最初創業時，從個性到價值觀到願景，總是旗幟鮮明的。有些創業家開始時也有不太鮮明的，在成功創業後又成功經營了一些年，也會整合、分析、蒸餾出來個人文化，然後又順勢形塑或重塑他的企業文化。所以，許多著名的企業文化中，都有很具鑿痕的創始人或創始團隊的個人文化。

企業的價值觀中有哈佛學者也把它分成了兩類，一種稱為核心價值觀的，例如誠信，可能是歷經幾十年、百年不會變的，另一種稱為運營價值觀（operational values），如速度、效率的，在企業發展到某一階段或在某一經營新環境下，是要改變的，以期重新聚焦，共赴各中短期目標。

企業的價值觀是企業由日常運營而迎向中長程願景的行為羅盤，企業裡的員工們一定要清楚認識，那可能也是升官、辭官或罷官的一個關鍵要素。個人建立的個人價值觀應該與企業核心價值觀是一致，至少不相牴觸，否則就成了志（願景）不同、道（價值觀）不合了，很可能導向「不相為謀」——自己辭官，或被罷官，或宦途一直都不太順。例如，你愛冒險不重安全，行事莽撞，最好不要去杜邦，因為安全是他們三大核心價值觀之一，尤其在工廠工作時，你真的會被開除的，而且開除是在犯規之後就生效，不是在真的釀成大禍後才生效。曾聽說美國有一位員工生好冒險，喜歡跳傘，度假後常一拐一拐地來上班，他的仕途也一直是一拐一拐的不太順利。

我曾在新竹一家國立大學推廣教育中心的工程與製造經理班，開課講授當責式管理，常問這些來自四面八方、各行各業的經理們：當你的價值觀與公司的價值觀有衝突時，你會怎樣？答案總是令我感動與震憾。平均約有九成學員回答說，他們會改變自己的價值觀去順應公司的價值觀——只要公司價值觀是好的、清楚的。只有約5%的人會掛冠而去——與歐美人相比，顯然偏低。記得有學員當場評論說：可是，我公司沒有價值觀，引來鬨堂大笑。我想，另一點可能沒說出的是：我自己也沒有價值觀。

華人企業不重視企業文化，價值觀也只是在網站與牆上當口號用的，不會認真。一切還是回頭看皇上皇意，人治味越濃，在公司進步與國際化上，困難也越來越大。

那5%掛冠求去的人呢？可能是有很大原則（價值觀），也很有能力的人，當他們找到一家很合的企業文化時，就很容易連結成為一個很敬業的員工，終總是大官。或者他們選擇去創業，創業與經營有成時，也有了鮮明的個人文化與企業文化，成為一個引人敬業的組織了。當然，這時說不定也有人選擇掛冠求去了。這時的最佳策略就是，讓他去吧，企業不宜在這個高度上談「求同存異」而多元化、無原則化。百年卓越企業不會在這裡尋求妥協，在核心價值觀妥協了就如同體內有了癌細胞而不治理，幾年後或十幾年後終會病發的。

我們要分個人與企業兩方向來討論這個問題。首先，是由企業採取主動的：

- 企業綱舉目張，文化旗幟鮮明，員工知道行為違反核心價值觀時會出大問題的。不只在歐美企業，中國私企如阿里巴巴也有由「獨孤九劍」演化而成的「六脈神劍」的六大核心價值觀；六大核心價值觀又化成了30項正面行為，這30項行為的力行程度佔員工總績效的50%，嚴重違反的也會被開除。事實上，他們也確曾因此開除過幾位高管。
- 台灣台積電在徵才時即標榜要「志（即vision）同道（values）合」的，所以在面談時即明察暗訪價值觀的契合度。因為，誠信很難後訓，只好先行盡力篩選，美國人也說：僱用時選人格特質，至於技能，進來再訓練。進來後，還有各種補強措施，最後，志不同，道不合，不相為謀，就請你走路了。但「教而後殺，不謂之虐」，不能不教而殺，當然不能連「教本」都沒有。

那麼，由個人採取主動呢？

- 「良禽擇木而棲」，未來企業經營上，企業文化越來越重要，除非你是前往就任CEO，否則你很難改變這個企業文化的。選擇合於自己文化的企業是很重要的。文化對了，敬業才有道，企業與個人才能兩蒙其利。
- 決心改變自己的價值觀——尤其是工具價值觀的部份，以相合企業的價值觀；反正，山不來，我就走向山，價值觀相合後就更容易成功，成就企業的同時也成就了自己。追隨成功的企業會讓自己的成功更快、更大，達成自己個人無法達成的成功。
- S＋B季刊及其他許許多多的論文論點都很類似，如，成功高管的三大能力要求是：知識＋技能＋屬性/價值觀。如果，你原是以「前兩項」為主，現在應積極跨入屬性/價值觀，要領先一步了。然後，你還需再回頭再深入一步，亦即思考、發掘、並應用自己的「天賦」。

如此這般，四大能力，讓你更有實力邁向更高層，或創業有大成。當你創業有成時，別忘了個人價值觀，它很有可能成為自己公司價值觀的一部分的。好好由此經營企業文化，也好好發展員工的四大能力——賦能員工，協助員工更敬業，更成功，讓企業生生不息。

由敬業管理的角度來看，我們的企業領導人與高階團隊已建立了文化與策略與各階段目標，因而吸引了合適的人才，在各個層次上產生了該有的連結，員工敬業度也在提升中。然後，很難能可貴地，領導人們又在努力賦能——賦予敬業員工各種所需的能力與工作環境，協助員工克盡厥職，全心全力達成目標，交出成果，完成對企業的貢獻。

在賦能上，領導人與員工兩方也有互惠互利的方向與實踐，要避免在天賦、知識、技能與屬性/價值觀上的一些缺失陷阱，例如：

- 員工只是很有知識的，有可能只是個書呆子、蛋頭學者、理論專家，小心書生誤事。
- 員工不只有知識還要有技能；他學驗俱豐，全力以赴，要求行必有果。這個能力還包括賣出自己的好主意、好策略、好產品、好服務的軟技能。

- 員工有知識、有軟硬技能也了解自己與公司原則（屬性/價值觀）。在個人與企業價值觀的引導下，邁向更成功的人生
- 員工有知識、有技能、有價值觀而且運用了天賦，或者說，讓他們在職場的較早期裡，發掘自己的天賦，然後運用天賦，戳力開展有關的知識與技能，確立人生價值觀。這種員工將為公司成就獨特事業，可能是前所未見的事業，也可能是成功的內部創業。員工快樂滿意，敬業無比。

或者，以一個學校初畢業生的角度來看：

- 他剛畢業：滿肚子學問知識，他很快加入了一些基本技能，一些融會貫通現學現用的技能。例如，他赫然發現煉油廠的蒸餾塔設計原來真的是用單元操作書上的公式算計的，他只是加了些校正因素，衍生出許多更實用的公式與經驗法則，他儼然已成獨立貢獻者。
- 他成了初階經理：在知識之上學會了許多技能，技能又回頭強化了多種知識。他在硬硬的硬技能之外，又加入了帶好團隊的軟技能，他成功地成為經理人。

- 他成了傑出高管：除了滿肚子學問，他也滿手軟硬技能，他還因釐清了價值觀，滿腔熱血，有守有為。他發掘也運用了自己的天賦，更快更穩地為自己也為公司開發事業，有了寫意人生。

例子，或許有些理想化；但，理想化有些像公式化，再加些校正因素就實際化了。就本質上來說，知識是被教育或自習來的，技能是被磨練與經驗來的，屬性或價值觀則是刻意規劃或培養出來的，它與領導力密切關連。摩托羅拉的前總裁兼營運長M. Zafirovski說：「你必須要先有個管理舞臺，才能激發以建立領導力。」所以，領導力通常是在一個高管職涯的比較後期才能獲取，這養成的過程中他們有所為有所不為，也有成有敗。瑞士Swatch的董事長說：「軍隊是聽從命令的，一個好的經理人則是聽從他的信念。」這信念（beliefs）就是從價值觀中發展出來的。

職場上，有很多技術性硬技能很強的高材生，他們很難認識、認同、認真於人際上的軟技能。甚至不具有「可訓練性」（trainable），他們在高管路上成就會有限。我們也有很多軟硬兼備的優秀經理人，他們無法培養出人格特質，許多特質是很難教的，例如，你很難教會一個人更誠實，更熱情或更具好奇心。如果他們也難以教練（uncoachable），成就也會有限。

就以誠實（honest）或誠信（integrity）為例（其實兩者有不同；誠實只是坦白說出自己砍倒了櫻桃樹，誠信則連砍都別想砍，人格有其整體上的一致性的），猶記得幾年前曾在臺北參加一場大人物們的研討會，主席開問：「如何提升員工的誠信？」理律法律事務所當時三大主持人之一的徐小波先生說：「很難，但可以從歷史教育中著手。」台積電董事長張忠謀先生則說：「很難，但可以從徵才面試中著手，從頭就挑選有誠信的員工。」

美國著名的CEO教練，葛史密斯說：「不誠信的高管是無法教練的。」他只要發現高管不誠信，就會拒絕承接或續聘為教練。在華人世界裡，我倒覺得事仍有可為，我們還是應該協助他們不要再走入黑色地帶，在灰色地帶時，教訓教導他們盡力回到白色地帶。越高職位的，應越快回到越不灰的地帶，逾越了誠信紅線，就無法救了。華人企業的最大問題是，沒有為誠信劃下生死紅線，劃了也不會真是死線，真是死線的，也死不到高管。歐美有許多公司，連CEO都會死在這條誠信紅線上的。

這條生死紅線也是企業文化中核心價值觀運作的關鍵部份。企業最高主管與高階團隊成員的不誠信，是全球員工敬業度不斷下降的一大劊子手。

第 4 章 賦能員工

賦能員工，除了員工自己要努力外，也需要組織提供一個支持的環境。本章論述一個有責、有權、有能的工作環境，也敘述一段真實故事：作者的一趟發覺與應用天賦之旅。

Enablement & Engagement

企業領導人的理想大約就是，建立一個「有責，有權，有能」的組織，員工們工作其中全心全力以赴，總是達標致果。

「分層負責，充分授權」是華人企業在分工合作上的重大努力之一，但努力了四、五十年了，仍是很難完成這願望，也少有進展。因為，「分層負責」還是很難分層，該負責的層級主管還是無法真正負起全責，主因又是他們的再上一層主管，授責不清，也沒有充分授權。沒有充分授權的主因又是回到屬下無法分層負起全責。於是，因果糾纏，剪不斷理還亂，成了華人口中的雞生蛋，蛋生雞的困擾，或是洋人難解的「catch 22」僵局。

其實，別胡思亂想了，這世界就是先有雞，後有蛋；企業管理界就是先有責，後有權。不只先有責，而且要把責任感中的「負責」提升到「當責」的層次。分層當責後，要追求的才是充分賦權——此時，「授權」也提升到「賦權」。賦權中，除了要給部屬應有的權柄（authority）外，也要鼓勵發展正向的權力（power），還有很待開發的潛力；這才完全了賦權的完整意義。

在權與責的世界裡，我們終是要努力完成「分層負責，充分授權」的未完成願望，最有力的方式就是邁向「分層當責，充分賦權」。而「分層當責，充分賦權」的首要關鍵就是：認識、認同並認真當責，把當責化為企業文化。

然後，在「有責，有權，有能」的目標中，最後一項是「能」。這個「能」，指的是員工的「能力」。這個能力要很全面，包括如前面所述的四大能力，即天賦、知識、技能與屬性/價值觀。華人企業中，有很多員工只是應用了一能（如，技能）或二能（如，技能+知識）；較難再進步到三能（如，技能+知識+屬性/價值觀）了。一個賦能的企業或組織裡，可還要再加上第四能的天賦。天賦不是天才，天賦是每個人都與生具有的，總是隱而不發，或若隱若現，有時會在你人生的拐點出現。故，不如及早發掘，並及早應用在各關鍵點上。自己有責任這樣做，企業也有義務協助或主導，許多優秀跨國企業都在這樣做了。

企業在「賦能」之前，還要先確定員工是否具有一定程度的「敬業度」。那麼，員工要先敬業？還是企業要先建立敬業環境？在管理上，這仍是有一些爭議與爭扎的。越來越大的趨勢是，企業應盡早建立敬業環境，尤其是在組織制度發展並不完善的華人世界裡。

賦能更有意義的是在：賦予已經敬業的員工，更全面的能力以支持他們完成任務，交出成果，這也正是本書的一個主題，用英文來說，是：Enabling engaged employees to get results!（賦能已敬業員工以達標致果！）

4.1 有一個敬業的組織

美國合益顧問公司的兩位名顧問師羅佑爾博士與艾格紐博士在他們2012年的著作《敬業之敵》（*the Enemy of Engagement*）中，論述了企業或組織在敬業與賦能不同步調下所造成的困境，如：

- 在一個組織中很敬業卻賦能不足，那麼員工會是充滿了挫折感；心繫公司卻力有未逮，有志難伸，難以全力施展。
- 如果你是個敬業者，組織在賦能上也給了足夠支援，那麼你是幸福的，能以組織與工作為榮也總獲得必要支援，故工作總能達標致果，你是有效果（effective）的員工。
- 如果你不是一個敬業者，也常沒得到足夠的組織支援，你會成為無效果（ineffective）員工，工作總是難達成，心也不在組織裡。不會待久的，待久了會更糟，成了渾渾噩噩混日子的人。
- 如果你不是一個敬業者，卻獲得了組織的許多賦能與支援。所以，工作上還能得心應手交出成果，技能與知識也不斷成長，但你心理並不忠於組織，不想久留，不想奉獻心力。那麼，你成了分離者（detached），可能隨時會在行業裡同業間跳槽。

敬業，不是員工只敬重他們自己的專業，必要時就在專業內各企業間跳來跳去。例如，一位電子科系畢業生，進入IC設計業後，練就一身好功夫，自己也以此專業為榮，立志要奉獻給這個產業，所以他遊走在IC產業內各公司之間。那麼，他是一個不敬業者，原因或許也是原企業讓他「難以敬業」。敬業者以他服務的企業為榮，為這個企業貢獻心力。敬業是企業與員工之間的一種連結，一種互敬，乃至一種交易、交換。組織在賦能與敬業上的投資，應該在員工敬業與貢獻上得到回報。

職場上是有利益交換的立論的，僱主與僱員之間是存在著利益交換——或者更難能可貴的情感交換；如果在交換上有了問題，那麼那方先出面啟動修補功能？那方修補的功力會更大？企業是資方、管理方，基於財大、氣大、力量大，也基於更長久經營的需求，應該首先站出來，堅志建立一個能讓員工敬業的敬業環境與組織了。

4.2 建一個賦能的環境

狹義的賦能，指的是協助員工提升前述的四種主題能力，亦即第三章中詳細描繪的天賦、知識、技能與屬性/價值觀。例如，一位擁有大學或大學後學位的員工，本科知識應是夠充分了，然後，他在公司的充分賦能下，受任命、受訓練、受教練、受磨練、受輔導，成就了工作上有關的「領域知識」、工作上紮實的硬技能、軟技能、執行力、管理與領導力、自我覺醒、發掘天賦。這期間，他需要組織支援，也需要自助自習，自我修練。

廣義的賦能，還包含推動如下述的六項驅動因子，用以建立一個賦能的工作環境，增強所謂的組織支持度：

1. 充分的訓練：除了普遍的工作硬技能訓練，還要擴及發展上的軟技能，還有領導上的技能與屬性特質，也開始加入天賦能力的發掘與應用。另外，個人學習與團隊學習也要成為終身學習的主題。
2. 提供資源：資源包括人力、人才、經費、技術（軟體與硬體）、資訊、工具與設備。這裡有賦能的基本需求，巧婦難為無米之炊，這位巧婦不只手巧也心巧，已是一個心有所屬、忠心耿耿的巧婦。資源不足已造成全球員工工作沮喪的前三大主因，尤其在中國。

3. 給予權柄，也要賦權：給出該職位上應有的權限權柄，有了必要授權，讓員工有權做決定。在決策時，有參與權，才會有隨之而來的擁有權感、目的與目標感。在各種創新活動中，給予容錯空間與邊界條件，讓創新更充滿活力。
4. 很強的績效管理：賦能員工的最後目的就是執行任務，交出成果；挑戰延伸目標也是賦能員工的常態要求。把角色與責任釐清後，做好績效管理，是建立敬業環境的要件，也是有效賦能的要件，賦能是為目的與目標而賦能，讓員工解牛如庖丁，不修煉屠龍之術。
5. 獎勵協作（collaboration）讓能力擴散，讓能力相加相乘：在組織內有強力的合作與團隊關係，有更好的資源與資訊分享。部門牆（silos）會讓賦能減效，缺乏協作是讓員工在分工後沒合作，很多員工常因此感到沮喪不堪。
6. 建立架構與流程：賦能是希望在數據、資訊、知識、智慧、洞見上不斷提升與創新，例如大數據時代下的創新思維與行動。有大小架構、有長短流程、有清晰責任，建立進步的角色與當責觀（role and accountability）。

綜合來看，這六項驅動因子，實在也是稀鬆平常，也是老生常談。但在實踐上，卻永遠有不斷的挑戰。組織在敬業成功後卻熄了火，是功虧一簣式的大損失了。

賦能人才的實用工具之一是所謂的確立需求，管理供應，是美國華頓商學院教授兼人力資源中心主任卡培利——曾被譽為人力資本領域全球最重要的25位領導人物之一，在他的名著《華頓商學院最受歡迎的人才管理課》（*Talent on Demand*）中提出的：對於企業許多不確定性的挑戰，我們需要也應用供應練管理中的常用技術，來做好人才管理，讓人才的需求與供應相配相應。

現代的人才需求都是緊跟隨著企業在經營管理上的需求的，人才需求的預測是以企業策略規劃為其基礎，所以，在預測上就不可能比策略規劃更準確——策略規劃已經夠不準確了。儘管人才需求預測的準確性很難很高，但在企業經驗裡，大略的估算，也比不算、不作為更好。

在英國與美國企業中，約有60%的領導人並沒有制訂正式的人才發展計劃。華人企業的領導人們則每天忙著救火，已只好在救火中培養人才了。反正，內部人才不足，就瘋狂地向外部挖角，引發了所謂的「人才戰爭」；但，企業長期發展經驗顯示，外部人才最後是弊多利少。因此，現代幾乎優秀企業都在考慮轉到內部人才培育的大方向上。美國SHRM 2006年調研結果是，企業都在要求領導人要在企業內部發展人才，已有約三分之二以上的企業都把完善人才管理列為領導人的首要任務。

契克森米哈在研究「神迷」（flow）時發現：
最適宜的工作狀態是發生在
「很高的挑戰」能相配以相對稱的「很高的技能」時，
當「挑戰」大於「技能」時，員工會轉入焦慮的狀態。

4.3 調理這四項關鍵能力

職場上工作成功的四大關鍵能力是：天賦、知識、技能與屬性/價值觀。在各種不同職志裡，容或有其相對重要性，乃至不同發展次序。有些領導人順水行舟，因勢利導，終是水到渠成；有些領導人則是困知勉行，力爭上游，也達於高點。底下，試從幾個不同職業角度來看這個職場人生。

✹ 如果你是偏向教育家

你必然最想協助員工發現「天賦」，發現天賦後，還要讓天賦飛翔；天賦的內容與方向已如第3.1章節中所述。所以，在管理上你可能想以天賦能力為基礎，協助他們發展相關的「知識」(除領域知識外，仍有一般知識）與「技能」(除硬技能外，仍有軟技能）以形成更大的強項（strengths），乃至於優勢（advantages）；再以優勢貢獻組織，乃至闖蕩在組織內的未來前程與人生。在這闖蕩過程中，你還會協助他們思考決斷內在（如自己的）與外在（如企業或組織的）的「價值系統」建立個人價值觀，與組織價值觀共振，志同道合地、全心全意地創造事業的高峰。

雖然，組織總是希望是個內部創業。但有些員工終是走向自行創業，要盡展自己天賦與價值，完成自己的最高成就，也可能是從一個少見的角度，成就自己、造福社會了。這也是一個讓天賦與價值觀飛翔的美好人生。

✹ 如果你是正牌企業家

你在招聘篩選員工時，希望員工已受完很好教育，擁有所希望的專業領域「知識」，更希望那些知識已有許多實務歷煉，因而發展成功許多硬技能，也擁有一些軟技能如團隊合作與領導統御。你一開始就希望他們能應用這些知識與技能，要求全力以赴，為組織打拼，為目標交出成果。你可能從未想到，他們需要甚麼培訓、支援或資源；他們還有取之不盡、用之不竭的年青體能！

培訓，還是要的。例如新知新技的吸收，舊知舊技的復習或揚棄——揚棄是個很重要而痛苦的過程。軟技能漫長的新學習——軟技能的養成還可能需要另一個類似大學的學程。

救火完後的短暫清閒裡，你可能想到更長些的策略，又更長的文化經營。睿智的老闆們仍須員工的參與與協助的。你想到的不只是志同道合，還想要眾志成城。

午夜夢迴，你想到了員工，想到更軟的部份，那就是他們的天賦，他們有些的天賦能力，曾讓你驚豔，卻又只是靈光一現的；也有些讓你懊惱的。你開始想起，人才適才適所後，會不會讓員工與組織成就更大？或更大優勢？

要讓員工以企業為榮。或許，你又開始想，回頭要把企業價值觀的符合度列為招聘要件之一了。這像一個由硬體而軟體，而更軟體的經營流程，在更軟體裡，儼然存有更大的優勢與力量。

✹ 如果你就是員工本人

你通常沒有那麼幸運，能碰見前述的那位教育家型的領導人，你一路被填鴨後，還被趕鴨上架。進了職場，不斷鍛煉知識與技能，仍是在為職志衝刺不已，或者，已遇到瓶頸不知突破，或者已成老鳥開始廝混。只是，午夜夢迴想起在公司內外、同事之間，乃至自己心理深處，問題重重，糾纏交錯，雞同鴨講，無法理出頭緒。於是，你掙開知識與技能，大步迴身、回頭，開始思考、梳理自己的「天賦」——天生就具有的能力，一生中不太會變的——與「價值觀」——要堅守信守的——這些軟東西可能在後來形成你對人生與事業的判斷、選擇與堅持的。甚至，在不知不覺中影響你的運命的。

個人價值觀在結合個人願景與使命後，還真的會形成了個人風格與文化，形塑人生。個人天賦像「曖曖內含光」地總在默默地幫助你或阻擋你，希望著你有一天能明白與順從，發揚光大。

個人文化與企業文化融合後，知識與技術開始更有目的化，天賦能力也會在適宜處發光。你的原事業更成功了，或者，你又有了第二人生與事業了。現代華人企業人苦惱的是，沒有企業文化。皇上經營企業，也無章法，徒讓屬下一群英雄好漢無法「敬己」「敬人」，更遑論「敬業」了。

原來人生有許多種不同活法，四種關鍵能力可以適時豐富各種活法，最重要的仍是，不要渾渾噩噩過此一生。

✹如果這就是我本人

我想，我不能再逃避了，老是在論別人，不論自己。底下是我自己的一段真實故事，我把它定位為：一趟發掘與應用天賦之旅，與你分享。

這是一段塵封二十年的往事，卻仍是歷歷在目；一段欲拒還迎，終而走進另一世界的職涯故事。

1994年，初夏的一天，我決定離開熟悉的工廠工作，進入總公司一個稱為CI（持續改善）的部門。該部門內，約有20位成員，分處在歐、美、亞各地，跨國相互支援、運作。部門目標是運用公司各種商業流程與模式，協助各事業部提升經營績效。

加入後不久，全隊人馬就由四面八方飛進韓國漢城（即，今之首爾），開了兩天的會，還先一天爬了漢城市郊一座險峻小山，山爬完後有啤酒大會，當晚臨回酒店前，全隊又來個韓式溫泉浴，一天下來，這十幾位陌生人都熟了。

又過不久，我去深圳參加了大中華區領導人會議。兩天會議如儀，卻在閉幕前的檢討會中，有了驚奇；有幾個事業部的領導人分別提出，他們需要有人協助進行事業部未來三或五年的策略規劃。他們綜合提問：「有誰可以幫忙嗎？」大會主席是大中華區總裁，依據組織編制，說：「大中華區品質經理（名「品質」，其實概指經營管理的品質）」。我新官上任未久，聞聲站起。主席又問：「你可以協助嗎？」我說：「是的，我可以。」於是，在眾人掌聲中即刻結案了。

其實，在當時，我聽都沒聽過什麼事業部策略規劃的。我學的是化學工程，大半時間都在工廠工作，更醉心技術。但，多年外商與國外工作經驗，讓我膽子變大，反正兵來將擋，水來土掩，誰怕誰；反正邊學邊用，做中學，學中做，教學相依，諸事皆可搞定的。

但，想不到的是，會議一結束，一位事業部總經理立即在人群中找到我。他說，下個月他要在上海召開三天的策略規劃會議。原定要用的是一位美國策略規劃輔導師，但他不會中文。這次參加上海會議的，約三、四十人，多是中國人，英文較弱，會議成效會有限。總經理希望我可以取代那位美國人，用中文輔導會議。

這麼快！我措手不及。於是，從實招來，我還沒上過早該上的公司策略規劃課程。總經理說，他在美國上過兩次，怎樣可以幫助我？我說，一起主持？他說，不可能，他必須實際參加全程的討論。我說，趕快教我？他說，不可能，他又要出差了；不過，可介紹原訂的那位美國同事給我。我大喜過望，當晚又拿了他放在香港家裡的策略規劃講義，有些緊張地飛回了台北。

很快，我發現我很快就上道了。於是，約了那位事業部總經理在會前兩週先做個總預演。可惜，他還是不行，他在中國各地出差中。但，答應會前一晚可提早些到上海一會。

那晚，他提早到上海時，也是晚間約九時了。我們再研討一番，直到深夜。隔天一早，事業部五年策略規劃研討會，正式上場。一連三天，共約十場workshops，討論進行得如火如荼。我穿梭在各小隊之間，協助解決在流程上、方法上的各種問題，儼然是專家，不敢明說是第一次。第三天時，環繞主會議室四週的牆上，已貼滿了依時間序要完成的未來五年策略規劃圖——我們稱之為「未來事業史」(FBH, Future Business History）——未來未到，可是我們要為未來五年先寫下一個事業發展的「編年史」。雖然，未來還會有不斷的更新與提升，乃至於大變，但規劃初成，大功告成，四十餘位大小官，心中都有了大小藍圖，皆大歡喜。在檢討會議中，我先後接受了三次熱烈鼓掌，連原先對我不友善的一位廠長也加入讚賞，讚譽有加。

之後，我在大中華區，乃至亞太地區如韓國、澳州，又共幫了十幾個事業部做了三至五年不等的策略規劃，都很受歡迎、很有助益，很受事業部好評。有個事業部總經理還笑怪他老闆說：為什麼這麼好的規劃，我們不早些做。

隨後，我自己回補了許多有關策略規劃的專業知識與有關的輔導技能，乃至提升了規劃流程內容。這段經驗，也在悄悄中啟動了我六、七年後決定離開公司，自創顧問公司的意念。

在CI部門約兩年，我在策略規劃、流程管理、供應練管理及經銷商管理等等方面已有許多擅長，於是受邀轉入事業部，在中國、台灣及東南亞一些國家主持業務了，也應了ASTD一位專家的統計調查：不管你在大學學什麼，有51%的畢業生最後都會轉到行銷與銷售上。美國，真是個銷售稱王的國度。

在事業部做了數年後，我決定離職。離職提出時，我老闆的即時反應是：不可以，最快在一年後。總公司HR主管則說：沒聽過有人以這種理由在這時候離職的。真正離職日，還真有了緊張，配車沒了，保險沒了，助理沒了（我當時還不善做簡報檔），高薪沒了，高爾夫也沒了……。

但，我已經相信天賦的事，有些事你就是學得很快，做得很好。不管多難，全力以赴後總是得心應手的，還可受到專業人、專家們的青睞，而且，自己做起來很愉快。那麼，其中可能還藏有其他待開發的天賦能力。

我成立公司，在台灣接案，也在香港、美國參加許多研討會。有次參加一個位在美國加州矽谷的MBTI（Myers-Briggs Type Indicator）測評，測定後的個性類型是人類十六大類型中的ESTJ，看完報告後，驚奇不已，洋鬼子那一套也合適華人嗎？驚喜之餘感動的是，居然在中年後才開始認識自己的天賦能力：

- 原來單項的內向害羞，不能代表全項的個性類型；你可以辯才無礙，雖千萬人，吾往矣。
- 原來靜默的外表下，還隱藏著很強的展示力與自我展現力。
- 原來，這麼強烈的邏輯建構與因果分析能力，不只用在工程，也可用在商業。
- 原來，這些關鍵思考與成果導向，不只用於做生意，也合適當顧問。
- 原來，策略規劃所含的各種組織化、未來化、流程化、系統化與展現力等等正是ESTJ的重要特質。

- 原來，重視職責與責任感的分際，讓我逐漸很自然地導向當責與賦權的顧問主題。
- 原來，ESTJ讓我可以輕易在亂軍中分析清楚並做成決策，管它是電子業、傳產業、服務業、建築業乃至政府機構。
- 原來，就事論事的性向，幫我把別人因情理法次序造成的香港合約亂局，回到理法情次序上的解決之道。
- 原來，理法情的邏輯讓我很快整合成「有責，有權，有能」的「管」「理」世界。

還有好多的原來，我開始更認識自己了，從每個人都難以改變自己的「個性類型」，到自己因人生際遇與未來前途設計而做的價值取向或判斷的「價值觀」。也知道，因為對個性類型的深刻認識，更有能力做出必要的行為改變，畢竟真實行為改變更重要，那是人生要達標致果很重要的一步。造成行為改變，是還有另一招，就是「價值觀」的建立與其後有關正面行為的推動。

行為與個性及價值觀三者的簡單有力關係，就是所謂的行為三角學，如圖3-1所示。

從另一角度來看，企業也像個人，企業文化的基本三要素：願景、使命、價值觀，同樣適合於建立個人文化。所以，當你建立了個人價值觀、個人使命、個人願景時，你就有了強烈的個人文化，而個人風格也於焉形成。

那麼，過一個更有意義的生命與人生吧。

對我個人來說，十餘年前堅定離職，十多年來磨一劍，磨一把想助人有責、有權、有能的一劍，用的固然是知識與技能，但努力實修的正是天賦與屬性/價值觀。隱隱然，貫穿職涯前後的，赫然是天賦能力。

朋友，你的故事呢？何時做個小整理。探索並理出你的天賦能力，本書第一章中也談到除MBTI以外的幾種方法，任何一種方法，進一步去做個分析，會讓你更認識自己與別人，說不定會讓你歎為觀止。小心的是，別把天賦誤為天才，也別以為天賦就可以打出天下。別忘了，它還要相合能力的另三個關鍵要素：知識、技能與屬性/價值觀。

敬業如要長存，雇主與雇員之間必須相互有承諾。雇主要幫助雇員發展他們未開發的潛能，雇員要幫助雇主達成並超越事業目標。

—— Bob Kelleher

4.4天生我材必有用嗎？

✹一個才子迷惑的舊時代

「天生我材必有用」有兩種意義，其一是，上天既已生下我這個人、這塊材料，是一定會有其用處的；其二是，天生下了我這種才華，是一定會有用、能大發揮的。仔細思考，兩者也有其相通處，但，第一種比較偏向生而為人的自尊與自信，甚至有些大義凜然貌，以天下之大豈能無容身之地，無可用之處？似乎也是無可辯駁，或無可厚非，也有些無可奈何？

我比較喜歡第二種解釋，既然天生給我這種才華，我一定會有所發揮的。你可以在其間隱隱然感到一股鬥志，一種不服環境的力量，也有一種掙脫欲飛的自信。當一個年青人跟你這樣吐露心聲時，你會感到動力、朝氣，想到要鼓勵，乃至輔導或培育。

天生我什麼才華呢？有的，就如我們前面第二篇中所論述的，例如，那些34種、9種、5種、或2種的強項，或16種等的個性特質。這是天生能力，確是每個人都有，好好發掘並發揮，是會有大成的。這個「天賦」可不是「天才」，不可相混，「天才」的出現一直都很受爭議的，因為它是指在專業領域上天生的成就。在專業領域如物理、化學、體育、棋藝、藝術、音樂等等裡，人類還是比較相信是要經過至少一萬小時的「刻意磨練」才能有成的。只是，人們不願相信一萬小時的苦練加才華，比較喜歡湊合成一夜成名的奇跡罷了。

天賦的強項能力是與生俱來，並且在未來也不太會改變的，這些能力必須加上你的專業領域知識與技能，才能成就「天生我材必有用」。於是，許多人在「後生」上做了很多努力，這些後生努力尤其是指在早期的孩童期或青年期所下的苦功，也隱隱然、渾渾然成為「天生我材」的一部份了。因為不是天生下來，也是天要我練。那麼，苦練後一定也會有用的，這一部份也自然加入了「天生我材必有用」的加長信念行列中。甚至，信心越來越大，大到有些執迷不悟，「後生」後期的苦唸、苦練也一併加入了。有時候，「天生我材」就未必有用了，詩人李白即是個著例。

「天生我材必有用」這名句，正是出自唐代大詩人李白。前後四句合起來，總是古往今來許多華人的最愛，全四句是：

人生得意須盡歡，莫使金樽空對月。
天生我材必有用，千金散盡還復來。

我記得初中時代就喜歡上它了，那時，涉世未深，裝著多愁善感，總覺得意境美極了，氣勢也壯闊極了，也學著「為賦新詞強說愁」了。後來才知道，李白作此詩時，正值他「抱用世之才而不遇合」抑鬱寡歡、苦悶無比的時候。

我研究李白，發現李白不僅僅是個詩人。他多才多藝，42歲時曾接受皇帝唐玄宗的邀請，去了首都長安，這是他第一次登上了政治舞臺，待了三年後，失望地離開長安，進入了他人生裡的第二次各地漫遊，在開封時與兩位好友喝酒解愁悶，就寫下了這篇曠世名詞《將進酒》。很精彩，值得全面細細品嘗，全文是：

君不見黃河之水天上來，奔流到海不復回？
君不見高堂明鏡悲白髮，朝如青絲暮成雪？
人生得意須盡歡，莫使金樽空對月。
天生我材必有用，千金散盡還復來。
烹羊宰牛且為樂，會須一飲三百杯。
岑夫子，丹丘生，將進酒，君莫停。
與君歌一曲，請君為我側耳聽。

鐘鼓饌玉不足貴，但願長醉不願醒。

古來聖賢皆寂寞，惟有飲者留其名。

陳王昔時宴平樂，斗酒十千恣歡謔。

主人何為言少錢，徑須沽取對君酌。

五花馬，千金裘，

呼兒將出換美酒，與爾同銷萬古愁！

現在已不復當初年少，年紀大了讀完全詩，仍然感歎人生的悲歡離合與世間的興衰凌替。感動不已，也會想起辛棄疾的一首詞，也很精彩，值得品味，全文是：

少年不識愁滋味，愛上層樓。

愛上層樓，為賦新詞強說愁。

而今識盡愁滋味，欲說還休，

欲說還休，卻道天涼好個秋！

辛棄疾是我年青時代最喜歡的詞人。遙想當年，隻身去美國唸化學工程研究所時，什麼專業的書也沒帶，只帶了一本厚厚的《稼軒詞編年箋註》（稼軒為辛棄疾的字）。現在，化工熱力學、動力學等都忘了一乾二淨了，稼軒詞，還是記住了一腦袋。「卻道天涼好個秋」的況味，有點像老美企業人在歷經千辛萬苦，終抵於成後，在慶祝會上，面對大家，平淡稀鬆地說出：「a piece of cake!」——像吃蛋糕一樣簡單！

回到李白故事上，李白是「詩仙」，他傳世的近一千首詩中，據統計出現最多的三個詞是：月亮、酒、劍。在我看來，在正常世界裡，李白的酒是喝太多了，喝到誤了他很多正事，以現在醫學來說他是個酗酒的酒徒，應該要接受治療的。

你可能也不知道，李白真的也是一位劍俠、劍客、游俠。他「十五好劍術」常帶劍而行；用劍殺過人，「少任俠，手刃數人。」恐怕還曾在下層社會組織裡結黨而有結義兄弟的。李白早年曾久住山東，求仙學劍。

李白出生在蘇俄的中亞細亞，聽說有外國血統，體材魁悟，最特別的還是兩只眼睛：「眸子炯然，哆如餓虎」，所以也有友人詩稱他「雙眸光照人」。李白交流廣闊，在太原時，曾認識當時還只是小兵的郭子儀，曾想盡方法援救了當時犯了法的郭子儀。李白大約也沒想到，他在晚年的安史之亂中，站錯了邊，原是要被當時皇帝處死的，卻是這位郭子儀大將軍力保，而保全了性命。但，活罪難逃，他被發配到雲南。

歷史上記載李白是「喜歡游俠，熱中從政」。他27歲時成婚，妻子是曾當過宰相的許圉師的孫女兒。李白生活的年代正是唐玄宗早年的開平盛世，與晚年的亂世，共40年。他42歲時，接到了三次邀請，終於進入長安太京。到長安時，排場不小，傳說唐玄宗降輦步迎，親為調羹，還說：「你是平民百姓，可是大名鼎鼎，連我竟然也知道；你平素一定是道德高尚，否則怎能如此？」後來，他當到了翰林院學士。中間還曾與唐玄宗的妹妹玉真公主過從甚密，似有誹聞。但，李白什麼良機也沒抓住。

詩仙的詩人本性常在，經常醉酒也幫他闖了不少禍事。在朝三年後，他堅決要離去，唐明皇也答應了。史家說，這就是李白：在野時想在朝，在朝時卻想在野。李白的仰慕者，小他約十歲的杜甫後來曾給李白作了一幅速寫：

李白斗酒詩百篇，長安市上酒家眠。

天子呼來不上船，自稱臣是酒中仙！

他終是離開了長安，漫遊到了開封，寫下了前述那首震古鑠今的《將進酒》。

其實，李白不只在朝時想在野，在野時想在朝，他一生也在「學道」與「從政」兩方矛盾中爭扎著。他從政時，想當宰相，治國平天下是他最大的企盼，最仰慕的是魯仲連與謝安；也想當個策士如張儀，功成後身退，又想學范蠡和張良。最後，他一個也沒做成。

他也是個哲學家，喜歡「道家之學」，小時在四川青城山裡，就與名師學道了，後來又去山東，長期學「道」，道行深不可測，常常紫袍加身，仙風道骨，還有短刀在身，在家時也在煉丹藥——歐美早期煉丹藥的，後來還成了化學家呢。

李白常在詩中稱自己學道三十年，認真無比，如果道教算是一門宗教，你很少看到一個人信得這麼篤的，如果道學算一門哲學，他就是一位哲學大師，他仙風道骨般地一到長安就被稱為「謫仙人」，意思是，原在天上是仙人，因為犯了錯被貶到人間。杜甫後來把這事寫在他的詩裡：

昔年有狂客，號稱謫仙人；
筆落驚風雨，詩成泣鬼神。

或者，李白就只是個偉大詩人。但，他自己卻又最看不起騷人墨客、文人雅士的。在許多詩中，他不表贊同的是陶潛、阮籍或屈原。他本人自負的仍是治國平天下的本領，詩中談的盡是經濟、經論，濟世、濟時。安史之亂那年，他已55歲，愛國情操仍然濃烈無比，他又參加了最後一次的政治活動，結果差點被處死，流放到雲南的路上又幸被特赦了。又過兩年，李白62歲，漂泊到了安徽當塗，因為淋巴方面的問題，客死在族叔李陽冰的家裡。有傳說他是撈月溺水而死，當是不實，只是讓李白詩人的故事更詩情畫意、羅曼帝克些罷了。

李白經常害怕的是「名揚宇宙，而枯槁當年」卻不幸而言中。他的一生縮影竟然是：「冠蓋滿京華，斯人獨憔悴，孰云網恢恢，將老身反累。」這是「詩聖」杜甫在《夢李白》中描述李白的。

2008年，中國網民選出中國十大名詩，第一名正是李白的《夜思》：

床前明白光，疑是地上霜；舉頭望明月，低頭思故鄉。

李白是在思念他故鄉四川的山月了，他二十初歲離開四川後，雲遊各地卻再也沒回四川家鄉了。

一個多材多藝、才華橫逸的李白，爭鬥人生共62載，留給後世的是九百多首詩，詩詩有名，他成了「詩仙」。但是，他應該是不喜歡後人給他的這個封號的。

李白很有天賦，才華四射，他讀書也超級用功的，早年就曾下過很深很長的苦功夫，學成的都不只一萬小時。他就是我們小學課本中，受到老婆婆「鐵杵磨成繡花針」感動而發憤讀書的那位小孩。他漂泊流徙時讀書，中年長安宮廷裡讀書，晚年潯陽獄中也在讀書。他天賦加上努力，又加上大環境的大唐開平盛世與亂世，給足了他眾多良機：

- 可以從軍：他喜歡舞刀耍劍，還劍術非凡，軍中還有個從小兵就交友的至交郭子儀大將軍。
- 可以從政：妻家有人當過宰相，皇帝親自召見過，自己也一直滿腔熱血要經世濟民。
- 可以為學：為自己心愛的道家之學，再專心奉獻十年，足以成為一代宗師，可以成仙。
- 可成詩人：橫逸的才華足以讓他成為全面偉大詩人。可惜，他身後才是，生前可不想當詩人，他抑鬱以終。

李白允文允武，還一表人才，他有能力可以做成他決心要做的許多事，在《將進酒》中他提到「天生我材必有用」，可是我們發現，他的許多才華不論天生的或後天的，都沒想要用對邊、用上力，沒用在自己想要的結果上。他虛耗了自己不世出的才華與不斷呈現的良機，他的一生多在不快樂中度過，縱使在他的自評世界裡，也是失敗的。他的才華與他處的豐盛世界，竟然沒有連結。天生多材卻無用，最後，他總還算贏得了身後名。

那麼，才華不足的人，如果也如此虛擲，一定一敗塗地；當然，更不可能還有身後名吧！能不戒慎乎？能不惕勵乎？

✹一個養育（nurture）的新時代

「天生我材必有用」裡的用，是要用在一個組織、一個企業裡，或一個社會上，並造成貢獻。用的是一個人的才華，這個才華包括我們在第二篇中所論述的各項，如天生具有的天賦，後天苦學的各種領域知識，苦練而成的各種軟硬技能，也包含深思力行的屬性/價值觀。這樣，我們終於把才華才氣化成為能力，用在外面，貢獻在外面了。

既然要用在外面並形成貢獻，那就不能不顧外面地我行我素而自爽了。如果只是自爽，那麼天生我材就未必有用，許多人也因此又自歎：時不我予，天辜負我材了。

這個外面，在現在比較具體的應是指工作的組織或企業，或所處的社會與國家。工作時，我們的才華，能力是要與組織或企業的需求相匹配的。所以，我們要瞭解更多這個組織或企業，更具體說，是瞭解它們的未來願景任務使命，及其所持的價值觀，再加往下一層的中長程策略。以一個企業來說，前三項構成了企業文化，所以，企業文化與企業策略構成了所謂的外面環境，天生我材要有用，必須長期或短期對這裡的需求有所回應。

個人要回應這個需求，也應該更有計劃與系統性，最理想的狀況是發掘並善用自己的天賦，發展所必須的領域知識也刻意苦練所需硬技能，花一萬小時在所不惜，還要對越來越重要的人際處理軟技能，多所涉獵，也努力運用。還有很重要的是，做出判斷，你人生的價值觀、使命、願景是什麼？這三項因子構成的個人文化乃至個人文明。個人文化訂定後並不是自然成為不可變的聖經，後面也可能有一段調適與更新的過程，需要後來的更新並不表示就不必有初訂。

個人文化是要與企業文化調適的。問題是，當有不適時，何者為優先？大部份人是以企業文化為先，這樣做調適時，成功比較容易些；有些人仍以個人文化為先，力抗環境，希望發揮自己才華才能、目的目標，像英雄創造時勢，這路是艱苦些，失敗的機會大些。個人在與企業做瞄準時，也需再往下一層到策略的層次上，就更容易成功了。

李白在歎與讚「天生我材必有用，千金散盡還復來」時，野心仍是在的。他在結婚前，確曾為援助落難公子友人而散盡千金，乃至萬金。他在第一次離開長安政場後，確實也在55歲高齡又想起救國救民而回到政場，終至落難。李白平生大志應是高高在上與皇帝平起平坐，輔弼國事，救國救民，然後功成身退，歸隱山林間怡養天年。可惜，他的詩人天賦與道家素質與修養，讓他的內部四大綜合能力與外部環境需求明顯不適，終至天生我材並無大用了。

在整個二十世紀裡，幾乎都是企業雇主在主導員工在才能上的需求，員工努力以赴，是集權管控的時代。至1980年代，賦權管理開始在一些領域盛行，例如，日本企業的廣大品管活動裡，美國的一些製造業裡——這裡，員工的參與很盛行。二十一世紀初期到現在，隱隱然進行的是敬業賦能的時代，與員工連結成了關鍵管理，企業進入了一個稱為「養育」的年代（the Age of Nurture）。雇主似乎變得比較陰柔些，不那麼陽剛了，它開始增多一些如女性在養育般的特質了。企業邀請員工在工作時，要有：

- 能量——在PQ上、EQ上、IQ上、以及SQ上。
- 熱情——為文化而戰，為目標而戰，為成果而戰，也為自己而戰。
- 承諾——在手、腳、頭與心上都認真介入，尤其在心靈深處，宛如有合約。

企業領導人發現，在這樣連結與敬業的環境裡，員工會感到是組織的一部份，那麼，生產力、客服、忠誠度才更可能達到高點也持續創造佳績。

企業的「可持續」(sustainability）經營，越來越重要，在意義上也越來越擴大，它由原來的保護、保存天然資源與環境，擴大為反饋社區與對員工的支持與發展，也成了領導力的一個成份了。

美國芝加哥大學商學院最近對CEO的研究報告指出，理想的CEO應該像地球一樣，把自己的定位擺在火星（指男生特質）與水星（指女性特質）之間。但，在未來經營環境越來越不確定下，水星的地位已在悄然上升中。

事實上，上升得還很快，我們已經看到越來越多的女性領導人在竄起，而且她們的績效表現越來越好。Zenger Folkman領導力發展中心在2011年的研究報告裡說，做為一個整體性領導人，女性表現得比男性更好；而且，職位越高時，女性領導人領先的差距就越大。

2013年6月出版的美國Inc.月刊的封面報導裡，報導了現代領導人——不論是男性或女生——的7項最有效特質。這些特質，在以前都是被認為偏向陰柔的，是比較女性主義的，它們是：

- 同理心：對別人的思想與感覺保持敏感。
- 示弱心（vulnerability）：坦白承認自己有不足處，並請求別人幫助。
- 謙卑：尋求機會服務他人，願意分享功勞。
- 包容力：邀請並傾聽許多不同的聲音。
- 寬宏心：不吝於給人時間、親近、勸告與支持。
- 平衡：給生活與工作兩者，該有的平衡。
- 耐性：能採取一個長期性的觀點。

許多全球性的研究在在都在指出，有效果領導力特質中，陰性特質具有更大的連結性。甚至，許多正在執行著強力成長策略的CEO們，仍然是以陰性價值觀在領導部屬的，少了陽剛氣的陰性特質，已是一種新型的領導創新，顯然是一個新開發的競爭優勢。

「天生我材必有用」嗎？在逐漸興起的賦權、敬業、賦能時代裡，在未來經營環境越來越不確定，而「水星」地位悄然上升中，天生我材如加上敬業之心就必然很有用了。

第 5 章

敬業與賦能的結合與延伸

你認為人生是全程的馬拉松或不時的百米衝刺？本章從含有體能的4大商數（PQ、EQ、IQ、SQ）及5大福祉（事業、社交、財務、健康、社區）的全角度，綜論敬業與賦能；寄望於員工的是：交出成果。

Enablement & Engagement

5.1「全幅度」敬業

第一次聽到「全幅度敬業」(full engagement)的概念,是2008年在美國加州聖地牙哥舉行的「領導力發展全球協會」(GILD)研討會裡,記得當時是很感震憾的。

主講人是史瓦茲(T. Schwartz),他與羅爾(J. Loehr)合開顧問公司,在美國企業裡當過幾百位高階主管的顧問,目標是提升績效。很特別的是,史瓦茲還當過幾百名運動員的教練,包括當時世界著名的網球名將庫利爾(J. Courier)、雪莉絲(M. Seles),高爾夫名將如艾爾斯(E. Els)、歐麥拉(M. OMeara),及曲棍球、籃球等等各界的名將。還有FBI的特勤小組(SWAT)——這些運動界與警界人士追求績效與壓力之大與企業界人士比較起來,有過之而無不及。他們兩人累積二十餘年經驗後,在2003年寫成了《用對能量,你就不會累》(*The Power of Full Engagement*)一書。

史瓦茲當時很震撼的開場白是:要達成高績效並保持好體能的關鍵,不是管理你的時間,而是管理你的能量;人生不是一場馬拉松式的長跑,正是一系列不時衝刺的短跑。

我們都知道,時間是最稀少、最重要的資源,不管大官小官，上帝給的都是一樣，而且似乎永遠不夠用。管理大師彼得．杜拉克在他的《有效經理人》(*Effective Executives*)中還詳細指導經理人如何有效管理時間——他認為時間是最稀珍的資源。我們總是不善管理時間，常逾時工作，總是操勞不堪，甚至鞠躬盡瘁。更常見的是，過勞不見效率，也沒有成果，於是雙手一攤，我也沒辦法了，我已用盡精力，也用盡時間了，時不我予。

你認為人生是一場馬拉松式的長跑，或是一系列不時衝刺的短跑？老觀念總是不斷提醒著，漫漫人生要保留精力，不要如猛牛般的猛烈衝刺。人生需如老牛伏驥，志在千里。千里之後呢？你就可休息，享受人生了。新觀念給人的警惕是，小心在馬拉松長跑之後，已然筋疲力盡，體能上早已不繼，無法盡情享受人生了。所以，真正美好人生是衝刺有時、休養有時；全力衝刺後，一定要讓體能適時復甦，再準備另一次的衝刺與復甦。當然，享受也在這中間，不必留在人生的最後。

人類最基本需求之一是，適確使用能量與復甦能量，使用與復甦之間，起落有致，規律脈動，宛如大自然之潮起潮落、春去秋來、乃至日升日落、花開花謝。人生，應該是曲線的，起有時，落有時；使用有時，休養復甦有時。人生不要像一直線，一線式地過度使用或過度不用——即過度復甦，使用後沒有再充分使用了。

可惜，我們的世界對休息或休養總是充滿敵意，我們過度推崇了工作與勞動。在華人世界裡，「鞠躬盡瘁，死而後已」足可傳為美談，流芳後世，後人要景仰的。在日本，Karoshi是「過勞死」，留下來的可是悲劇與一串串的勞資糾紛。一個很敬業的員工，我們也很擔心他燃燒過度而燒壞（burn-out）了。

史瓦茲提倡，好好管理能量才可能導向持久性的高績效、好健康、真幸福。時間確實有限，但能量的品與質卻無限，能量在過度使用與使用不足時都會消逝，所以我們要更有效地平衡能量的使用與其間的復甦。

偉大的領導人通常也是組織能量的管理者，他們先有效地管理自己的能量，然後開始動員、聚焦、投資、開通、復甦，與擴展別人的能量。他們鼓勵建立「追求中途復甦」的文化，不只激發了員工更大的承諾，也提高了更大的生產力。曾經在全球企業經營與管理上叱吒風雲二十餘年的GE前CEO傑克．威爾許在選用領導人的標準上即有4E，亦即：Energy（能量）、Energize（激發能量）、Edge（有勇氣做出困難的決斷）及Execute（把決定化為行動，把行動化為成果的執行力)。其中第一項的「能量」指的正是:無窮的精力,喜歡「go,go,go」。熱情地對待每一天的工作,「在55英里時速的世界裡,以95英里時速移動」。第二項的「激發能量」,是激發出別人的能量,去採取行動交出成果,提升績效。

One dead battery can't jump start another

一個沒電的電瓶無法啟動另一個電瓶。

—— BlessingWhite的一個廣告

史瓦茲倡導,我們必須在體能、情緒、智能與精神上維持全面健康的律動,必須要有系統地讓我們有時已超越正常極限後,即時得到充分的中途復甦。他與羅爾在《用對能量,你就不會累》一書中,描述所謂「全幅度敬業」是,每早渴望著去工作,每晚回家後也同樣有喜樂;管理著一大堆人,也喜愛與人相聚同樂;在工作與非工作之間設立明顯界限,分別達成成果。要達成全幅度敬業,必須先認清員工敬業上的4種關鍵能量源,亦即:

- 在身體上被激能。
- 在情感上有連結。

- 在心智上能聚焦。
- 在精神上可連線。

四種能源中，身體與情感是屬於最基本的能源；而精神上的，則是最有意義的能源。當四者兼具時，才可能完全引燃我們在天賦、知識、技能與屬性/價值觀上的全面能力。

四種能源也化成了我們習稱的PQ（體力商數）、EQ（情緒商數）、IQ（智力商數）及SQ（精神商數）。如果，我們要在PQ與EQ兩項最基本的能源進行管理，那麼在PQ上，要評量的是量，它是高量或低量；在EQ上，要評量的是質，它是正質或負質。那麼，最後顯現出來的能量動力學就如圖5-1所述。

全幅度敬業只有可能發生在圖5-1的「高＋正」象限內。敬業的動力學是要在「高＋正」（全敬業）與「低＋正」（策略性非敬業）兩象限之間，來回如律動般地作動而成就了敬業之美。

所以，別想長駐在「高＋正」象限內，要小心陷入「低＋負」象限，也別想久留「低＋正」象限，鬆久而弛，勢將無力復甦。請快速離開「高＋負」與「低＋負」，設法從EQ、IQ與SQ上尋求協助。

圖 5-1 PQ+EQ 的能量動力學

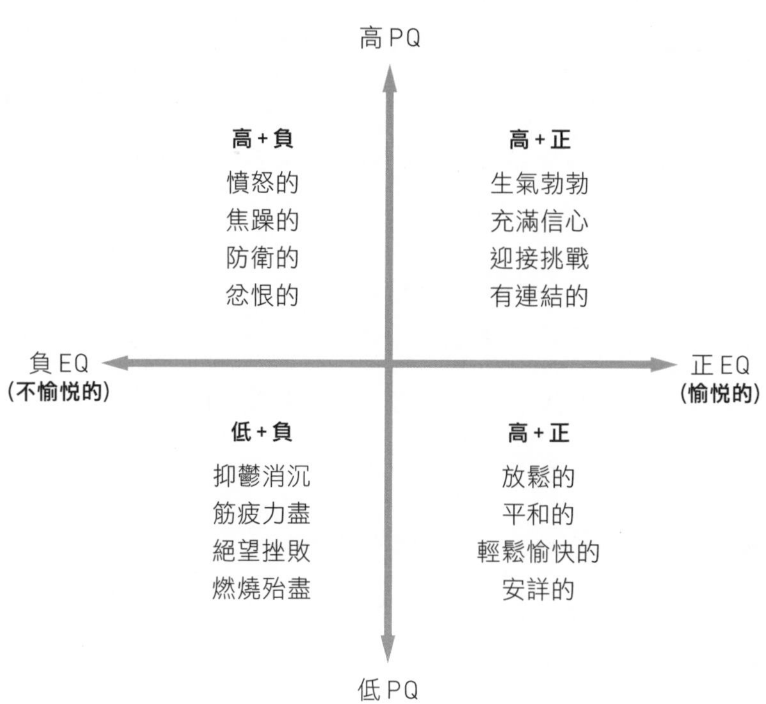

資料來源：The Power of Full Eugagement

SQ 常可提供我們在工作與生活中許多面向上所需的行動力，卻也是許多人不重視的一環。SQ 來自每個人或每個企業深深連結著的價值觀與目的/宗旨；它超越了個人利益，有時SQ能量極強，強到足以直接壓垮PQ極限。

我們必須在PQ、EQ、IQ與SQ上維持健康的律動，必須有系統地讓我們有時已超越正常的極限有了充分的中途復甦。PQ是其他三Q的基本工具，對於這個最基礎的PQ，已有無數國際頂尖運動好手教練經驗的羅爾，也為我們「企業運動界好手」開出了藥方，如：每天五至六次小餐，每日都吃早餐，每天約1,500升水，每天睡足七至八小時，在1.5至2小時衝刺之後一定要有中途復甦。他並提出PQ的兩大調節器，就是飲食與呼吸。許多「一般常識」卻非「一般實務」的實例，已知道卻不做的，如：

- 早睡早起，睡與起都有一致的習慣時間。
- 吃平衡的健康食物。
- 攝取最少量的單糖。
- 每天都做運動。
- 每週至少兩次心肺運動，兩次重量訓練。

名教練的建議卻如此太普通。但，他們可是很認真，還製表鼓吹。知易行難，還真難做到這些簡單事。

最近幾年來，我奔走海內外，已開辦超過七百場有關當責與賦權的各式研討會，有時連作四整天，還含夜場，精力無窮，熱情無比，客戶常問：哪來精力？如何練身體？我總戲稱：用力呼吸。這呼吸居然還是羅爾口中PQ兩個調節器之一。如果，你回到中國養生術，呼吸可真是大學問之一。

運動對企業人有多重要？記得幾年前，常在舊金山與矽谷間的101高速公路上奔馳，總在一旁看到矗立的大廣告：「Exercise Clears Your Mind」（運動，清澈你的心靈）。運動，不只健身，還可清心！有多少企業人在跑步、走路、登山、游泳或瑜珈乃至靜坐等等運動中，已疲累的身心得以安寧，甚至因此而進一步得出了更佳策略、更好點子，乃至更細緻化思維。

敬業的員工要盡心盡力交出成果。他們是卓有能力——要一齊想到那四種關鍵能力；要充滿體力——他們衝刺有時、復甦有時。他們心願多跑一哩路，也有體力多跑一哩路。

對事業，對人生，我們如果「對事也對人」，不只對事——從「全敬業」（Full Engagement）的角度來思考，也對人——從「全人」（Whole-Person）的角度來思考，那麼，柯維大師（Stephen R. Covey）又給了我們另一道智慧光。

柯維大師是《與成功有約》系列暢銷書的作者，心思慎密，眼光宏遠，是思想界的巨人。記得有次在美國，我坐在最前排聆聽他演講，聽完後感動滿懷，久久不能自已，旁坐的陌生美國人問我感想，我脫口而出說：他是美國的國寶。如今國寶已辭世，遺贈全世人的可是思想瑰寶。

在《第八種習慣》一書中，柯維說，與工業時代完全不同地，在知識工作者時代，我們有了一個新典範，可稱為「全人典範」，如下圖5-2所示。

圖 5-2　知識工作者時代下的「全人典範」

資料來源：S. Covey, The 8th Habbit

人，不再是「東西」，不再是「半人」，而是「全人」；是在四個面向上，全面開展的全人，這四個面向若有了缺失，我們就不會是全人。人，就有可能又變成了東西，於是有人就想到，要去擁有、去控制。想要去管理，想要用蘿蔔與大棒去管理——這種管理可是立基於動物心理學的。

這個有關身、心、智、靈的全人典範，也很自然地代表著人類的四項基本需求與激勵，例如：

- 身體：代表著要生活，要生存；要過得好，要活下去。
- 心智：代表著要成長，要發展；要不斷地學習。
- 情緒：代表著有愛，有各種寶貴的關係。
- 精神：代表著生活與生命的意義，對大我、對社會的貢獻，還有對後世的遺贈。

再往前細推演化，就顯現出來我們每個人生命中應具備的四種智慧，即：

- 心智面：當我們提到智慧時，通常第一個想到的就是心智上的發展，亦即，在分析理性化、抽象化、語言化、形象化與充分理解上的能力，以IQ表示。
- 身體面：自行運行呼吸、循環、神經及其他生命系統的能力、自癒力；平衡、和諧化功能組織的能力；以PQ表示。

- 情緒面：以心（臟）為代表，表明自我求知、自我認知社會的敏感度、同理心與成功溝通力，有時被稱為是右腦能力；以EQ表示。
- 精神面：第4種智慧，是所有智慧中最核心、最基礎的，是其他三者的引導者，驅動人們追求意義，並且連接向無限的時間與空間；以SQ表示。

我們發現「全敬業」或「全人」兩種角度的思考裡，殊途同歸，在PQ、IQ、EQ與SQ上找到了它們的交集。原來在「敬業」中不能偏廢的，在知識工作者時代下的「全人」也不能偏廢其中任一。

可是，人類與企業人常偏廢其一。

從人類發展的歷史來看，我們最早運用的智慧，應是攸關存活的PQ，然後在與大自然爭鬥中學會了IQ，在文明相處中又學會了EQ，最重要的SQ就常被人們所忽略了。企業人呢？可能最早最想運用的是IQ，後來，他們發現要有更大成功，不可缺少EQ。而PQ也常在失去後倍感珍惜，至於SQ，企業人或企業體，都常有意無意地偏廢了。

IQ是很多動物也都擁有的，連電腦都有；EQ在一些高等哺乳類動物中也常發現；PQ則是各種動物存活必備，動物的常比人類的更為強大。惟獨SQ是人類所獨有，是人類用以開發在意義上、願景上、與價值觀上的渴望與能力。SQ讓人類可以尋夢，可以為逐夢而奮鬥不已，SQ構築了我們的信仰，我們行動上所憑依的信念與價值觀。就本質上來說，SQ讓我們成為人類。

SQ最重要，不要再向動物學領導或管理了。

所以，在企業裡，不管是組織或個人，讓我們都提升SQ的作用，不要只是好勇鬥狠，殫精竭智，卻迷失了目的與意義。在敬業的完整幅度裡，我們不應該缺失SQ。

在敬業裡，一般人總也是忘了PQ。

在PQ（體力商數）、EQ（情緒商數）、IQ（智力商數）與SQ（精神商數）四商數之外，管理學家們還在繼續創造其他各種商數嗎？有智慧的人，其實不再創造其他商數了。影響人類最大、最深的《聖經》在馬可福音第十二章三十節中說：「你要盡心，盡性，盡意，盡力，愛主你的神。」（love the lord your God with all your heart and with all your soul and with all your mind and with all your strength）這裡，已經把人類該有的努力與力量說明完整了，它們是：體力、情緒力、智力與精神力，然後句點。已經完全了，人們不再續貂，也有更多的時間與精力去實踐。

5.2「可持續」敬業

合益顧問公司曾定義一個「賦能」的工作環境是：賦權員工，讓員工願意「多走一哩路」，也要提供員工所需的工具與工作流程，讓員工克服挫折感，全心以赴。韜睿惠悅顧問公司則在賦能之上再加上「能量」的因素，稱為「可持續」敬業（sustainable engagement），讓敬業管理又加了一層意義。

賦能是賦予員工能力，這個能力包括工具、資源、設備、流程與訓練等，也包括一個合適的工作環境如員工互敬、協同合作等。當然，別忘了，還有一個真正的核心問題，亦即員工做事的能力，這個能力包括前述的4大關鍵能力，即天賦、知識、技能與屬性/價值觀。企業是要經由實作與訓練幫助員工的，但，最後總還是歸結到員工自己，員工認清環境，自立自強，自我敬業是很重要的。

韜睿惠悅顧問再加上「能量」(energy）這個因子，與史瓦茲在「全幅度」敬業中的能量，及柯維在《第八種習慣》中的能量是相似的。但，韜睿惠悅定義的「能量」似又更廣些，它指員工個人在工作上所擁有的健康上、社交上與情感上的「福祉」(well-being)。似乎是身心與環境上的全面健康，才能創造出真的好的能量。他們還把這些福祉統稱為健康規劃，把已敬業（Engaged）、已賦能（Enabled），與已灌能（Energized）的狀況稱為「指數式」敬業（Exponential Engagement）。

「指數式」敬業，號稱具有3個E所形成的指數效應。在實務經驗裡，他們也有實例效果做支持，他們的輔導經驗證明：有些公司，員工敬業度偏低，公司的營業利益率大約只是9.9%，在提升員工敬業度後，上升到14.3%。如果，再加上第三因素的能量而成為指數式敬業，或稱可持續敬業時，營業利益率可更高升至27.4%，增長近3倍。

更多調查與研究顯示，員工福祉（well-being）對企業要達成可持續敬業，確是一個很重要的幫助。「福祉」，泛指員工在健康、幸福與興旺方面的感受。蓋洛普的拉斯（T. Rath）在福祉上有更深入而廣泛的研究，他主導過許多世界性大調研。他認為真正的「福祉」要有五大要素，亦即，事業福祉、社交福祉、財務福祉、健康福祉及社區福祉。立論精闢而清晰，如下敘述。

1. 事業福祉，如：

✹ 喜歡每天都在做的事。

- 所從事的，總能與自己的強項與興趣相符合。
- 在事業上，總有目標在追求。
- 總有領導人在一旁激勵著，總是熱情面對未來。
- 還有些朋友，可以分享成果與熱情。
- 可以有時間來享受生活，也為更好生活奮鬥。

2. 社交福祉，如：

- 在生活中，有很好的人際關係，有愛相隨。
- 有親近的友情關係，與社會各界有連結。
- 被好朋友圍繞著，有時間經營社交網路。
- 可安排時間與家人或朋友渡假或社交。
- 在生活與生命中有愛，這些愛也給了每一天所需的正面能量。

3. 財務福祉，如：

- 錢，可能無法買到幸福，但要能滿足基本需求。
- 能有效管理個人財務，也能聰明地使用著金錢。
- 能購買充滿回憶的經驗，不只是在購買物件。
- 錢不必然花在自己身上，也是花在別人上。
- 聰明理財，故財務上很心安；較少金錢壓力或債務煩惱。

4. 健康福祉，如：

- 有健康的身體與充足體力，以完成每日行事。
- 有健康平衡的飲食、運動與睡眠。
- 如期運動，不受壞食物誘惑，讓每日能量充足，思路清晰。
- 睡眠良好，讓頭腦不斷學習與消化新東西。
- 可以做在該年齡上能做的所有事。
- 每天醒來時，更好看、更好感、更有能量。

5. 社區福祉，如：

- 對所居住的社區，有投入感、安全感與歸屬感。
- 對於水、空氣與環境品質，感到心安。
- 介入社區活動，有反饋，有意義，感到驕傲。
- 持續對社區有貢獻，揮灑自己強處與熱情。
- 讓生活從良好提升到卓越。

這五項福祉中，只有第五項對華人比較生疏也比較不被重視。許多華人「自掃門前雪，休管別人瓦上霜」的理念與實務仍然存在；但，放懷遐想一下，如果你住在一個很喜歡的社區，友好管理，相處愉快，對社區有貢獻，你一定可以享受「社區福祉」，也會影響你在生活上乃至工作上的態度。

如果，你是個領導人，你的行為與行動會對別人的福祉產生直接的影響。如果，你一直在忽略員工的福祉，你會逐漸喪失信任也會因此逐漸限制了組織發展。一個真正的領導人會真正關心員工福祉，他把員工當成一個人，乃至一個全人；不是一個工具，或一個在動物式激勵下的半人；自己不盡是僱主，而成了合夥人。

著名連鎖酒店Ritz-Carlton的總裁庫柏（S. Cooper）說；他的公司不只服務它的38,000位全球員工，還包括這些員工的家庭。標準渣打銀行董事長戴維絲（M. Davis）也說，他的公司關心在全球70國工作，約70,000名員工每個人的生活，他們在情緒上、身體上的健康，公司做出了好多規劃，目的就是要提升員工的總體福祉。

這些想法與做法，其實不論地處美、歐、亞，許多幸福公司都在默默做著、成功著。他們的領導人率先敬業，引發員工敬業，提升員工敬業度，終於成為敬業組織。所以，敬業度管理中，這項重要的員工福祉，其實是結合了：

- 我們對每日工作的愛。
- 我們在人際關係上的品質。
- 我們在財務上的安全與心安。

- 我們在身體上的健康與活力。
- 我們在貢獻社區與社會後的驕傲感。

而且，更重要的是，這五項因子之間還會相互作用的，當然，事業福祉是「五福」之首，沒了這首項，其他四福還可能會迅速消失，此外，健康與財務兩福也較獲一般人重視，它們也較易計量與追蹤。

蓋洛普不只對企業人，也曾對全球150個國家的人民做調研，他們發現總平均約66%的人，在至少二福祉上，做得很好，但把五福祉都做得很好的，就只有區區7%的人了。

回到企業人上，當一個員工被培養成「全人」時，我們發現這些員工會：

- 更有可能成為頂尖績效人。
- 會完成更高品質的工作。
- 較少請病假、假病或生病。
- 較少更換公司。
- 在工作上更注意安全，較少受傷。
- 更願意負責，不屑於低訂目標。

我們還是不太相信這些事實嗎？對員工有利的，也隨後會對公司有利。低福祉的員工，直接間接地很快就會有意無意地拉下自己與團隊的績效，或者，我們還是寧願選擇不知道？

5.3 賦能，交出成果

想起來一個老學究的故事。

老學究有一天走入鄉野間，在一條小水溝前停下來了。一旁老農鼓勵他：「跳一下，就過去了。」老學究想了一想，很努力地跳了一下，卻掉進了水溝裡。老農於是好心做個示範，一「跳」就過去了。老學究看完後可生氣了，說：「你那是『躍』不是『跳』；上下動叫『跳』，平行移動叫『躍』。」

其實，真正要跨過小水溝，是要「跳」加上「躍」，缺一不可。先跳起，然後橫越而過，要有角度與力度的正確估計，降落點才會恰到好處。

這樣分析過，你現在不會跳，也跳不過了吧？！這是我的擔心。

我談敬業，從古老、傳統、單向的敬業，談到現代、雙向、可測評的敬業。敬業之後還有賦能，賦能的能除一般習知的做事能力與環境因素外，又加上了體能，於是又衍生了全幅度、指數式與可持續敬業。

希望這些對敬業與賦能有廣度與深度的討論，沒有把你弄迷糊。難怪有人戲說：專家就是把簡單的問題弄成很複雜的人。複雜化可能是因素的展開，真正的專家把問題複雜化後，又要收斂簡化，越簡單越好，因為簡單才可執行——例如，不管多複雜的車輛設計，最後給開車人的就只是，抓方面盤、踩剎車、加油門而已。

敬業的最簡單定義就如BlessingWhite顧問公司CEO萊斯（C. Rice）說明的，還化成公式：員工敬業＝員工滿意＋對組織的貢獻。敬業管理要努力的就是，讓員工滿意度最大化的同時，也讓員工對組織的貢獻度最大化。

對組織有貢獻就是要交出成果。在交出成果的過程中，員工是有話要說：「Help me help you!」(老闆，請幫助我來幫助你！）當老闆把員工迷住而敬業後，還要幫助員工更有「能」，這個能包括能力（ability）與體能（energy）。老闆們不是老學究，會知道怎樣做的。

敬業加賦能，是否有些像：跳加躍？不管如何，我們要跳過去的。企業領導人是首先要建立一個敬業環境的，員工因此而敬業後，還要被賦能，終而交出成果，做出貢獻，回報組織。在這些過程中，員工並非盡是被動，員工要主動連結公司的現在與未來，主動開發自己的各種能力並與組織主動互動，相輔相成。最後交出的成果，是組織的，也有個人的，兩者可以是並行不背的。

敬業加賦能，有許多成功實例，全球許多地區每一年都在公佈的「最佳僱主」即是成功企業案例。

現在，你已經看到賦能與敬業的「全牛」了，看到的不只是外形外貌，還有骨架肌肉，還有更內更細的肌理脈絡，甚至於不只是看到，還可心領神受。如果，你是那位「庖丁」，你不會迷惑於這裡的複雜性，你看到、感到了單純。你，不能按兵不動，必須劃下第一刀。該決定何處何時，劃下第一刀了。

你絕不會血肉橫飛地解牛了。

第 3 篇

如何建立更有效果的組織？

在企業的經營與管理上，效果（effectiveness）終是要比效率（efficiency）更為重要。效果就是交出成果，本章從三個出發點，三個角度，踏向三條征途，卻是殊途同歸，總是交出成果。三條征途上，圍繞其中的是4個主題：領導人與部屬們都有責（當責）、有權（賦權）、有心（敬業）、有能（賦能）。本篇中，還有關於一個「巧婦」與一個工程師，分別在發展與成長上的故事。

如何建立更有效果的組織？

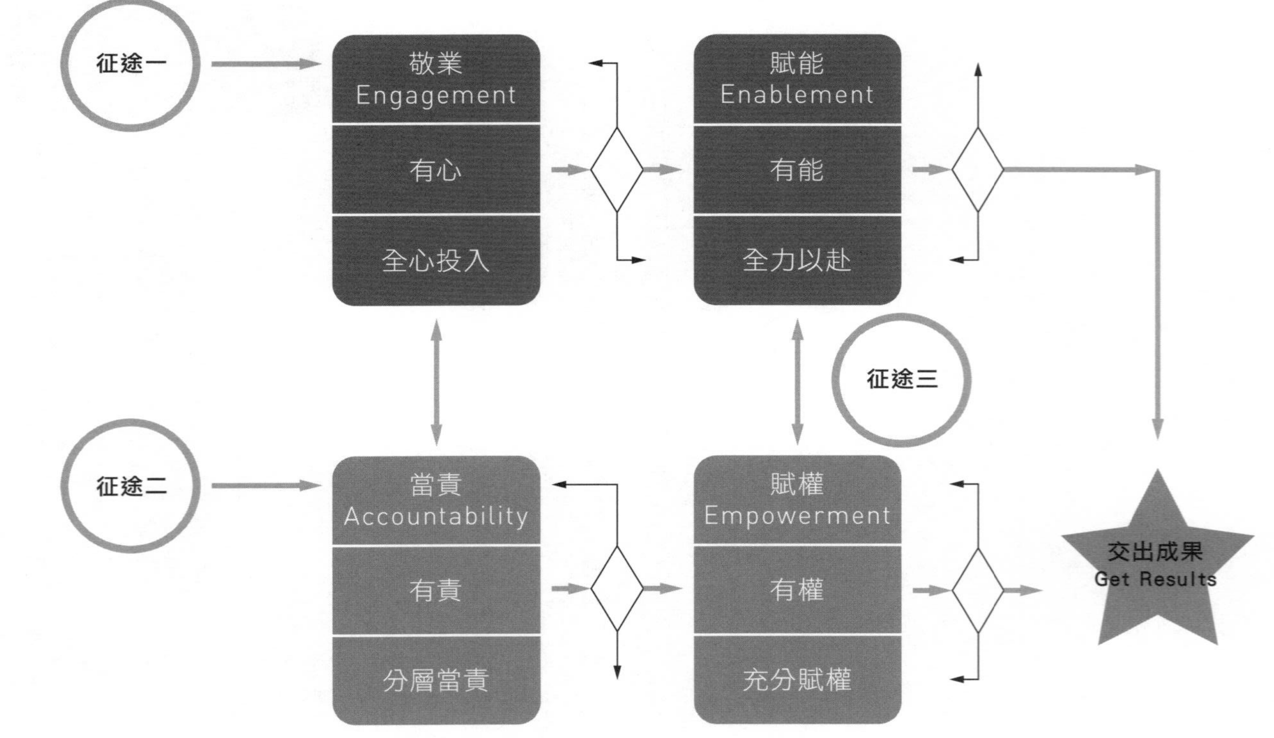

彼得·杜拉克說過，在管理上，令人最感沮喪的是，那些不需要做的事，你卻把它做得又快又好。效果（effectiveness），終究是比效率（efficiency）更為重要。

企業人應該要能：

有責——交出成果的當責（accountability）。

有權——有真正的賦權（empowerment）。

有心——如婚約般的敬業（engagement）。

有能——能多面揮灑的賦能（enablement）。

如其如此，企業經營才能更享效果。

一個「交出成果」的鮮明時代

Effective leadership is not about making speeches or being liked; leadership is defined by results.

有效領導力不是關於做做演講或讓人喜歡；領導力是要用「成果」來定義的。

——彼得．杜拉克

Enablement & Engagement

Efficiency is doing things right; effectiveness is doing the right things.

效率是把事做對，效果是做對的事。

——彼得·杜拉克

6.1 交出什麼成果？

「養兵千日，用在一朝」，最怕的就是，那「一朝」也正是「毀於一旦」的「一旦」；沒有交出成果，努力成了枉然。這個「一旦」或「一朝」常常非意料之中，總是突然出現以致措手不及。管理上總是訂有目標，每位員工銜目標以進，圖謀很清楚，攻佔山頭之日也很清楚。什麼叫「成果」（results）？就是完成了預期的「目標」。沒有目標，就很難說是交出成果了，只能說是交出「活動」的自然產出（output）。有輸入（input）就有產出，這很像是機器操作或大自然的過程，你看不到人類可愛可敬、可歌可泣的奮鬥過程。

執行力大師包西迪（L. Bossidy）說：「沒有目標，無從談執行力。」他也定義了執行力是把目標定下來，完成目標的紀律。你會訂目標嗎？目標的形式可是琳瑯滿目的。

如果以時間長度來看，最常見的目標是年度目標，企業人魂牽夢掛的正是一年努力是否達成年度目標了？這個年度目標可是公司發展史上的一個里程碑，是要載入公司歷史的，也是利害關係人，尤其投資者注目的焦點，更重要的是與年度績效與獎金有關的。有些跨國大公司還訂出條款，總公司如不獲利，那麼個別事業部與個人貢獻者也都沒了獎金，因為三個因子裡有一個是零，結果就是零了。讓整個公司更像一個團隊了。

為了要達成年度目標，又再細分成季度目標、月目標，以利逐月逐季有效追蹤。沒達成時，就出現了「差距」，為了補足差距，員工們常要施出渾身解數，當然也會被老闆拷問得大汗淋漓。

看長一點，只訂年度目標也是不夠的。在它上面，又有2年、3年或5年的中長期目標，做為導引或形成策略。這種中長程「目標」，連英文用字都不同了，常稱為goals，與年度或更短目標的objectives不同。

更長一些的目標，如5年或10年或20年呢？企業界開始稱為願景（vision）了，因為深入更長遠的未來，許多事很難預料，所以願景的訂定就比較是定性不定量了。願景引導著一個企業的大方向。願景也常成為企業領導人或企業創立者「夢」的一部份。

> Make no small plans...for they have not the power to stir men's blood.
>
> 不要做小計畫…因為那些小計畫，沒有力量去攪動人們的血液。
>
> ——馬基維利（Niccolo Machiavell）1514

我們常說，人生有夢最美。這個夢，華洋解讀也有不同，台灣有一首歷久不墜的名歌叫：「我的未來不是夢」。高亢的旋律，唱得大家慷慨激昂，振奮無比。但，如果洋人知道未來不是夢或沒有夢，大部份人會不想活了，因為人生已經沒有意義，因為許多洋人一生奮鬥不已的動力正是期待有一天要「美夢成真」。所以，這個夢在華人心中常指無法實現的「幻夢」，例如老媽罵兒子：「你不用再眠夢了（台語）」，或中國古人罵人「春秋大夢」與「南柯一夢」；但，在洋人指的總是正面的夢想、美夢，也是人們最深層的渴望。

夢可想但不能不行動。如果你開始付諸行動而對夢展開一系列行動規劃時，夢開始成為一種「願景」，當願景形成時，很多人——尤其是企業人，他們認為已經有了60%以上的實現可能性了。所以，不能單純地把夢想當願景，這樣願景會喪失說服力的。

在願景之下或之旁，我們又展開了高層次行動計劃的「使命」(mission)。使命常有兩種解讀，其一是，使命就是一種行動計劃，看好未來狀態，看好現在狀態，分析中間過程，然後採取行動規劃，行動啟動後則循序以動，「使命必達」，像要完成電影《不可能任務》中的任務（也稱mission）一樣，只是，企業界指的使命或任務常是三、五年或十年層次的，無法指日完成，喊得如火如荼的。其二是，使命是指目的或宗旨，是purpose，定願景的人要在這裡把目的講清楚；所以，在企業長程行動上，願景是what，是在說明要達成什麼？使命是why，是在說明為什麼要達成那樣。

順著這個邏輯，再下面就是how了——你要怎樣達成？因為仍在高層次上，像搭飛機看大地，這時候談how就不會是什麼很具體的細節描述了，而是企業文化中最著名關於「價值觀」(values)的描述。價值觀像羅盤、指南針一樣，指明員工正確的行為方向，告訴員工什麼樣的事絕不可做，什麼樣的事是公司長久都會鼓勵去做的。對於許多卓越企業，價值觀裡還有準則是會開除違反的員工的。

現在，如果你把願景（超級目標）與策略（大目標）想好、看好、訂好後，暫且放心中、擺一旁，飛機已經著陸。你要挽起袖子，走入現場、市場、戰場，下決心要達成今年的季度目標——很多公司真是每季算績效帳的，下決心達成今年年度目標。那麼，你就是那所謂的高瞻遠矚（visionary）的領導人，這時，你是集領導者（leader）與經理人（manager）風采於一身，胸懷公司發展的大圖與小圖，行動也指向季度與年度；你也是一個敬業領導人，第一步建立了一個可讓員工連結的組織。

訂定目標、完成目標、交出成果，是執行力的定義與展現。沒有交出成果，就承認失敗、吸取教訓、重新規劃、爭取機會、重新來過，千萬不要再講沒有功勞也有苦勞，雖敗猶榮等等沒志氣的話了。承擔起「當責」，不要再陷入受害者循環；美國矽谷名顧問藍祥尼說：「沒有當責，成果只是運氣。」

回到最高層次目標：「夢」——其築夢、逐夢與完夢的過程，也成為人類之所以異於其他動物的特點，完夢的過程與成果乃至其中差錯，也寫成了人類一部部的讚嘆史。

企業人常說年度季度目標一定要清楚，何謂清楚？SMART是最常見最常用的方法了。S是Specific，要特定的；M是Measurable，要可計量的；A是Aggressive and Achievable，要有積極性與可達成性；R是Relevant，要有直接相關上的重要性；T是Time-bounded，要有時間限定——這點華人常忘記。

基於實際需要，有經理人又提出了SMARTER，後面再加上的E是Extended，是要能延伸的，達成延伸目標時，有大獎，沒達成則屬正常。最後的R是Recorded，要有記錄。世事多變，目標有時也在修訂，但要有記錄。目標訂定後可以再修訂嗎？當然可以，不然會影響整個公司供應鏈的作業，造成採購或庫存上的問題。但，要注意的是，每一次修訂也可能都會降低一次你身為領導人的可信度，甚至誠信度。就上市公司來說，還會影響股票價值呢。據報導，美國軍方在做任務檢討時，第一個問題總是：「我們原本預定要達到的目標是什麼？」令人聽得聳然心驚。

目標的內含呢？有財務性目標與非財務性目標。

有時，我們常會聽到有人對「成果式管理」的詬病，他們批評：太成果導向，太功利主義了，難道除了成果不計過程？除了獲利外，沒什麼其他目的了嗎？都有。

平衡計分卡告訴我們，除了財務性目標外，還有非財務性目標，只是大部份企業只重視財務性目標罷了。就企業長久經營的眼光來看。非財務性目標更為重要，它們算是「領先型指標」(leading indicators)，是領先預測你的未來績效的，例如人才管理與培育，員工學習與成長，都是非財務性目標中的要項，卻總是被華人企業所忽略。

如果，你訂有目標要捐出盈利中的一個百分比做公益，那麼，你很有執行力地達成了目標，也捐了公益，這樣還太功利主義了嗎？當然不是。不要把目標不明、目標不適或執行力不彰，都怪罪到成果式管理不對上。

彼得·杜拉克在五六十年前「發明」目標管理後，對目標管理有幾項重點看法如下：

- 有五個關鍵階段：訂目標→有SMART（含當責者）→監督績效→評估績效→論功行賞。
- 管理者應向員工清楚說明角色與責任及目標。
- 讓員工參與目標的製定過程，以協議完成後的目標為執行依據。
- 「目標管理」只有在清楚知道目標為何時，才能發揮功效，但十有九次，我們無法確定目標。

最後一項，有些驚世駭俗，但確屬企業常態。各項加總後，就知道為什麼企業界執行目標管理總是不成功。早期的美國惠普公司（HP）是執行成功的少數公司之一，《惠普之道》中也提到了目標管理，說到：

- 目標管理對HP的貢獻大於其他任何一種經營策略。
- 目標管理與管控式管理或軍事管理是截然不同的。
- 目標必須清楚，且必須取得眾人認同。
- 員工有自主權，可以自行選擇自己認為最佳的方式來達成目標。

看來，企業人在過去幾十年來，對目標管理還是沒什麼進展。羅傑斯（R. Rodgers）與韓特（J. E. Hunter）在二十餘年前的1991時，對目標管理已做過30餘年的效益研究後，下了結論說：

「若執行長能致力於落實目標管理（MBO），公司的生產力平均可成長56%。」

> 百分之九十的「行業內最佳」(Best-in-Class）公司，在建立績效目標時，是經理與員工共同協議而成的。
> (「行業內最佳」是指在總體績效表現上，在該行業裡是在最前20%的公司。）
>
> ——Aberdean顧問公司

企業界訂目標，交出成果的能力還是令人不安，雖然，我們還是身處一個交出成果旗幟鮮明的時代裡。

當設定目標與達成目標之間有了差距，我們稱之為「執行力差距」(execution gap)。企業裡，每個人、每個團隊，乃至整個組織都很想知道甚至計量出他們的「執行力差距」究竟有多大？於是，有一家叫Harris Interactive的公司，就把這個執行力差距定為xQ，小x代表執行力，大Q是Quotient(商數)，他們又仿智商IQ的方式，建立了xQ，亦即，執行力商數。

這個xQ分數，代表著一種「領先型指標」，意味著一個組織執行成功它最重要目標的能力。這套系統在推出前，曾對兩百五十萬美國企業經理人做過測試並完成研究。後來，又在一項專案中，曾對美國11個關鍵性產業裡各10個關鍵部門，共約23,000位的全職員工做了xQ的專案研究。研究與調查結果令人心驚不已，如下撰述。看來，企業裡執行力差距還真不小。

下面共有20項敘述，都是執行力的重要議題。20項中，有6項是針對組織層級上的，8項是關於團隊的，有6項是關於個人的。分處其中，每個議題後面的百分比是，受訪員工表達同意的百分比。

1. 組織目標的「瞄準連線」(line of sight):全體工作者都能聚焦在組織的目標上嗎?(22%)
2. 團隊目標的品質:工作團隊有清楚的、可計量的目標嗎?(9%)
3. 團隊規劃:工作團隊會集合在一起,規劃如何達成他們的目標嗎?(16%)
4. 團隊溝通:工作團隊會相互瞭解,並具有創意地對談嗎?(17%)
5. 團隊信任:工作團隊是在一個安心與雙贏的工作環境下運作嗎?(15%)
6. 團隊的賦權:團隊有足夠的資源,也有工作上的自由度嗎?(15%)
7. 團隊當責:團隊成員會相互要求,對各自承諾負起當責嗎?(10%)
8. 團隊評量的品質:對成功做評量的方式有正確而公開的追蹤嗎?(10%)
9. 個人的工作目標:員工有清楚的、可計量的、有限期的工作目標嗎?(10%)
10. 個人的敬業度:工作者都被激勵嗎?他們感受到被重視嗎?(22%)

11. 個人規劃：人們都會有系統地規劃他們的優先次序嗎？（8%）
12. 個人啟案力：員工們會主動採取各自的行動與責任，追求成果嗎？（13%）
13. 組織的方向：每個人都能準確地瞭解組織的策略與目標嗎？（25%）
14. 組織內的協力合作：工作團隊可以很順利地跨部門工作嗎？（13%）
15. 組織的可信賴性：組織很尊重它自己的價值觀與承諾嗎？（20%）
16. 組織績效的改進：這類改進有個一致性與系統化的做法嗎？（13%）
17. 個人的承諾：人們在組織的方向上，都許下了承諾嗎？（39%，好高！）
18. 組織的支持力度：上層單位積極地支持工作團隊達成目標嗎？（45%，好高！）
19. 團隊聚集：我們團隊全心全力聚集在最重要的目標上嗎？（14%）
20. 個人的時間配置：我們的員工真實地把時間用在關鍵目標上嗎？（60%）

上述20個有關執行力的重要議題，真實得分都很低。質言之，這些議題其實都是直接圍繞著這四大主題：

敬業、賦能、當責、賦權。

我把這四大主題及其相互之間的關連，做了一個系統化的圖示，正如下頁的大圖。

6.2 交出成果的三條征途

6.2.1 征途一：全心投入（敬業）＋全力以赴（賦能）

這條征途正是本書的主題，如圖6-1所示。用英文來說，就是Enabling Engaged Employees to Get Results，亦即，用第二篇所述的方法，去賦能第一篇中所述已敬業的員工，協助這些員工們全心全力完成個人與團隊目標，交出成果。

進而言之，征途一的全程是，讓已經敬業的員工，獲得組織更適的資源、支持與能力去執行任務，交出成果。征途上是有些挑戰，例如敬業不足重回敬業，或敬業不足卻已進入賦能；敬業不足卻賦能充足的員工，不久也可能選擇離企業而去。沿途中，我們有時會遇見全心全意，全力以赴以至於鞠躬盡瘁的，敬業管理也要防止這種過度現象。

如何建立更有效果的組織？

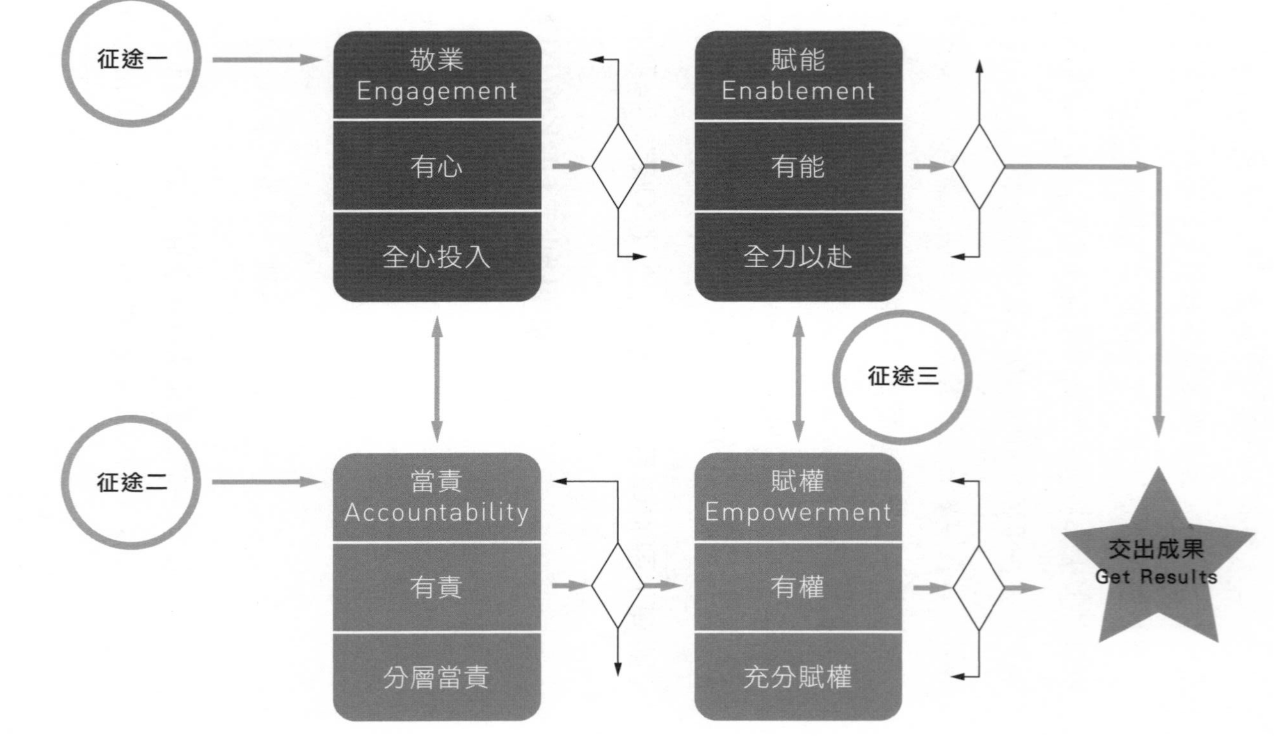

圖 6-1　征途一：敬業 + 賦能

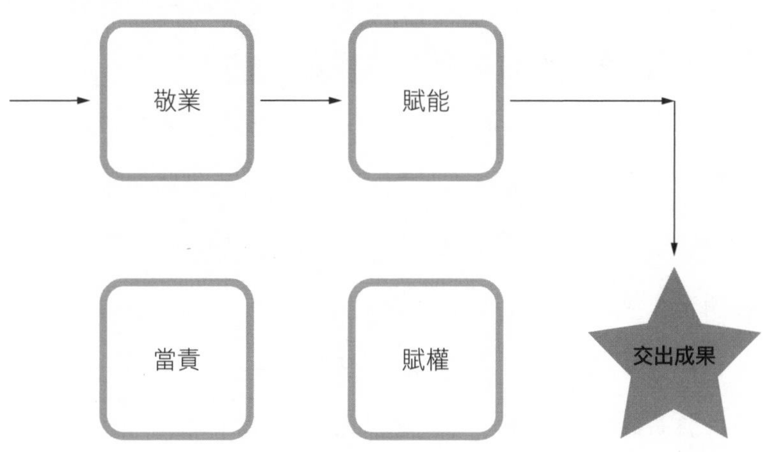

一個案例：一個巧婦的美食與美生之旅

我們常說：巧婦難為無米之炊。意思是說，一個主婦不管多靈巧，沒有米就是無法煮成一頓飯。

考據起來，這句名言是衍生自宋朝陸游筆記中的一個故事，原文也是引申的，是「巧婦安能作無麵湯餅乎？」這個巧婦沒有麵，是無法做出湯餅的。後來，麵餅就逐漸變成了米飯了。《紅樓夢》第75回中有此段敘述，賈母笑道：「正是巧媳婦做不出，沒米兒粥來。」

我想到的是，這個「巧婦」，其實來頭不小。第一個想法是，她已經嫁為人婦了，煮飯是她工作之一。她不只要把飯煮好，應該還有其他許多也是很重要的事要做的。但，她在煮飯上就觸了礁，因為沒有米——沒有原料、材料、資源。可以想像，她有多焦慮、失望與沮喪。

第二個想法是，她還很「巧」——就是很靈巧乖巧，技巧不錯。在「知識」與「技能」上可能是足夠的，說不定在「天賦」與「屬性/價值觀」上，自已也已做過探索、發揚與調適了，所以她是很靈巧的。

以管理話來說，別小看這「巧婦」，她立意堅，心有所屬，願共譜未來人生，她是很「敬業」的，她還可能具備了能力上的那些大能力，有些較強，有些較弱就是了。

可惜，賦能不完全，她被支持的力度不足，東家或為夫的，居然沒給資源。假設他們不是那種「貧賤夫妻百事哀」或家徒四壁的狀況，而是一個常見的小康之家，他有能力買米的，只是忘了、疏忽了。這個「巧婦」有心有意也很清楚自己要交出成果，是有目的，是要把煮飯技術用在煮成一頓好吃的飯的。

「巧婦」要煮成一頓美味的「飯」，卻缺了「米」，她有多失望。這個米，還是該給沒給或忘了給，甚至不肯給的——既然是「巧婦」也應是善於找米嗎？但是，這個工作環境也太殘酷，夫家太苛了。

有沒有見過：「拙婦難為有米之炊」的？這個「拙婦」一則以喜，一則以憂，別忘了，她既已成「婦」了，就該趕緊訓練她、培育她，來得及的，畢竟「勤能補拙」，如果還是不夠，我們還要本著熟能生巧，而要她勤加練習以期拙能生巧了。「拙婦」還是可期待的，家也已有米的。不然，對比另一種人：「巧傭」；這個傭人是很靈巧的，但沒承諾，管你有米沒米，她可炊可不炊，也隨時會離家。

一家之主的你，只要給這個「巧婦」幾許好米，就可以要她煮成美食嗎？

給她更充分的「賦能」——能力加工具與環境，才能在她的現有技巧之上，提升美心美意、美味美食的，例如：

- 給她所需的「設備」：鍋、鏟、瓢、盆，乃至排氣設備。
- 加給她「補給品」如：柴、米、油、鹽、醬、醋、茶。
- 幫助她建立「流程」：把煮飯藝術化為流程，寫成食譜；每日改進有道，精益求精。
- 給她更合適更乾淨的廚房環境。
- 確定她主廚的角色與權柄，也要她負起當責。
- 再給她訓練，由美食而良食，做出營養均衡、自然健康的良食；也由美食而美生，加了生活品味。

雖然中國古人說：「君子遠庖廚」，不要去看那些血淋淋生殺「不仁」的場面，但有時也需君子適時就近在現場參與、體諒、關懷，表示敬意。美國杜魯門總統有名言是：「如果你不能忍受廚房的火熱，請你離開廚房！」他是挑戰你，要進入廚房、留在廚房，接受挑戰的。我們的「巧婦」是願意承受這些火熱，煎炒煮炸後端出美食與良食的，你怎麼可以不就軟體與硬體分別好好地「賦能」她。讓這個「巧婦」總是做「有米之炊」也在合適廚房工作，有補給，相關知識也無缺。確定不會變成「無心之炊」——巧婦已無心，美食也許一時仍有，隨時可能不再有的，吃起來可能也是不安心的。

我們可能還需要一種全面性心靈合約，以提升「福祉」上的需求與保障，例如，讓「巧婦」：

- 廚房火熱有時，客廳休憩有時，戶外運動有時；要健康，有不虞匱乏的體能
- 不只操心柴、米、油、鹽、醬、醋、茶，也有書、畫、琴、棋、詩、酒、花。
- 不只是巧婦，不只是婦道人家，她其實是合夥人，是「全人」，有家中地位。

- 在鄰里間分享知識、心得、經驗；活在一個愛人愛已的實體與情感生活裡。
- 她還存有私房錢，很獨立，很得意的，她看好這個家10年、50年的未來。

你或發現，「巧婦」的靈巧其實不只在煮飯上，令人意外地還全面表現在食、衣、住、行、育、樂各方面上，她後來又在天賦上發現也結合了她特有的天賦能力，也在屬性/價值觀上更確定了自己與全家在生活上的目的，與生命上的意義。

這個「巧婦」會不會被寵壞、慣壞了？不會的。這個巧婦的美食與美生之旅中，一定是充滿了自助人助與天助的美好經驗，這種美好人生是在一家之主的相輔相成下寫成的，彌是珍惜。

巧婦難為無米之炊，其實沒有那麼無奈。怕的是無米（沒有賦能），非「婦」（沒有敬業），不巧（缺技能與知識），還不炊（沒有目標）了。這世界沒那麼窮困，沒那麼絕情，甚至還可說是一個魚米之鄉與感情世界。讓巧婦能自助人助地與一家之主相輔相成，譜出美食美生的美麗人生吧。

這位巧婦走完了這趟敬業與賦能的征途。

圖 6-2　征途二：當責 + 賦權

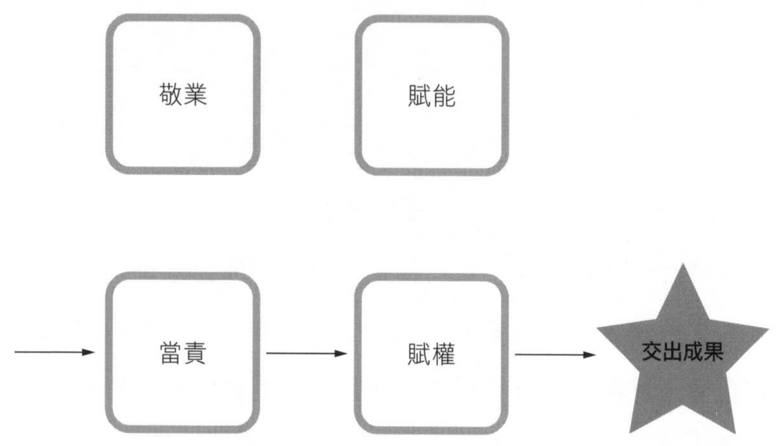

6.2.2 征途二：分層「當責」＋充分「賦權」

這條征途是由效果一直不彰的傳統路：「分層負責，充分授權」提升上來的，它比較精準的英文說明是：Empowering Accountable Employees to Get Results 亦即，讓已提升責任感為當責的員工（如《當責》一書中所述），得到充分的賦權（如《賦權》一書中所述）；員工因此而有責有權，完成任務，交出成果。

這條征途上，我們要挑戰許多障礙，如：

- 無責無權：只好盡人事，聽天命的。

* 有責無權：在權柄與權力之間迷失的。
* 有權無責：濫用權力，或責任感中毒後成為英雄式領導者。

許多的責與權的難題與題解，讓我們又回到當責與賦權兩個主題上。

6.3.3 征途三：讓有責有權者，也有心又有能

這征途如圖6-3所示，很明顯地增強了征途一與征途二的力道，是讓xQ（執行力商數）達於極大之路。

圖 6-3　征途三：有責有權 + 有心有能

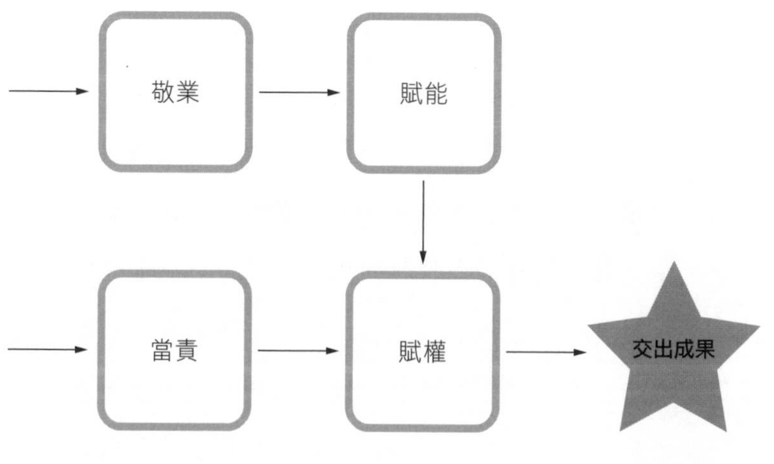

一個案例：一個專業經理人的一段成長路

老王大學時學的是工程，當初的選擇只是想到畢業後比較好找工作，興趣上也差不多，雖然他最喜愛的還是文學。反正，那個時代裡流行風是「強行成自然」，是不太在乎興趣的。大學裡，學了好多理念與理論，很難搞的工程數學也只是個工具。有一次，有一科的期中考只考了一題，用了三小時，中間可以出來上洗手間兼休息，也可以隨時翻書看筆記，但就是不可與同學交談；緊張的工程學外，他還是到文學院修了一些喜歡課程。老王除了第一年有些輕鬆外，後面三年可是日以繼夜用功無比地唸完所有課程了。

畢業後的第一份工作是在南部一家工廠裡。他發現工廠做事其實只要一些技術，並不需那麼多理論。有一些「黑手」出身的部屬們，技術嚇嚇叫常常還得向他們學，學得很快就是了，有時講些事件背後的道理，還是可讓黑手老師傅信服的。第一次讓老王驚奇的是，在設計一套機械系統時，竟然是可以用大學書上的許多公式。原來，技術只是理論的延續，於是他埋首進入各種技術與設備的設計細節裡，還樂此不疲，也發現自己很有「天份」的，許多新產品的製造流程與設備，就在他與手下人員完成了。後來幾年裡，老王還常回讀教科書，充實基礎，溫故知新，也因此為工廠開發或提升了幾項新技術。

於是，老王立志成為技術專家，有朝一日，如當成那個總工程師，應是很神氣的。他後來真作成了技術主管，也發現工作有了新貌：

- 技術有更多多元性與互補性，要能做什麼像什麼，就要新學什麼。
- 有不少人員管理上的問題，很多人有本位主義，不願意看全局。
- 人的管理似乎更難些，有一次一位老同事還「誘惑」他：「回到我們技術本位吧，不用管人。」
- 常常要跨部門解決自己或自己部門的問題，發現也意外解決了別人的問題。

其實，老王此時也開始用一個更大的角度在看工廠的問題了，技術只是一種工具、一種流程或系統，只是用來製造產品的。他開始從最後產品的角度回頭看技術應用的問題，也開始很「雞婆」地在管一些別人眼中的「閒事」——後來，升他官的大老闆才跟他說，看中他的正是他愛管灰色地帶的雞婆精神。老王也不是胡亂雞婆的，他只是要管管那些會影響到他的技術做成好產品的各種因素。例如，有一次還為了他的技術一定要成功製成產品，還去了採購部為了堅持有些原料的特別品質要求。

有許多次，他以技術主管身分夥同業務人員到客戶處協同解決產品品質的問題，意外讓他的職業生涯開始了一些改變。在許多外部產品會議中，他發現：

- 在客戶眼中，產品如有了問題，是「你們公司的問題」，與公司內那個部門無關，內鬥只是在家裡管用。
- 原來，客戶如果不喜歡你的產品，再好再得意的技術也沒有用。
- 市場有很大的競爭性，不是只有你的產品，客戶有很多選擇。
- 原來「為產品找客戶」、「教育你的客戶」、「運用技術，開發產品，讓業務員去賣」是迷失，也是誤區。
- 他開始由「技術平台」的發展，轉向公司的「產品平台」。

幾次產品會議的爭執後，老王開始由一個更大的角度來看問題，原來，你是要：

- 為你的最後成果，回頭負起各項因素的責任。

- 為你的最終產品，回頭在公司內負起全責，技術只是其中一部分。
- 為你的客戶，回頭負起全責，包含如出廠後的全程運送。

在進一步觀察後，他也發現到，公司技術先進還是不夠，還要真正瞭解客戶、尊重客戶，與客戶緊密互動開發創新產品，才可能蛻變成為更優秀公司。老王因此決定轉入業務部門，很大的轉變也掙扎了許久。他原來可只是想當總工程師的，在當時這才是讓人尊敬的職位，搞業務的好像還是不怎麼受人重視。他終是進入了業務部門，從副主任幹起，還沒有太大的業績壓力。他於是模仿了製造上的流程，建立業務部門首創的「銷售流程12招」，分別對銷售前、銷售中與銷售後的業務需求，做好銷售上的準備、實踐與服務，這是他集合部門內同仁經好幾天大小會議後研討完成的。老王有些得意，他的名言是：「誰說銷售是一種藝術，銷售就是可以化為技術、化為一套流程，雖然流程裡還是有一些藝術成分。」

老王一路走來，雖然有不少的上下跌撞——例如，走上業務是跨領域甚至有段時間是降調的，他還是認為是個成功人生，他最後沒當成總工程師，但是成為一方領導人。有時，他甚至覺得成功後有些許落莫，直到有一天他在早起散步時意外遇見了退休的前經濟部長，這位老部長在任上時曾頒過一個大獎給他。

部長還記得老王，他跟老王說：謝謝你對這個產業、這個社會的貢獻。老王回家一路上很有感動，原來他對這個社會要有貢獻，要有連結，甚至更進一步的連結，才會有真正成功。

老王年紀雖然也沒那麼大，但他開始回顧了一次人生。

他約有20幾年，是紮紮實實在學習硬知識與硬技能——工程學確實夠硬的，從硬硬的邏輯系統理論，推到各種硬硬的設計與操作技能；然後又有20幾年是在學習管理上的軟技能——用來管理工程技術、供應鏈、產品、銷售、客戶乃至事業，當然還有人生。面對後段人生，他也有了更多在自我管理與自我領導上的參悟與實踐。

比較起來似乎是，前面二十幾年的硬技能學習是快意人生，學成時，很權威，指揮若定；後面二十幾年的軟技能管理學與更軟的領導哲學，卻導向了他多彩多姿的人生。

老王曾面對自己百餘位主管們，提到一次深刻的管理與領導經驗。是數年前一次為期兩天的「當責式管理」研討會。兩天的震憾，讓他隨後一個禮拜睡不好覺，還請了一天假做了長思考。似乎是二十幾年來，管理上的許許多多片片斷斷理念與大大小小拼圖，都在當責的概念與工具下串起來了。其實，當責本身的理念與工具運用也都算是普通管理常識，自己多年來也一直在想、一直在用，只是沒想到它背後原理、邏輯與架構，居然這麼清晰與紮實。可惜，普通常識卻沒被普遍應用。老王說，震憾後、串連起來後，有一種「管理之道，一以貫之」的感覺。

老王的故事還沒完，還在繼續向前發展——一個有責然後有權，有心然後有能，然後很自然地並路發展，齊頭向前行，沿途不斷交出成果之路。

這是我們看到的，像自然發展，像渾然天成，也像刻意鑿出的征途三。征途三，讓我們看到企業人與組織、社會均蒙其利的長利之路。

負責要提升到當責，授權也才能提升到賦權。幾十年來，窒礙難行的「分層負責，充授權」提升到「分層當責，充分賦權」後，恍如撥雲霧而見青天。

本來，當責就是要為最後成果負起全責，也是要為客戶負起全責；賦權不只是賦予權柄，還要協助發展權力——權力內涵中有更重要的影響力、領導力、腦力與潛力。

原來，敬業不是單向責成員工，領導人互動與敬業環境建立是主流；賦能也讓我們重新發現一個更軟卻更大威力的內力世界。

這一段「有責有權＋有心有能」的成長路，更確定你走向成長與成功之路。

結語　迎向敬業與賦能的光明面

Once more unto the breach, dear friends.

親愛的朋友們，再接再厲，直搗城牆裂口！

——莎士比亞《亨利五世》

一、過勞、工作狂與敬業的分際

在各種不同程度的敬業與賦能環境裡，員工在執行工作上，過與不足也形成了一些黑暗面。例如敬業與賦能不足時，員工仍然全力以赴，就容易在工作上產生倦怠、疲勞（fatigue），長此以往，還有可能造成過勞（burnout），過勞再下去就是過勞死（Karoshi）。過勞死在世界職場上時有所聞，在日本更盛。日本醫學專家上畑（TetsunojoUehata）創造了這個名詞，也給了定義，指有害於心理健康的持續性工作，它打亂了工作者的生活節奏，累積了過多疲勞，造成長期性過度疲勞，引發高血壓或心臟病等舊疾新病，最終導致衰竭而死。

看來過勞死就是過度疲勞，發病致死，也就是中國人常說的積勞成疾，鞠躬盡瘁，死而後已。古代今時都有名人偉人都做到了，他們還在歷史留名，傳為美談。現在則是有許多勞工朋友，身不由已地陷溺其中，死後留下的卻是許多法律爭執，死得不明不白。

各階層經理必須注意的是，敬業不是「過量與過長地工作」，而是「更聰明地工作」。過量過長的工作形成壓

力後，就不再會多走一哩路，而可能形成兩個潛在危機：形成了員工的過勞症，逐漸傷害了組織的文化。

——Linda Holbeche, Ph.D

其實，堅硬無比的金屬也會疲勞。固體金屬在長時間反覆應力的作用下，會造成強度衰弱，這時，外觀或許仍未變形，但內部已有「裂痕」，細小難查，但損害會逐步擴大，最後突然斷裂，這種現象稱為金屬疲勞（metal fatigue）。

這種金屬疲勞很可怕，因為外型未變，卻已內傷嚴重，曾導致幾個大空難，如1981年的遠航空難、1985年的日航空難，乃至2002年的華航空難，這三次因金屬疲勞而造成飛機解體，飛機乘員無一倖免。

金屬受到應力反覆而長期的作用，會產生疲勞。其他許多固體材料也會，例如塑膠、陶瓷、玻璃等等，作用力不需要很大，只要是長期不斷往復，就有可能產生疲勞。定義是，當應力往復N次後，材料仍不發生疲勞破壞時的最大應力，在科學上即稱為疲勞極限。

人體也算一種固體材料嗎？那麼也會疲勞嗎？也有疲勞極限嗎？人體可能比金屬材料更容易疲勞，疲勞極限值更低。人體除了肌肉骨骼等固體材料外，還有一種稱為「心理」的更脆弱因素，一起在加速疲勞現象。所以，人類有「身」「心」俱疲，「心」「力」交瘁的特有現象。可怕的是，身心俱疲後的過勞死並不太容易引起人們驚慌；因為，它只害了小小的自己，不會害到別人——像1985年日航的金屬疲勞一下子害死了共520名乘員。

人類的過勞（burnout）是長期身勞加心勞後產生的身心耗弱現象，它的作用力或應力來自工作本身與工作環境及雇主關係。在英文字典裡，burnout就是有火在下面燃燒了，這個火，可能是快火，也可能是慢火，還有可能是熱情如火的火，所以燒盡的可是工作人的身與心。

有關職場過勞的研究，荷蘭是舉世有名的，Utrecht大學的蕭菲利教授（W. B Schaufeli）在綜合許多調查與研究後，綜合舉出了五項因子來分析員工工作三大現象：工作狂（workaholism）、過勞（burnout）與敬業（engagement）。

「過勞」在前段已略做分析，「敬業」則是這整本書的主題之一，那麼「工作狂」又是什麼？

歐替斯（Oates）先生在1971年時，第一次命名了這個詞，它與酗酒（alcoholism）同字根。工作狂有一種難以抗拒、無法控制的內心驅動力，想要一直不停地工作，他：

- 把大量的時間分配在自己的工作上，連不工作時也在想著工作。
- 工作常超越了組織的要求，很有生產力的。
- 自己把案子擴充得更大、更複雜。
- 拒絕授權，凡事鉅細靡遺，事必躬親。
- 拉高工作要求，但支援與資源不足也在所不惜。
- 努力未獲獎勵也無所謂，他的內在激勵遠大於外在激勵。
- 常造成與同事或老闆間的問題，社交關係滿意度偏低。
- 也會感到很高的工作壓力與健康上的抱怨。

工作狂與敬業者有一個相同的工作因素，就是熱情，工作的熱情；但，熱情程度有別。心理學家把熱情分為兩種，一種是和諧式熱情，另一種則是迷戀式的熱情（obsessive passion）。工作狂屬於後者，他常超時、超心、超力地在工作。敬業者則屬於和諧式熱情，當他發現工作會犧牲生活，成本太高時，就會離開那讓他熱情無比的工作場所。

研究顯示，沒有證據可以證明工作狂是可以改進績效的——尤其是組織層級的績效；工作狂也會導致過勞，對工作狂最有效的改進是，協助他們安排復甦的計畫，例如在工作後介入各種運動，如第5章中所述。

整體來看，如果以蕭菲利教授所綜合的五項因子來觀察，那麼我整理出來的綜表如下：

	工作狂	過勞者	敬業者
1. 過時工作	• 超過被要求地自顧自工作	• 長期過時工作對時間已無感覺	• 配合需求願超時工作
2. 職務特性	• 很高工作要求，不肯授權；常自行擴大工作內容，不管有否資源。	• 很高工作要求，資源常不足	• 很高工作要求，會爭取所需資源、與同事及老闆支援
3. 工作成果	• 工作滿意感與承諾度高 • 不在乎外在獎勵 • 內在驅動力很大	• 滿意度低 • 承諾度低 • 自我實現差	• 工作滿足感與組織承諾度高 • 不願離開公司
4. 社交品質（與家人及非家人；娛樂活動；做家務事）	• 關係滿意度很低	• 社交品質低落 • 負面影響家庭生活	• 不忽視社交；花時間也有興趣當志工。
5. 健康感受（憂傷、沮喪、焦慮、身體病痛）	• 有負面影響	• 有負面影響	• 有正面影響

從工作與雇主的角度來看，工作狂是偏向主動的，是常時性的「凝神」(absorption)。對過勞者，則屬被動的，已筋疲力盡，也憤世嫉俗了。對敬業者來說，是互動的，對工作有短時性的「神迷」(flow)，可廢寢忘食，但不忘娛樂，願當社區志工。

員工敬業度調研公司Valtera的CEO麥西（W. H. Macey）有另一種看法，他認為高敬業度員工會轉而為過勞，他繪了一張圖，如下圖所示：

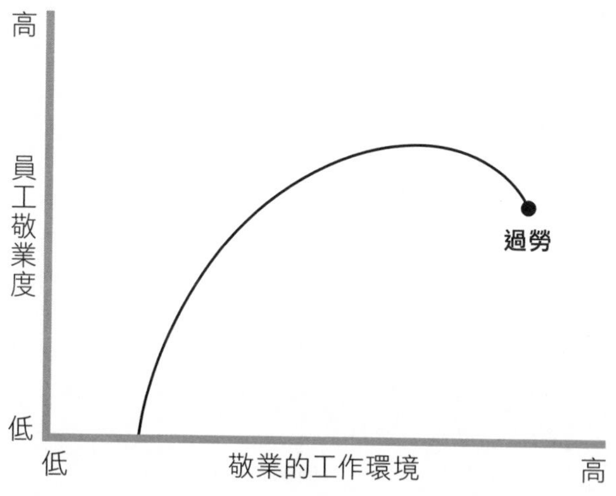

橫坐標代表一個組織在敬業的工作環境上所做的努力，縱坐標代表因此所造成的員工敬業度高低。由橫坐標的標度

上可知，工作環境必須有一定的投資後，才可以看到員工敬業度的。環境越來越好（由低往高走），我們也發現員工敬業度越來越高，最後則從最高與高原處開始墜落，員工由高敬業度變成過勞，成為敬業管理的黑暗面。心理學家Peter Warr稱這種現象為「維他命現象」——維他命吃太多了，反而有害身體，太多好事卻成就了壞事。這種現象比較像華人的「鞠躬盡瘁，死而後已」。

不斷提升的挑戰與承諾，當面對資源與支援不足時，有些敬業的員工開始轉成過勞者。

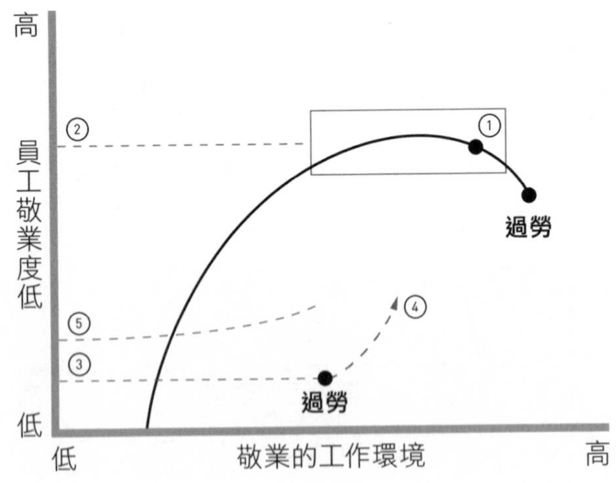

好消息是，如上圖中①所述，過勞的員工有可能又會回

到敬業上的。敬業環境的維持乃至提升，事實上都需要成本的。如圖中②所示，敬業也有其最適度。圖中③所示的是很低的敬業度，它的敬業環境很差，可能只靠著明獎嚴懲在維繫著，這種敬業度不會提升，而且很快達到過勞點。也有好消息是，組織提升敬業環境如圖中④，敬業度會緩緩上升。

工作狂的敬業度可能高些，如圖中⑤所示，工作狂也應經由敬業管理而提升敬業度。

二、「多走一哩路」的努力

當你開始涉獵西方有關敬業的論著時，你會發現從英國到美國，許許多多的著作、論文、講演、實務都一定會提到：discretionary effort這個專有名詞。這個名詞與敬業總是形影不離，有些人甚至把它們畫上等號，或成了定義：敬業就是discretionary effort。很多專家也發現，員工敬業的程度，事實上是與員工在工作上所投入的discretionary effort的量，是成正比關係的。也就是說，所投入的這種力量越大，員工敬業度就越高，還成正比例關係。discretionary effort這個詞，彷彿成了員工敬業的聖杯。

這個詞，困擾了很多非英語系的人，如果你查英漢各種大小辭典，它們註釋的是，discretionary是任意的、無條件的。那麼，員工敬業是否意味著必須奉獻「任意的」、「無條件的」努力，這真會讓員工都感到不解乃至不安吧。

敬業的理念與實務，不論是在心理學上、社會學上或管理學上，都是一種交換說或交易論，亦即：你給我們多少，我們就相對給你多少；而且，是從你開始的。怎麼又成了無條件了？

這樣的努力（effort）很顯然不是無條件的，不是任意的。其實我們如要了解discretionary，應該要先回到discretion上；discretion代表著自由選擇、自由裁決、充分決斷、自主決定等的意思。所以，在敬業管理中，無所不在的discretionary effort代表著可以自主、自由、充分地決定所要投入的努力——或者，不投入。這個決定權，屬於員工，是員工在做這個裁決的，不是老闆，不是法令，不是固有優良傳統。

雇主雇用員工時，是付錢給雇員完成一些規定的基本性工作。超過這些基本要求的，雇員就有權自己決定願不願意多做一點，反應出雇員的意願和選擇，所以許多雇主們就會創造一個賦權、賦能、敬業，或兼而有之的工作環境，邀請雇員們選擇多盡一份力，這個力，包括體力與腦力。這份努力就是discretionary effort。

當員工決定不願投入這份努力，卻被雇主所迫而投入時，就會發生許多問題，如：不滿、怨恨、怠工、破壞、憤世嫉俗、鬼混、行屍走肉、偷工減料⋯，不同嚴重度，不一而足，也有員工走上過勞或過勞死的。

工作狂的人，很顯然地，是願意做這份投入的。但，這多走的一哩路，是在組織要的方向上，不是在自己或各種不同的方向上多走了好多的一哩路。所以，我在本書中把discretionary effort意譯為「多走一哩路」（one more mile）。

美國ADI顧問公司甚至以下圖來闡述：

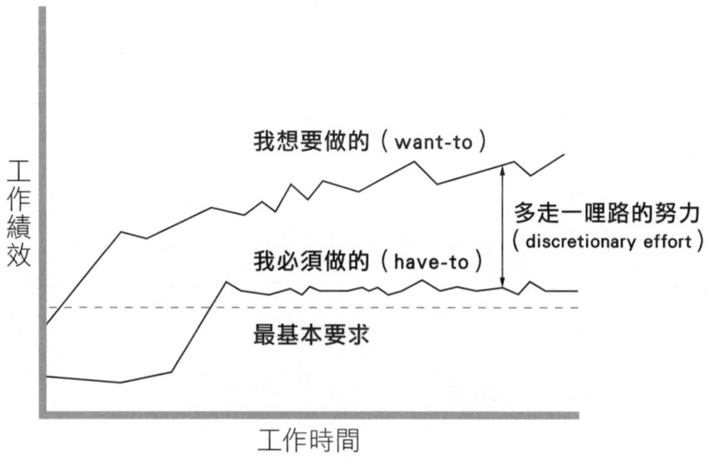

上圖中，「我必須做的」那條曲線，是員工們要守住的，是等於或大於「基本要求」的，上方的那條「我想要做的」曲線正是員工在「多走一哩路」後所達成的績效。很多管理者很難想像，這一條曲線可以衝出多高。在那裡，員工也達成更高的滿意度與敬業度。

員工在給出「最佳狀況」與「最低可接受標準」之間是有自主選擇權的。如何讓員工願意全心全力投入而多走出一哩路，就是敬業管理的目標與目的了。

Univar化學公司總裁David Jukes說，一個願意「多走一哩路」的組織是更傾向於：

- 多一些關懷。
- 總是能把事情做成。
- 讓員工們對他們所做的事感覺很得意。
- 讓同事們感到被需要、被賞識。
- 讓客戶們感覺被愛護、很特別。

所以，不論是依字義，或依定義，「多走一哩路」的定義裡，包含著下列諸事：

- 是員工自主選擇，很難強迫，也不是強制規定。

- 不是總是加時工作，它還有腦力的努力。
- 總是含有那份「額外」——關心真正重要的，透視全案的。
- 是員工心中一片未充分開發的潛力空間。
- 正加速成為組織的一項競爭優勢。
- 公平對待員工正如員工希望被對待的，其結果就是員工願意多走一哩路。
- 當員工在敬業與賦能的環境中，更易於激發內在的力量多走一哩路。
- 是深藏員工心中，常常也是不自知；領導人的工作是，讓它浮現並展現。
- 這一哩路的努力是，越來越多是腦的努力。
- 是各階層領導人要去賺取的、贏取的。

《聖經》馬太福音裡提到耶穌訓勉門徒時，說：「若有人強制你走一哩路，你不要抱怨，反倒要以愛心，心甘情願為他們走第二哩路。」這第一哩路，是當時的羅馬律法規定的，是義務與責任所在，是非走不可了；這第二哩路，就是我們談的「多走一哩路」了。耶穌以愛心及身教開導門徒，企業領導人則以敬業之心與敬業環境，領導員工走出那多出的一哩路。

要「多走一哩路」之前，可能很遲疑、很掙扎，但踏出那一步後，就不會那麼辛苦了。美國激勵專家齊格樂（Zig Ziglar）勉勵人們說：「在那多走的一哩路上，是沒有交通阻塞的。」（There are no traffic jams on the extra mile.）

三、再接再厲；為成果，當責不讓！

「盡責」是「當責」之敵，

正如「Good」是「Great」之敵。

——張文隆

敬業與賦能之後，企業希望的是，能成為一個有效能、可交出成果的卓越組織。彼得．杜拉克在他的《有效經營者》中說：「一個人如果只是聚焦在『努力』（efforts）上，只是在強調對下屬的威權，那麼不管他的官銜職稱有多高多響亮，他仍然只是一個『部屬』。一個人如果是聚焦在貢獻，並負起責任交出成果（results），那麼不管他有多年輕，他是個名正言順的『高階管理者』。因為，他為全部成果負起當責。」

當責，正是為成果負起全責。

柯林斯在他全球暢銷名著《從A到A+》書中，開宗明義第一章第一句就說：「Good」（優秀）是「Great」（卓越）之敵。因為，許多公司成就「Good」之後就停住了，不再繼續往「Great」前進。因此，在公司發展上，「Good」是「Great」之敵。

在責任感提升與成果追求上，我們也有類似的困境，華人常講的「盡責盡職，盡心盡力」的「盡責」，正是「當責不讓，交出成果」的「當責」之敵。如果敵我不分，職場上的執行力與領導力就很難再提升。

當一個人說：「我已盡責盡職，盡心盡力了。」或「我是盡人事、聽天命了。」通常，他不是功成身退，而是功未成，身已退，功敗垂成卻又感到問心無愧；因為，他已用盡了心力，用盡了人事，只是天意難違，有無交出成果似乎已經不重要了。

沒交出成果怎麼會不重要呢？我在海峽兩岸許多當責課程與顧問工作中，常會大聲問學員：員工沒有交出成果，公司仍然可以繼續活下去，這是一個什麼樣的公司？總會有人小聲回答：公營機構。

交出成果正是全球大小企業運作的重要準則，也是執行力與領導力的具體展現。在這些過程中，盡心盡力、盡責盡職，充其量只是必要條件，不會是充分條件。執行力的定義是：把目標訂出來，完成目標交出成果的一種紀律。在紀律與創新兩者都重要無比的矽谷地區，著名的高管教練藍祥尼（P. Lencioni）說：沒有當責，成果只是一種運氣。

如果沒能交出成果呢？臺灣的宏碁創辦人施振榮先生說：「你只有承認失敗，才能重新站起來。」是的，承認失敗，探討因由，記取教訓，重新規劃，重整旗鼓，希望老闆再給一次機會。活在「雖敗猶榮」的假象中，就不會再想要成功，因為他已經活在「榮耀」裡了。這是我們許多體育賽事，長年成績不振的心中大患。

有交出成果，但並未盡心盡力，可以嗎？有何不可。老闆們，你們為何總是要把部屬弄得筋疲力盡、憚精竭智後，才放他們回家？他們回家後還有家庭生活要過、社區角色要演、身心復甦活動要練。瑞士、德國、美國都有許多研究指出，心力交瘁的員工回家後，脾氣變壞，影響所及家人也容易生病、兒女功課變差，機率很高的。有許多「卓越」公司，甚至讓員工有10%到20%的辦公時間可以做與當前工作無關的創新活動呢。日本投資家世野一茂說：「工作使盡全力，早晚會出問題。」是的，既已使盡全力，怎麼還會有多餘精力給Plan B（即，備案計畫或緊急應變計畫）？Plan

B可是華人在執行力與領導力的提升上積弱的一環。

不要讓交出成果的承諾輕易飄失在大氣中，不要讓「盡責」成了逃避成果的遁辭。在一些歷經艱辛，終抵于成的慶功宴上，我常聽到「當責者」輕鬆說出：「a piece of cake!」（像吃蛋糕一樣簡單！）此情此景，正是辛棄疾著名的詞：「而今識盡愁滋味，欲說還休；欲說還休，卻道天涼好個秋。」

讓我們建立一個：有責（當責）、有權（賦權）、有心（敬業）、有能（賦能）的管理新世界，遠離「沒有功勞，也有苦勞」、「雖敗猶榮」、「盡責盡職，盡心盡力」、「盡人事，聽天命」的嘮叨不休。

英國大文豪莎士比亞今年要過450歲生日，他在他的《亨利五世》劇中，有很著名的一句話：「Once more unto the breach, dear friends.」描述的是，英國國王亨利五世號召他的軍隊，要重整旗鼓，對敵城再發一次重擊。國王說：「親愛的朋友們，再接再厲，直搗城牆裂口！」我們的管理之牆也有個大大裂口，裂口處露出的正是敬業與賦能。管理征戰似乎永不休止，這一次，親愛的讀者們，請瞄準這個大裂口：

Once more unto the breach, dear readers.

後記

這本《賦能》是我希望建立「有責、有權、有能」管理世界的一系列努力中的第三本書，終於補足了最後一塊拼圖。第一本《當責》是討論責任感的，約在七年前出版，出版後逐漸獲得企業界與機構組織的重視，在海峽兩岸也漸漸成為暢銷書，七年後的今天仍在博客來的管理與領導類書排行榜中長據前二十名。我要謝謝朋友們，對這麼枯燥的主題，這麼久了仍然一直有興趣。

第二本的《賦權》是在約四年前出版的，主題是：有了當責後，應該獲得更充分的授權；權也不應只限於法制上的「權柄」，應擴及含有影響力、腦力與潛力的「權力」。出版後的當年即獲經濟部金書獎。它的激勵式授權，意外地在中國獲得更大的迴響。它現在仍然向著標竿直跑，它的標竿是：協助企業界，從「分層負責，充分授權」提升到「分層當責，充分賦權」。

這第三本《賦能》的寫作，是想在華洋亂軍中突圍的。

它融合「傳統敬業觀」、「現代敬業學」與「現代賦能學」而成的。我認為一個企業或組織，如果要也敢放手、放心「賦能」員工，還是會有前提的，那就是先有一個「敬業」的組織與工作環境。有敬業再賦能，功不唐捐，員工能力也用到適處，相輔相成；員工的能力甚至願意配合公司策略與文化而轉、而動、而有大成。

談「敬業」，必須跳出華人的「傳統敬業觀」——它是單向要求的、傳統價值觀的、非管理應用的，它只是一種道德觀，不是管理學。我們只能取其原意精華，再結合西方近代發展完成的「現代敬業學」——它是雙向要求的，是雇主與雇員互為條件的，是有評量的，是一種積極進取的管理系統。所以，在這裡談的是「西學為體，中學為用」，希望不會引起論戰。中國在幾千年來輕商與賤商的傳統下，事實上沒留下來甚麼有用的商業模式；但，在應用技巧上則是豐富的、靈巧的、有效的。

傳統上的「敬業觀」，如用英文更精準地來說，大約是professionalism（專業）、responsibility（責任）與dedication（奉獻）等的綜合意義。現代的「敬業學」，除了上述的意義外，又加強了在satisfaction（滿意）、connection（連結）commitment（承諾）與contribution（貢獻）等方面的綜合意義。

傳統敬業觀與現代敬業學，原本各說各話，現在既已在國際管理學上相遇相交，也有其共同點，我們就可「西學為體，中學為用」地發揚光大了。從下圖兩圓相會處開始開展的各種應用，我希望比從個別圓開展的更為靈巧實用。

然後，這本書開始談「賦能」。融合了現代的賦能學，有些古典也有些經典的；在無數的經典論著與現代經驗中，我們在「能力」的叢林與迷惑中分出並釐清4＋1個領域的天賦、知識、技能、屬性/價值觀與體能，希望不再迷失於「能力」的迷思裡。而賦能管理則是除了這些「能力」外，仍有外圍環境的工具、設備與資源等的要管理的，不能或忘。能力的取得，我們也有許多經典論述，希望都能對讀者的光明未來有所幫助。

寫本文時，偶閱《天下》雜誌2014年3月初的一期，敘述台灣許多大學畢業生成為「廉價」勞工，前往新加坡「高薪」就業，讀來難忍哀傷。這真是一個人浮於事的時代：

- 失業率不斷攀升，年輕人失業率更高，高教育者更高。
- 企業裁員、解聘越來越頻繁，人數也越來越多，國內外皆然。
- 招募200人，應徵卻來了5000人，雇主可以東撿西挑，挑中的，會珍惜嗎？

這似乎是個雇主市場，雇主對於雇員可以千挑百選、予取予求。那麼，雇主為什麼還需要辛苦建立一個敬業的環境來吸引新員工加入，或讓老員工留任？

其實，這也是一個留不住人的時代：

- 苦心培育的人才，羽翼初豐就飛去別枝了。
- 加薪也留不住，整個團隊五十餘人一起走了。
- 留人留不了心，上班好像是副業，下班一條龍。
- 「他進來公司後，待了兩個小時就走了。」

- 調查說：有60%的職場人一直想要換工作。
- 他們終於很具有專業了，可喜可賀，但卻是待價而沽。

其實，這也是一個人才不足的時代：

- 他不是名校畢業的嗎？怎麼這麼差啊？
- 聽說是「人材，人才，人財」，他停在「人材」上要停多久啊？
- 我只是要人才，並不是苛求天才啊？
- 有國際觀的領導人才太稀有了
- 足堪大任的人才需要培養多久？
- 管理大師大前研一說：這是一個低IQ時代，社會充斥著「不愛思考的人」，連看書也只看「簡單，馬上上手」之類的書，浸淫在「小確幸」裡，「求知慾」蕩然無存，也沒了國際視野。

其實，這也是一個領導力不足的時代。

我們需要長程的視野，需要建立一個敬業與賦能的組織或團隊，而且主動權就在自己手上。這三本書，從書名即可看出端倪，是希望把職場上最簡單也最複雜的「責」、「權」與「能」三個主題講清楚。希望從個人到團隊到組織到社會，建立一個有責、有權、有能的有效世界。

許士軍老師說：想得很多，沒有語言，還是無法表達的，人的思想也受到語言的限制。許老師說：科學的爸爸是哲學，媽媽是邏輯學，阿姨就是語意學（semantics）了。我希望敬業與賦能有爸爸媽媽與阿姨的一些支持後，在實務管理上更可行了。

這本書的許多構思是成於中國杭州西湖，西湖邊路樹有許多法國梧桐，之後我發現法國梧桐遍及中國幾個大城，還遠及河南鄭州。

坐在西湖邊法國梧桐樹下時，你會看到它的球狀小堅果，點點在天際。我把這些點點梧桐子，如兩圖中所示，放在本書裡各處的思考點上，希望你也喜歡，至少讓你讀起來輕鬆點，也簡潔有力。

2014年3月成稿於杭州西湖

2014年4月底定稿於台灣新北市

Most of what we call management consists of making it difficult for people to get their work done.

大部分我們所稱的「管理」，是由許多讓人們很難以把事情做成的成份所構成的。

——彼得．杜拉克（Peter F. Drucker）

讀者討論請寄：wayne_chang@strategos.com.tw

參考書籍與延伸閱讀

1. Axelrod, Richard H., *Terms of Engagement* ,San Francisco: BK 2010
2. Branham, Leigh, and Mark Hirschfeld, *Re-Engage*, McGraw-Hill, 2010
3. Buckingham, Marcus, *StandOut*. Nashville: Thomas Nelson, 2011
4. Colan, Lee J., Ph.D. *Engaging the Hearts and Minds of all your Employees*. McGraw-Hill, 2009
5. Colvin, Geoff., *Talent Is Overrated.* Penguin, 2008
6. Conant, Douglas, and Mette Norgaard, *TouchPoints*. San Francisco: JB, 2011
7. Covey, Stephen R., *The 8th Habit*. New York: Free Press, 2004
8. Davila, Norma, and Wanda Pina-Ramirez, *Cutting Through the Noise*. ASTD, 2013

9. Federman, Brad, *Employee engagement,* San Francisco, JB, 2009
10. Gebauer, Julie, and Don Lowman, *Closing the Engagement Gap*, Portfolio, 2008
11. Gostick, Adrian, and Chester Elton, *All In* New York: Free Press, 2012
12. Gostick, Adrian, and Chester Elton, *The Carrot Principle*, New York: Free Press, 2009
13. Gostick, Adrian, and Chester Elton, *The Orange Revolution*. New York: Free Rress, 2010
14. Haudan, Jim, *The Art of Engagement*. McGraw-Hill. 2008
15. Holbeche, Linda, and Geoffrey Matthews. *Engaged* San Francisco: Wiley & Sons,2012
16. Kamin, Maxine, *soft skill revolution*, Pfeiffer, 2013
17. Kaye, Beverly, and Julie W. Giulioni, *Help Them Grow or Watch Them Go*. San Francisco: BK, 2012
18. Kaye, Beverly, and Sharon Jordan-Evans. *LOVE'EM or LOSE'EM*. San Francisco: BK, 2008
19. Kelleher, Bob, *Employee Engagement for Dummies*, New Jersey: John Wiley & Sons, 2014

20. Kelleher, Bob. *Louder than Words*, Oregon: BLKB,2010

21. Kruse, Keven, *Employee Engagement 2.0*, 2012

22. Loehr, Jim, and Tony Schwartz. *The Power of Full Engagement*, New York: Free Press, 2003

23. Lucas, James R., *The Passionate Organization.* New York: AMACOM 1999

24. Macey, Willian H., *Employee Engagement*, Valtera,2009

25. MacLeod, David, and Chris Brady. *The Extra Mile* ,Great Britain: Prentice Hall, 2008

26. Marciano, Paul L., Ph.D. *Carrots and Sticks Don't Work.* McGraw-Hill, 2010

27. McCoy, Thomas J. Employee Engagement, 2012

28. Meister, Jeanne C., and Karie Willyerd, *The 2020 Workplace.* New York: HarperCollins, 2010

29. Michaels, Ed, *The War for Talent*, HBS, 2001

30. Murray, Alan, The WSJ. *Essential Guide to management.* New York: HapperCollins, 2010

31. Pink, Daniel H., *Drive*, New York: Penguin,2009

32. Rasiel, Ethan M., *The McKinsey Way*. McGraw-Hill, 1999

33. Rath, Tom, and Barry Conchie, *Strengths Based Leadership.*

New York: Gallup, 2008

34. Rath, Tom, and Jim Harter, *Wellbeing*. New York: Gallup, 2010

35. Rice, Christopher, Fraser Marlow, and Mary Ann Masarech. *The Engagement Equation*. New Jersey: John Wiley & Sons, 2012

36. Royal, Mark, and Tom Agnew. *The Enemy of Engagement*. New York: AMACOM , 2012.

37. Sirota, David, Louis A. Mischkind, and Michael I. Meltzer, *The Enthusiastic Employee*. New Jersey: Pearson Education,2005

38. Wagner, Rodd, and James K. Harter, PH.D. *12, The Elements of Great Managing*, New York: Gallup,2006

39. West, David, Ph.D. *Employee Engagement and the Failure of Leadership*, 2012

40. Zenoff, David B. Ph.D. *The Soul Of The Organization*, Apress, 2013

41. 王素青 ，**《沃顿商学院最受欢迎的人才管理课》**，北京中信出版社，2012

42. 王祥伍与黄健江着，**《企业文化的逻辑》**，北京电子工业

出版社，2014

43. 李长之着，**《李白传》**，北京东方出版社，2010

44. 肖知兴着，**《中国人为什么组织不起来》**，北京中信出版社，2012

45. 周宜芳譯，**《我比別人更認真》**，天下文化出版社，2009

46. 林奕伶譯，**《16型人格找到自己的真正天賦》**，高寶出版集團，2012

47. 曹嬿恆譯，**《實戰麥肯錫》**，McGraw-Hill, 2009

48. 盛杨燕与周涛译，**《大数据时代》**，浙江人民出版社，2013

49. 陳曉夫譯，**《栽培領袖》**，啟示出版，2004

50. 廖月娟譯，**《異數》**，時報出版社，2009

51. 蔡文英譯，**《發現我的天才》**，商業週刊出版，2011

國家圖書館出版品預行編目（CIP）資料

賦能／張文隆作. -- 初版. -- 臺北市：商周出版：
城邦文化發行, 2014.05
面；　公分
ISBN 978-986-272-593-1（平裝）

1. 組織管理　2. 企業領導

494.2　　103007686

新商業周刊叢書 BW0535

賦能

作　　者／張文隆
責任編輯／簡伯儒
版　　權／黃淑敏
行銷業務／周佑潔、張倚禎

總　編　輯／陳美靜
總　經　理／彭之琬
發　行　人／何飛鵬
法律顧問／台英國際商務法律事務所　羅明通律師
出　　版／商周出版
臺北市104民生東路二段141號9樓
電話：(02) 2500-7008　傳真：(02) 2500-7759
E-mail: bwp.service @ cite.com.tw
發　　行／英屬蓋曼群島商家庭傳媒股份有限公司　城邦分公司
臺北市104民生東路二段141號2樓
讀者服務專線：0800-020-299　24小時傳真服務：(02) 2517-0999
讀者服務信箱E-mail: cs@cite.com.tw
劃撥帳號：19833503　戶名：英屬蓋曼群島商家庭傳媒股份有限公司城邦分公司
訂購服務／書虫股份有限公司客服專線：(02) 2500-7718；2500-7719
服務時間：週一至週五上午09:30-12:00；下午13:30-17:00
24小時傳真專線：(02) 2500-1990；2500-1991
劃撥帳號：19863813　戶名：書虫股份有限公司
E-mail: service@readingclub.com.tw
香港發行所／城邦（香港）出版集團有限公司
香港灣仔駱克道193號東超商業中心1樓
E-mail: hkcite@biznetvigator.com
電話：(852) 25086231　傳真：(852) 25789337
馬新發行所／城邦（馬新）出版集團
Cite (M) Sdn. Bhd.
41, Jalan Radin Anum, Bandar Baru Sri Petaling, 57000 Kuala Lumpur, Malaysia.
電話：(603) 9057-8822　傳真：(603) 9057-6622　E-mail: cite@cite.com.my

封面設計／廖勁智
印　　刷／韋懋實業有限公司
總　經　銷／高見文化行銷股份有限公司　新北市樹林區佳園路二段70-1號
電話：(02) 2668-9005　傳真：(02) 2668-9790　客服專線：0800-055-365
行政院新聞局北市業字第913號

■2014年5月8日初版1刷　Printed in Taiwan

定價450元

ISBN 978-986-272-593-1